智能制造领域高素质技术技能型人才培养方案教材
高等职业教育机电一体化及电气自动化技术专业教材

组态软件与触摸屏综合应用

U0278749

主 编 ◎ 李 健 黄 京 池行强
副主编 ◎ 刘 祎 徐祥兵 左园园

华中科技大学出版社
http://www.hustp.com
中国·武汉

内 容 简 介

本书以深圳昆仑通态科技有限责任公司的 MCGS 嵌入版组态软件为例,介绍了工业组态的基本概念以及工业组态软件编程的相关知识,内容涵盖 MCGS 触摸屏组态控制技术的各个环节,包括组态软件的使用以及触摸屏的理论知识。同时,本书中还安排了一些极具操作性的组态训练项目,旨在帮助读者由浅入深地掌握组态软件的运用,具备综合解决实际工程问题的能力。

本书适合作为高职高专或本科院校电气自动化、机电一体化等专业的触摸屏或组态软件课程的教材,也可以作为工业自动化领域技术人员的入门读物。

图书在版编目(CIP)数据

组态软件与触摸屏综合应用/李健,黄京,池行强主编.—武汉:华中科技大学出版社,2019.8(2022.7重印)
ISBN 978-7-5680-5347-1

Ⅰ. ①组…　Ⅱ. ①李…　②黄…　③池…　Ⅲ. ①触摸屏-自动控制-教材　Ⅳ. ①TP334.1

中国版本图书馆 CIP 数据核字(2019)第 182428 号

组态软件与触摸屏综合应用　　　　　　　　　　　　　　　李　健　黄　京　池行强　主编
Zutai Ruanjian yu Chumoping Zonghe Yingyong

策划编辑:张　毅
责任编辑:刘　静
封面设计:泡　子
责任监印:朱　玢
出版发行:华中科技大学出版社(中国·武汉)　　　电话:(027)81321913
　　　　　武汉市东湖新技术开发区华工科技园　　　邮编:430223
录　　排:华中科技大学惠友文印中心
印　　刷:武汉开心印印刷有限公司
开　　本:787mm×1092mm　1/16
印　　张:16.5
字　　数:422 千字
版　　次:2022 年 7 月第 1 版第 2 次印刷
定　　价:48.00 元

工业组态监控为实施数据采集、过程监控、生产控制提供了基础平台，在检测、控制由设备构成的任意复杂的监控系统中发挥着核心作用。在工业控制领域，随着生产过程自动化技术的发展，与组态软件相结合的触摸屏技术的应用越来越广泛。触摸屏因具有组态形式方便、硬件回路简单、兼容性强、组态界面直观等优点，逐渐取代了传统的电气回路控制方式，并得到了飞速的发展。

本书的编写以"教与练"思想为核心，全书分为三大部分。第 1 部分是"MCGS 嵌入版组态软件基本应用"，共 12 章，以 MCGS 嵌入版组态软件 7.7 版本为软件平台，以一个贯穿整个部分的"水位控制系统"实际工程为例，按照该样例工程的实际组态顺序来对触摸屏控制软件的各种功能进行详尽的介绍。这一部分的内容包括组态软件的安装和基本操作，用户窗口的设置和创建，实时数据库的设置和定义，窗口的动画连接，设备窗口的连接与设置，运行策略和脚本程序的编写，报警、报表、曲线等的设置，以及主控窗口和安全机制的设置等。第 2 部分是"触摸屏基本应用"，共 2 章，主要介绍了一些有关触摸屏的基础理论知识以及 MCGS 常用触摸屏及其应用，包括触摸屏的安装、维护与调试，以及触摸屏与西门子 PLC 的连接。第 3 部分是"MCGS 嵌入版组态软件与触摸屏综合应用实例"，共 7 章，主要采用了一些具备较高现场操作性的应用实例来讲解 MCGS 嵌入版组态软件高级功能的应用。这一部分的内容包括旋转、闪烁等动画组态实例，报警应用实例中子窗口的使用，MCGS 配方功能的使用，MCGS 多语言工程组态，MCGS 与其他 PLC 通信连接，MCGS 策略和脚本程序应用实例，ModBus 协议应用等。通过这一部分的学习和实训，读者能够在基本掌握 MCGS 嵌入版组态软件基础应用的基础上更加深入地掌握组态软件的一些高级功能，从而提高综合组态能力和独立解决实际工程问题的能力。

本书由武汉职业技术学院李健、黄京、池行强担任主编，由武汉职业技术学院华泰研究所刘祎、连云港职业技术学院徐祥兵、湖南工业职业技术学院左园园担任副主编。具体编写分工如下：第 1 部分"MCGS 嵌入版组态软件基本应用"由李健编写，第 2 部分"触摸屏基本应用"由黄京编写，第 3 部分"MCGS 嵌入版组态软件与触摸屏综合应用实例"由池行强编写。刘祎、徐祥兵、左园园完成了本书中大部分样例工程的实操和截图，也参与了部分章节的编写。全书内容结构安排、工作协调及统稿工作由黄京负责。在本书编写过程中，还得到了深圳昆仑通态科技有限责任公司技术人员的大力支持，在此一并表示感谢。

由于编者水平有限，书中错误在所难免，恳请广大读者批评指正。

编　者

第 1 部分　MCGS 嵌入版组态软件基本应用

第 1 篇

MCGS嵌入版组态软件基本应用

第 1 章

MCGS 嵌入版组态软件概述

计算机技术和网络技术的飞速发展为工业自动化开辟了广阔的发展空间,用户可以方便、快捷地组建优质、高效的监控系统,并且通过采用远程监控与诊断技术、双机热备技术等先进技术,使系统更加安全、可靠。由此,组态软件与触摸屏控制技术已成为自动化控制领域中一个重要的组成部分。作为从事自动化相关行业的技术人员,掌握并能够熟练应用组态软件应该成为必备技能。

本书以深圳昆仑通态科技有限责任公司(简称昆仑通态)的 MCGS 嵌入版组态软件 7.7 版本为软件平台,介绍了常用组态软件的理论及其应用,同时提供了多个实际工程案例,使读者以实训的方式来理解和掌握组态软件的应用。

嵌入式系统是以应用为中心、软硬件可裁减的工业控制系统,适用于应用系统对功能、可靠性、成本、体积、功耗等综合性能有严格要求的专用计算机系统。嵌入式系统广泛应用于高科技产品中,具有巨大的市场需求前景。嵌入式系统不仅在传统的工业控制和商业管理领域有极其广泛的应用空间,如智能工控设备、POS/ATM 机、IC 卡等,而且在信息家电领域的应用也具有极为广泛的潜力,如机顶盒、WebTV、网络冰箱、网络空调等众多的消费类和医疗保健类电子设备。另外,嵌入式系统在车载盒、智能交通等领域的应用也呈现出前所未有的生机。

◀ 1.1 MCGS 嵌入版组态软件的功能和特点 ▶

MCGSE(monitor and control generated system for embeded,嵌入式通用监控系统)是一种用于快速构造和生成监控系统的组态软件。它通过对现场数据的采集处理,以动画显示、报警处理、流程控制和报表输出等多种方式向用户提供解决实际工程问题的方案,在自动化领域有着广泛的应用。

MCGS 嵌入版组态软件(简称 MCGS 嵌入版)是基于 RTOS(real-time multi-tasks operating system,实时多任务操作系统)的组态软件,用户只需要通过简单的模块化组态就可构造自己的应用系统。它把用户从烦琐的编程中解脱了出来,让更多的用户使用得得心应手。

MCGS 嵌入版组态软件专门适用于应用系统对功能、可靠性、成本、体积、功耗等综合性能有严格要求的专用计算机系统。

1.1.1 MCGS 嵌入版组态软件的主要功能

(1) 简单灵活的可视化操作界面。MCGS 嵌入版组态软件采用全中文、可视化、面向窗口的开发界面,符合中国人的使用习惯和要求。以窗口为单位构造用户运行系统的图形界面,使得 MCGS 嵌入版组态软件的组态工作既简单直观，又灵活多变。用户可以使用 MCGS 嵌入版组态软件的默认构架，也可以根据需要自己组态配置，生成各种类型和风格的图形界面。

（2）实时性强，有良好的并行处理性能。MCGS 嵌入版组态软件是真正的 32 位系统，充分利用了多任务、按优先级分时操作的功能，以线程为单位对在工程作业中实时性强的关键任务和实时性不强的非关键任务进行分时并行处理，使嵌入式个人计算机广泛应用于工程测控领域成为可能。例如，MCGS 嵌入版组态软件在处理数据采集、设备驱动和异常处理等关键任务时，可在主机运行周期时间内插空进行像打印数据一类的非关键性工作，实现关键任务和非关键任务的并行处理。

（3）丰富、生动的多媒体界面。MCGS 嵌入版组态软件以图像、图符、报表、曲线等多种形式，为操作员及时提供系统运行中的状态、品质及异常报警等相关信息；用大小变化、颜色改变、明暗闪烁、移动翻转等多种手段，增强界面的动态显示效果；对图元、图符对象定义相应的状态属性，实现动画效果。MCGS 嵌入版组态软件还为用户提供了丰富的动画构件，每个动画构件都对应一个特定的动画功能。

（4）完善的安全机制。MCGS 嵌入版组态软件提供了良好的安全机制，可以为不同级别的多个用户设定不同的操作权限。此外，MCGS 嵌入版组态软件还提供了工程密码，以保护组态开发者的成果。

（5）强大的网络功能。MCGS 嵌入版组态软件具有强大的网络通信功能，支持串口通信、modem 串口通信、以太网 TCP/IP 通信，不仅可以方便、快捷地实现远程数据传输，还可以通过 Web 浏览功能，在整个企业范围内浏览监测到整个生产的信息，实现设备管理和企业管理的集成。

（6）多样化的报警功能。MCGS 嵌入版组态软件提供多种不同的报警方式，具有丰富的报警类型，方便用户进行报警设置，并且能够实时显示报警信息，对报警数据进行存储与应答，为工业现场安全、可靠地生产运行提供有力的保障。

（7）实时数据库为用户分步组态提供极大方便。MCGS 嵌入版系统由主控窗口、设备窗口、用户窗口、实时数据库和运行策略五个部分构成。其中实时数据库是一个数据处理中心，是 MCGS 嵌入版系统各个部分及其各种功能性构件的公用数据区，是整个 MCGS 嵌入版系统的核心。各个部件独立地向实时数据库输入和输出数据，并完成自己的差错控制。在生成用户应用系统时，每一部分均可分别进行组态配置，独立建造，互不相干。

（8）支持多种硬件设备，实现"设备无关"。MCGS 嵌入版组态软件针对外部设备的特征设立设备工具箱，定义多种设备构件，建立系统与外部设备的连接关系，赋予设备构件相关的属性，实现对外部设备的驱动和控制。用户在设备工具箱中可方便选择各种设备构件。不同的设备对应不同的构件，所有的设备构件均通过实时数据库建立联系，而建立时又是相互独立的，即对某一设备构件的操作或改动，不影响其他设备构件和整个系统的结构，因此 MCGS 嵌入版组态软件是一个"设备无关"的系统，用户不必担心因外部设备的局部改动而影响整个系统。

（9）方便控制复杂的运行流程。MCGS 嵌入版组态软件开辟了运行策略窗口，用户可以选用 MCGS 嵌入版系统提供的各种条件和功能的策略构件，用图形化的方法和简单的类 Basic 语言构造多分支的应用程序，按照设定的条件和顺序，操作外部设备，控制窗口的打开或关闭，与实时数据库进行数据交换，实现自由、精确地控制运行流程，同时也可以由用户创建新的策略构件,扩展系统的功能。

(10) 良好的可维护性。MCGS 嵌入版系统由五大功能模块组成,主要的功能模块以构件的形式来构造,不同的构件有着不同的功能,且各自独立。三种基本类型的构件(设备构件、动画构件、策略构件)完成 MCGS 嵌入版系统三大部分(设备驱动、动画显示和流程控制)的所有工作。

(11) 用自建文件系统来管理数据存储,可靠性更高。由于 MCGS 嵌入版组态软件不再使用 Access 数据库来存储数据,而是使用自建的文件系统来管理数据存储,所以与 MCGS 通用版组态软件相比,MCGS 嵌入版组态软件的可靠性更高,在异常掉电的情况下也不会丢失数据。

(12) 设立对象元件库,组态工作简单、方便。对象元件库实际上是分类存储各种组态对象的图库。组态时,可把制作完好的对象(包括图形对象、窗口对象、策略对象和位图文件等)以元件的形式存入对象元件库中,也可把对象元件库中的各种对象取出,直接为当前的工程所用。随着工作的积累,对象元件库将日益扩大和丰富。这样解决了组态结果的积累和重新利用问题,组态工作变得越来越简单、方便。

总之,MCGS 嵌入版组态软件具有与 MCGS 通用版组态软件一样强大的功能,并且操作简单,易学易用,普通工程人员经过短时间的培训就能迅速掌握多数工程项目的设计和运行操作。另外,工程人员使用 MCGS 嵌入版组态软件能够避开复杂的嵌入版计算机软、硬件问题,而将精力集中于解决工程问题本身,根据工程作业的需要和特点,组态配置出高性能、高可靠性和高度专业化的工业监控系统。

1.1.2　MCGS 嵌入版组态软件的特点

(1) 容量小:整个 MCGS 嵌入版系统最低配置只需要 2 MB 的存储空间,可以方便地使用 DOC 等存储设备。

(2) 速度快:MCGS 嵌入版系统的时间控制精度高,可以方便地完成各种高速采集工作,满足实时控制系统要求。

(3) 成本低:MCGS 嵌入版系统最低配置只需要主频为 24 MB 的 386 单板计算机、2 MB DOC、4 MB 内存,大大降低了设备成本。

(4) 稳定性高:无硬盘,内置看门狗,上电重启时间短,可在各种恶劣环境下稳定、长时间运行。

(5) 功能强大:提供中断处理,定时扫描精度可达到毫秒级,提供对计算机串口、内存、端口的访问,并可以根据需要灵活组态。

(6) 通信方便:内置串行通信功能、以太网通信功能、Web 浏览功能和 modem 远程诊断功能,可以方便地实现与各种设备进行数据交换、远程采集和 Web 浏览。

(7) 操作简便:MCGS 嵌入版组态软件不但继承了 MCGS 通用组态软件和 MCGS 网络版组态软件简单易学的优点,还增加了灵活的模块操作,以流程为单位构造用户控制系统,组态操作既简单直观,又灵活多变。

(8) 支持多种设备:提供了所有常用的硬件设备的驱动。

(9) 有助于建造完整的解决方案:MCGS 嵌入版组态环境具有与深圳昆仑通态科技有限责任公司已经推出的 MCGS 通用版组态软件和 MCGS 网络版组态软件相同的组态环境界

面,可有效为用户提供从嵌入式设备、现场监控工作站到企业生产监控信息网在内的完整解决方案,并有助于用户开发的项目在这三个层次上的平滑迁移。

◀◀ 1.2 MCGS嵌入版组态软件的体系结构 ▶▶

MCGS嵌入式组态软件的体系结构分为组态环境、模拟运行环境和运行环境三个部分。

组态环境和模拟运行环境相当于一套完整的工具软件,可以在个人计算机上运行。用户可根据实际需要裁减其中的内容。它们帮助用户设计和构造自己的组态工程并进行功能测试。

运行环境是一个独立的运行系统。它按照组态工程中用户指定的方式进行各种处理,完成用户组态设计的目标和功能。运行环境本身没有任何意义,必须与组态工程一起作为一个整体,才能构成用户应用系统。一旦组态工作完成,并且将组态好的工程通过USB通信或以太网下载到下位机或触摸屏的运行环境中,组态工程就可以离开组态环境而独立运行在下位机或触摸屏上,从而实现控制系统的可靠性、实时性、确定性和安全性。

由MCGS嵌入版组态软件生成的用户应用系统由主控窗口、设备窗口、用户窗口、实时数据库和运行策略五个部分构成,如图1-1所示。

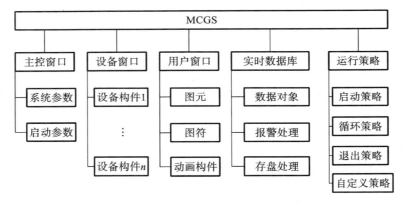

图1-1 由MCGS嵌入版组态软件生成的用户应用系统结构示意图

窗口是屏幕中的一块空间,是一个"容器",直接提供给用户使用。在窗口内,用户可以放置不同的构件,创建图形对象,并调整界面的布局,组态配置不同的参数,以实现不同的功能。

在MCGS嵌入版系统中可以有多个用户窗口和多个运行策略,实时数据库中也可以有多个数据对象。MCGS嵌入版系统用主控窗口、设备窗口和用户窗口来构成一个应用系统的人机交互图形界面,组态配置出各种不同类型和功能的对象或构件,同时可以对实时数据进行可视化处理。

1. 实时数据库

实时数据库是MCGS嵌入版系统的核心。实时数据库相当于一个数据处理中心,同时也起到公用数据交换区的作用。MCGS嵌入版系统使用自建文件系统中的实时数据库来管理所有实时数据。从外部设备采集来的实时数据被送入实时数据库,系统其他部分操作的数据也来自实时数据库。实时数据库自动完成对实时数据的报警处理和存盘处理,同时它还根据需要把有关信息以事件的方式发送给系统的其他部分,以便触发相关事件,进行实时处理。因此,实时数据库所存储的单元不单单是变量的数值,还包括变量的特征参数(属性)及对该变量的操作方法(报警属性、报警处理和存盘处理等)。这种将数值、属性、方法封装在一起的数据称为数据对象。实时数据库采用面向对象的技术,为其他部分提供服务,提供了系统各个功能部件的数据共享。

2. 主控窗口

主控窗口构造了应用系统的主框架。主控窗口确定了工业控制中工程作业的总体轮廓,以及运行流程、菜单命令、特性参数和启动特性等内容,是应用系统的主框架。

3. 设备窗口

设备窗口是 MCGS 嵌入版系统与外部设备联系的媒介。设备窗口专门用来放置不同类型和功能的设备构件,实现对外部设备的操作和控制。设备窗口通过设备构件把外部设备的数据采集进来,送入实时数据库,或把实时数据库中的数据输出到外部设备。一个应用系统只有一个设备窗口。运行时,系统自动打开设备窗口,设备窗口管理和调度所有设备构件正常工作,并在后台独立运行。注意,对于用户来说,设备窗口在运行时是不可见的。

4. 用户窗口

用户窗口实现了数据和流程的可视化。用户窗口中可以放置图元、图符和动画构件三种不同类型的图形对象。图元和图符图形对象为用户提供了一套完善的设计制作图形界面和定义动画的方法。动画构件对应于不同的动画功能,它们是从工程实践经验中总结出的常用的动画显示与操作模块,用户可以直接使用。用户通过在用户窗口内放置不同的图形对象,搭制多个用户窗口,可以构造各种复杂的图形界面,用不同的方式实现数据和流程的"可视化"。组态工程中的用户窗口最多可定义 512 个。所有的用户窗口均位于主控窗口内,打开时可见,关闭时不可见。

5. 运行策略

运行策略是对系统运行流程实现有效控制的手段。运行策略本身是系统提供的一个框架,其内放置有由策略条件构件和由策略构件组成的"策略行"。通过定义运行策略,可使系统按照设定的顺序和条件操作实时数据库、控制用户窗口的打开/关闭并确定设备构件的工作状态等,从而实现对外部设备工作过程的精确控制。一个应用系统有三个固定的运行策略,即启动策略、循环策略和退出策略,同时允许用户最多创建或定义 512 个用户策略。启动策略在应用系统开始运行时调用,退出策略在应用系统退出运行时调用,循环策略由系统在运行过程中定时循环调用,用户策略供系统中的其他部件调用。

综上所述,一个应用系统由主控窗口、设备窗口、用户窗口、实时数据库和运行策略五个部分组成。组态工作开始时,系统只为用户搭建了一个能够独立运行的空框架,提供了丰富的动画部件与功能部件。如果要完成一个实际的应用系统,应主要完成以下工作。

第一,要像搭积木一样,在组态环境中用系统提供的或用户扩展的构件构造应用系统,配置各种参数,形成一个有丰富功能、可实际应用的工程。

第二,把组态环境中的组态结果下载到运行环境。运行环境和组态结果一起构成了用户自己的应用系统。

1.3 MCGS 嵌入版组态软件的系统需求和安装

1.3.1 MCGS 嵌入版组态软件的系统需求

1. MCGS 嵌入版组态软件的硬件需求

1) 计算机的最低配置要求

MCGS 嵌入版组态软件的硬件需求分为组态环境需求和运行环境需求两个部分。组态环境硬件需求要求系统必须在 IBM 486 以上的微型机或兼容机上运行，以 Microsoft 公司的 Windows 95、Windows 98、Windows ME、Windows NT 或 Windows 2000 为操作系统。计算机的最低配置要求如下。

（1）CPU：可运行于任何 Intel 及兼容 Intel x86 指令系统的 CPU。

（2）内存：当使用 Windows 9X 操作系统时，系统内存应在 16 MB 以上；当选用 Windows NT 操作系统时，系统内存应在 32 MB 以上；当选用 Windows 2000 操作系统时，系统内存应在 64 MB 以上。

（3）显卡：与 Windows 操作系统兼容，含有 1 MB 以上的显示内存，可工作于 640×480 分辨率、256 色模式下。

（4）硬盘：MCGS 嵌入版组态软件占用的硬盘空间最少为 40 MB。

低于以上配置要求的硬件系统，将会影响系统功能的完全发挥。目前国内市面上流行的各种使用 Windows XP 和 Windows 7 操作系统的品牌机和兼容机都能满足上述要求。

2) 高档个人计算机的推荐配置

MCGS 嵌入版组态软件的设计目标是瞄准高档个人计算机和高档操作系统，充分利用高档个人计算机的低价格、高性能来为工业应用级的用户提供安全、可靠的服务。高档个人计算机的推荐配置如下。

（1）CPU：相当于 Intel 公司的 Pentium 233 或以上级别的 CPU。

（2）内存：当使用 Windows 9X 操作系统时，系统内存应在 32 MB 以上；当选用 Windows NT 操作系统时，系统内存应在 64 MB 以上；当选用 Windows 2000 操作系统时，系统内存应在 128 MB 以上。

（3）显卡：与 Windows 操作系统兼容，含有 1 MB 以上的显示内存，可工作于 800×600 分辨率、65535 色模式下。

（4）硬盘：MCGS 嵌入版组态软件占用的硬盘空间约为 80 MB。

3) 触摸屏的配置

MCGS 嵌入版组态软件运行环境能够运行在 X86 和 ARM 两种类型的 CPU 上的 TP171 和 TP171b 的 MCGS 触摸屏上。

（1）触摸屏的最低配置如下。

①RAM：4 MB。

②DOC：2 MB。

（2）触摸屏的推荐配置如下。

①RAM：64 MB（若需要使用带中文界面的系统，则至少需要 32 MB）。

②DOC：32 MB（若需要使用带中文界面的系统，则至少需要 16 MB）。

2. MCGS 嵌入版组态软件的软件需求

MCGS 嵌入版组态软件的软件需求也分为组态环境需求和运行环境需求两个部分。MCGS 嵌入版组态软件组态环境软件需求和 MCGS 通用版组态软件相同。MCGS 嵌入版组态软件组态环境应可以在以下操作系统下运行。

（1）中文 Microsoft Windows NT Server 4.0（需要安装 SP3）或更高版本。

（2）中文 Microsoft Windows NT Workstation 4.0（需要安装 SP3）或更高版本。

（3）中文 Microsoft Windows 95/98/ME/2000（Windows 95 推荐安装 IE5.0）或更高版本。

MCGS 嵌入版组态软件运行环境要求运行在实时多任务操作系统环境下。支持 Windows CE 实时多任务操作系统的触摸屏都可以运行 MCGS 嵌入版组态软件运行环境。

1.3.2 MCGS 嵌入版组态软件的安装

MCGS 嵌入版组态软件上位机组态环境部分是专为标准 Microsoft Windows 操作系统设计的 32 位应用软件。因此，它必须运行在 Microsoft Windows 98、Microsoft Windows NT 4.0 或以上版本的 32 位操作系统中，推荐使用中文 Microsoft Windows 98、中文 Microsoft Windows NT 4.0（SP6）、中文 Microsoft Windows 2000（SP4）或中文 Microsoft Windows XP（SP2）操作系统。MCGS 嵌入版组态软件的具体安装步骤如下。

（1）从深圳昆仑通态科技有限责任公司官网 http://www.mcgs.com.cn 下载中心下载 MCGS_嵌入版 7.7 完整安装包。

（2）启动 Windows 操作系统，打开 MCGS 嵌入版组态软件安装包，双击 Setup.exe，打开 MCGS 嵌入版组态软件安装程序启动窗口，如图 1-2 所示。

（3）程序自动进入按钮导向窗口，单击图 1-3 中的"下一步"按钮，继续安装 MCGS 嵌入版组态软件主程序。

图 1-2 MCGS 嵌入版组态软件安装程序启动窗口　　　图 1-3 MCGS 嵌入版组态软件安装欢迎窗口

（4）程序自动进入自述文件窗口（见图 1-4），单击滚动条浏览完自述文件后，单击自述文件窗口中的"下一步"按钮,继续安装 MCGS 嵌入版组态软件主程序。

(5) 按提示步骤操作,随后安装程序将提示指定安装目录,用户不指定时,系统默认安装到 D:\MCGSE 目录下,如图 1-5 所示,建议使用默认目录,根据向导选择单击"下一步"按钮即可。

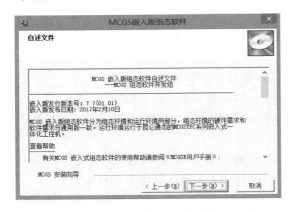

图 1-4 MCGS 嵌入版组态软件自述文件窗口

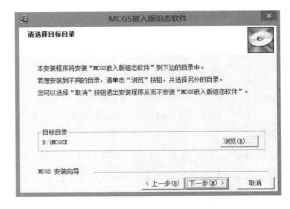

图 1-5 MCGS 嵌入版组态软件安装路径选择

(6) 按提示步骤操作,随后会出现图 1-6 所示的窗口,可以单击"下一步"按钮开始安装或单击"上一步"按钮重新输入安装信息。这里单击"下一步"按钮,会出现图 1-7 所示的正在安装窗口和图 1-8 所示的正在注册文件窗口。

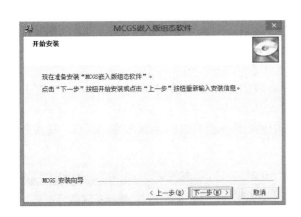

图 1-6 MCGS 嵌入版组态软件开始安装窗口

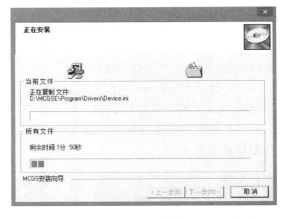

图 1-7 MCGS 嵌入版组态软件正在安装窗口

图 1-8 MCGS 嵌入版组态软件正在注册文件窗口

(7) MCGS 嵌入版组态软件主程序安装完成后,会自动弹出图 1-9 所示的驱动安装窗口,开始安装 MCGS 嵌入版组态软件驱动,安装程序将把驱动安装至 MCGS 嵌入版组态软件安装目录\Program\Drivers 目录下。

（8）单击"下一步"按钮,在打开的驱动选择窗口选择要安装的驱动,默认选择所有驱动,包括通用设备、西门子 PLC、欧姆龙 PLC、三菱 PLC 设备和研华模块的驱动等。用户可以选择先安装一部分驱动,其余的驱动在需要的时候再安装;也可以选择一次安装所有的驱动。MCGS 嵌入版组态软件驱动选择窗口如图 1-10 所示。

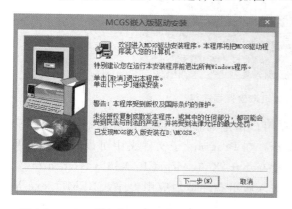

图 1-9　MCGS 嵌入版组态软件驱动安装窗口(一)　　　　图 1-10　MCGS 嵌入版组态软件驱动选择窗口

（9）选择好后,单击"下一步"按钮,出现图 1-11 所示的驱动安装窗口,MCGS 嵌入式组态软件驱动安装需要几分钟。安装完成后,系统将弹出图 1-12 所示的窗口提示安装完成,建议重新启动计算机后再运行组态软件,结束安装。

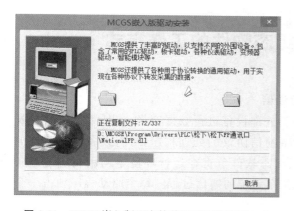

图 1-11　MCGS 嵌入版组态软件驱动安装窗口(二)　　　图 1-12　MCGS 嵌入版组态软件驱动安装成功窗口

安装完成后,Windows 操作系统的桌面上添加了图 1-13 所示的两个快捷方式图标,它们分别用于启动 MCGS 嵌入式组态软件组态环境和模拟运行环境。

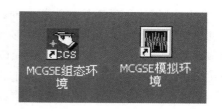

图 1-13　MCGS 嵌入式组态软件桌面图标

同时,Windows 操作系统在"开始"菜单中也添加了相应的 MCGS 嵌入版组态软件程序组,此程序组包括 MCGSE 组态环境、MCGSE 模拟运行环境、MCGSE 自述文档、MCGSE 电子文档以及卸载 MCGSE 组态软件五项内容,如图 1-14 所示。MCGSE 组态环境是嵌入版的组态环境,MCGSE 模拟运行环境是嵌入版的模拟运行环境,

MCGSE 自述文档描述了软件发行时的最后信息，MCGSE 电子文档包含有关 MCGS 嵌入版最新的帮助信息。

图 1-14　MCGS 嵌入版组态软件程序组

在 MCGS 嵌入版组态软件安装完成以后，在用户指定的目录（或默认目录 D:\MCGSE）下存在三个子文件夹，即 Program、Samples、Work。在 Program 子文件夹中可以看到以下两个应用程序 MCGSSetE. exe、CEEMU. exe 以及 CeSvr. X86、McgsCE. X86、CeSvr. armv4、mcgsce. armv4 等文件。MCGSSetE. exe 是运行嵌入版组态环境的应用程序；CEEMU. exe 是运行嵌入版模拟运行环境的应用程序；CeSvr. X86 和 CeSvr. ARMV4 是嵌入式工业控制计算机中启动属性执行程序；McgsCE. X86 和 McgsCE. ARMV4 是嵌入版运行环境的执行程序，分别对应 X86 类型和 ARM 类型的 CPU，可以通过组态环境中的下载对话框的高级操作下载到下位机中，是下位机中的运行环境应用程序。Samples 子文件夹中是样例工程，用户自己组态的工程将默认保存在 Work 中。

◀ 1.4　MCGS 嵌入版组态软件的工作方式 ▶

1. MCGS 嵌入版组态软件如何与设备进行通信

MCGS 嵌入版组态软件通过设备驱动程序与外部设备进行数据交换，包括数据采集和发送设备指令。设备驱动程序中包含符合各种设备通信协议的处理程序，可将设备运行状态的特征数据采集进来或发送出去。MCGS 嵌入版组态软件负责在运行环境中调用相应的设备驱动程序，将数据传送到工程中各个部分，完成整个系统的通信过程。每个驱动程序独占一个线程，达到互不干扰的目的。

2. MCGS 嵌入版组态软件如何产生动画效果

MCGS 嵌入版组态软件为每一种基本图形元素定义了不同的动画属性，如一个长方形的动画属性有可见度、大小变化、水平移动等，每一种动画属性都会产生一定的动画效果。所谓动画属性，实际上就是反映图形大小、颜色、位置、可见度、闪烁性等状态的特征参数。然而，我们在组态环境中生成的界面都是静止的，如何在工程运行中产生动画效果呢？方法是：图形的每一种动画属性中都有一个"表达式"设定栏，在该栏中设定一个与图形状态相联系的数据变量并连接到实时数据库中，以此建立相应的对应关系，MCGS 嵌入版组态软件称之为动画连接。当工业现场中测控对象的状态（如储油罐的液面高度等）发生变化时，通过设备驱动程序将变化的数据采集到实时数据库的变量中，该变量是与动画属性相关的变量，数值的变化使图形的状态产生相应的变化（如大小变化）。现场的数据是连续被采集进来的，这样就会产生逼真的动画效果(如储油罐的液面的升高和降低)。MCGS 嵌入版组态软件动画连接模拟示意图如图 1-15 所示。用户也可编写程序来控制动画界面,以达到满意的效果。

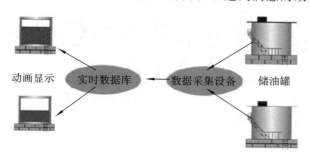

图 1-15　MCGS 嵌入版组态软件动画连接模拟示意图

3. MCGS 嵌入版组态软件如何实施远程多机监控

MCGS 嵌入版组态软件提供了一套完善的网络机制,可通过 TCP/IP 网、modem 网和串口网将多台计算机连接在一起,构成分布式网络测控系统,实现网络间的实时数据同步、历史数据同步和网络事件的快速传递。

4. MCGS 嵌入版组态软件如何对工程运行流程实施有效控制

MCGS 嵌入版组态软件开辟了专用的运行策略窗口,建立了用户运行策略。MCGS 嵌入版组态软件提供了丰富的功能构件供用户选用,用户可通过构件配置和属性设置两项组态操作,生成各种功能模块(称为用户策略),使系统能够按照设定的顺序和条件操作实时数据库,实现对动画窗口的任意切换,控制系统的运行流程和设备的工作状态。所有的操作均采用面向对象的直观方式,避免了烦琐的编程工作。

第2章

MCGS 嵌入版组态软件的基本操作

本章主要介绍 MCGS 嵌入版组态软件的常用术语和基本操作,帮助学生对 MCGS 嵌入版组态软件 7.7 版本有一个基本的认知。另外,本章还介绍了组建一个工程的基本操作过程。

◀ 2.1 MCGS 嵌入版组态软件的常用术语 ▶

(1) 工程:用户应用系统的简称。引入工程的概念,是为了使复杂的计算机专业技术更贴近普通工程用户。在 MCGS 嵌入版组态软件组态环境中生成的文件称为工程文件,后缀为 .MCE,存放于 MCGS 嵌入版组态软件目录的 WORK 子目录中,如"D:\MCGS\WORK\MCGS 例程 1.MCE"。

(2) 对象:操作目标与操作环境的统称。窗口、构件、数据、图形等皆称为对象。

(3) 选中对象:鼠标单击对象,使其处于可操作状态。被选中的对象也叫当前对象。

(4) 组态:在窗口环境内,进行对象的定义、制作和编辑,并设定其状态特征(属性)参数。

(5) 属性:对象的名称、类型、状态、性能及用法等特征的统称。

(6) 菜单:执行某种功能的命令集合。例如,系统菜单中的"文件"菜单用来处理与工程文件有关的执行命令。位于窗口顶端菜单条内的菜单称为顶层菜单,一般分为独立的菜单项和下拉菜单两种形式,下拉菜单还可分成多级,每一级称为次级子菜单。

(7) 策略:对系统运行流程进行有效控制的措施和方法。

(8) 启动策略:在进入运行环境后首先运行的策略,只运行一次,一般完成系统初始化的处理。该策略由 MCGS 嵌入版组态软件自动生成,具体处理的内容由用户填充。

(9) 循环策略:按照用户指定的周期时间循环执行策略块内的内容,通常用来完成流程控制任务。

(10) 退出策略:退出运行环境时执行的策略。该策略由 MCGS 嵌入版组态软件自动生成、自动调用,一般由该策略模块完成系统结束运行前的善后处理任务。

(11) 用户策略:由用户定义,用来完成特定的功能。用户策略一般由按钮、菜单、其他策略来调用执行。

(12) 事件策略:当开关型变量发生跳变(从 1 到 0,或从 0 到 1)时执行的策略,只运行一次。

(13) 热键策略:当用户按下定义的组合热键(如"Ctrl+D")时执行的策略,只运行一次。

(14) 可见度:对象在窗口内的显现状态,即可见与不可见。

(15) 变量类型:MCGS 嵌入版组态软件定义的变量有五种类型,即数值型、开关型、字符型、事件型和组对象型。

（16）事件对象：用来记录和标识某种事件的产生或状态的改变，如开关型变量的状态发生变化。

（17）组对象：用来存储具有相同存盘属性的多个变量的集合，内部成员可包含多个其他类型的变量。组对象只是对有关联的某一类数据对象的整体表示方法，实际的操作均针对每个成员进行。

（18）动画刷新周期：动画更新速度，即颜色变换、物体运动、液面升降的快慢等，以毫秒为单位。

（19）父设备：本身没有特定功能，但可以和其他设备一起与计算机进行数据交换的硬件设备，如串口父设备。

（20）子设备：必须通过一种父设备与计算机进行通信的设备，如西门子 S7-200 PPI、研华 ADAM-4013 模块等。

（21）模拟设备：在对工程文件进行测试时提供可变化的数据的内部设备，可提供多种变化方式。

◀ 2.2 MCGS 嵌入版组态软件的操作方式 ▶

1. 系统工作台面

系统工作台面是 MCGS 嵌入版组态软件组态操作的总工作台面。鼠标双击 Windows 95/98/NT 工作台面上的"MCGSE 组态环境"图标，或执行"开始"菜单中的"MCGSE 组态环境"菜单项，弹出的窗口即为 MCGS 嵌入版组态软件的工作台窗口。系统工作台面设有以下内容。

（1）标题栏：显示"MCGS 嵌入版组态环境-工作台"标题、工程文件名称和所在目录。

（2）菜单条：设置 MCGS 嵌入版组态软件的菜单系统。

（3）工具条：设有对象编辑和组态用的工具按钮。不同的窗口设有不同功能的工具条按钮。

2. 工作台面

工作台面用来进行组态操作和属性设置。工作台面的上部设有五个窗口标签，它们分别对应主控窗口、用户窗口、设备窗口、实时数据库和运行策略。鼠标单击窗口标签，即可将相应的窗口激活，进行组态操作。工作台面的右侧还设有创建对象和对象组态用的功能按钮。

3. 组态工作窗口

组态工作窗口是创建和配置图形对象、数据对象和各种构件的工作环境，又称为对象的编辑窗口。它主要包括组成工程框架的五大窗口，即主控窗口、用户窗口、设备窗口、运行策略窗口、实时数据库窗口。这五大窗口分别用于完成工程命名和属性设置、动画设计、设备连接、编写控制流程、定义数据变量等项组态操作。

4. 属性设置窗口

属性设置窗口是设置对象各种特征参数的工作环境，又称属性设置对话框。对象不同，属性设置窗口的内容不同，但结构形式大体相同。属性设置窗口主要由下列几个部分组成。

（1）窗口标题：位于窗口顶部，显示"××属性设置"字样的标题。

（2）窗口标签：不同属性的窗口分页排列，窗口标签作为分页的标记，鼠标单击窗口标签，即可将相应的窗口页激活，进而进行属性设置。

（3）输入框：设置属性的输入框，左侧标有属性注释文字，框内输入属性内容。为了便于用户操作，许多输入框的右侧带有标有"？""▲""…"等标志符号的选项按钮，鼠标单击这些按钮，弹出一个列表框，鼠标双击所需要的项目，即可将其设置于输入框内。

（4）选项钮：带有"○"标记的属性设定器件。同一设置栏内有多个选项钮时，只能选择其一。

（5）复选框：带有"□"标记的属性设定器件。同一设置栏内有多个选项框时，可以设置多个。

（6）功能按钮：一般设有"检查""确认""取消""帮助"四种按钮。

①"检查"按钮用于检查当前属性设置内容是否正确。

②"确认"按钮用于属性设置完毕后返回组态窗口。

③"取消"按钮用于取消当前的设置，返回组态窗口。

④"帮助"按钮用于查阅在线帮助文件。

5．图形库工具箱

MCGS嵌入版组态软件为用户提供了丰富的图形库工具箱。

（1）系统图形工具箱：进入用户窗口，鼠标单击工具条中的"工具箱"按钮，打开系统图形工具箱。系统图形工具箱中设有各种图元、图符、组合图形及动画构件的位图图符。利用这些最基本的图形元素，可以制作出任何复杂的图形。

（2）设备构件工具箱：进入设备窗口，鼠标单击工具条中的"工具箱"按钮，打开设备构件工具箱。设备构件工具箱中设有与工控系统经常选用的测控设备相匹配的各种设备构件。选用所需的设备构件，将其放置到设备窗口中，经过属性设置和通道连接后，该设备构件即可实现对外部设备的驱动和控制。

（3）策略构件工具箱：进入运行策略窗口，鼠标单击工具条中的"工具箱"按钮，打开策略构件工具箱。策略构件工具箱内包括所有策略构件。选用所需的策略构件，生成用户策略模块，可实现对系统运行流程的有效控制。

（4）对象元件库：存放组态完好并具有通用价值的动画图形的图形库。它可方便对组态成果的重复利用。进入用户窗口的组态窗口，执行"工具"菜单中的"对象元件库管理"菜单命令，或者打开系统图形工具箱，单击插入元件按钮，可打开"对象元件库管理"窗口，进行存放图形的操作。

6．工具按钮一览

系统工作台面窗口的工具条一栏内，排列标有各种位图图标的按钮，称为工具条功能按钮，简称为工具按钮。许多按钮的功能与菜单条中的菜单命令相同，但操作更为简便，因此在组态操作中经常使用。

◀ 2.3　MCGS 嵌入版组态软件的鼠标操作 ▶

（1）选中对象：鼠标指针指向对象，单击鼠标左键一次（该对象周围出现白色小方框）。

（2）单击鼠标左键：鼠标指针指向对象，单击鼠标左键一次。

（3）单击鼠标右键：鼠标指针指向对象，单击鼠标右键一次，弹出便捷菜单（或称为右键菜单）。

（4）鼠标双击：鼠标指针指向对象，快速连续单击鼠标左键两次。

（5）鼠标拖动：鼠标指针指向对象，按住鼠标左键，移动鼠标，对象随鼠标移动到指定位置，松开左键，即完成鼠标拖曳操作。在拖曳过程中，按下 Esc 键后，会退出拖曳模式，对象保持在原来位置。

◀ 2.4　MCGS 嵌入版组态软件组建工程的一般过程 ▶

在实际工程中，使用 MCGS 嵌入版组态软件构造应用系统之前，应进行工程的整体规划，以保证工程的顺利实施。对于工程设计人员来说，首先要了解整个工程的系统构成和工艺流程，清楚监控对象的特征，明确主要的监控要求和技术要求等问题。在此基础上，拟定组建工程的总体规划和设想，主要包括系统应实现哪些功能、控制流程如何实现、需要什么样的用户窗口界面、实现何种动画效果以及如何在实时数据库中定义数据变量等，同时还要分析工程中设备的采集和输出通道与软件中实时数据库中定义的变量的对应关系，分清哪些变量是要求与设备连接的，哪些变量是软件内部用来传递数据及用于实现动画显示的等问题。做好工程的整体规划，在工程的组态过程中能够尽量避免一些无谓的劳动，快速、有效地完成工程。

使用 MCGS 嵌入版组态软件组建工程的一般过程如下。

（1）工程系统分析：分析工程的系统构成、技术要求和工艺流程，弄清系统的控制流程和测控对象的特征，明确监控要求和动画显示方式，分析工程中的设备采集和输出通道与软件中实时数据库中定义的变量的对应关系，分清哪些变量是要求与设备连接的，哪些变量是软件内部用来传递数据及用于实现动画显示的。

（2）工程立项搭建框架：MCGS 嵌入版组态软件称工程立项搭建框架为建立新工程。它的主要内容包括定义工程名称、封面窗口名称和启动窗口（封面窗口退出后接着显示的窗口）名称，指定存盘数据库文件的名称和存盘数据库，设定动画刷新的周期。经过此步操作，即在 MCGS 嵌入版组态软件组态环境中建立了由五个部分组成的工程结构框架。封面窗口和启动窗口也可等到建立了用户窗口后再建立。

（3）制作动画显示界面：动画制作分为静态图形设计和动态属性设置两个过程。前一部分类似于"画画"，用户利用 MCGS 嵌入版组态软件中提供的基本图形元素及动画构件库，在用户窗口内"组合"各种复杂的界面。后一部分是设置图形的动画属性，与实时数据库中定义的变量建立相关性的连接关系，作为动画图形的驱动源。

（4）编写控制流程程序：在运行策略窗口内，从策略构件工具箱中选择所需功能策略构件,构成各种功能模块(称为策略块),由这些模块实现各种人机交互操作。MCGS嵌入版组态软件还为用户提供了编程用的功能构件(称为脚本程序功能构件),用户可使用简单的编程语言编写工程控制程序。

(5)编写程序调试工程:利用调试程序产生的模拟数据,检查动画显示和控制流程是否正确。

(6)连接设备驱动程序:选定与设备相匹配的设备构件,连接设备通道,确定数据变量的数据处理方式,完成设备属性的设置。此项操作在设备窗口内进行。

(7)工程完工综合测试:测试工程各部分的工作情况,完成整个工程的组态工作,实施工程交接。

以上步骤只是按照组态工程的一般思路列出的。在实际组态中,有些过程是交织在一起进行的,用户可根据工程的实际需要和自己的习惯,调整步骤的先后顺序。在这里,我们列出以上的步骤是为了帮助学生了解MCGS嵌入版组态软件使用的一般过程,以便于学生快速学习和掌握MCGS嵌入版组态软件。

第 3 章

MCGS 嵌入版组态软件的工程样例详解

本章及后续各章结合一个工程实例,对 MCGS 嵌入版组态软件的组态过程、操作方法和实现功能等环节,进行全面的讲解,以帮助学生对 MCGS 嵌入版组态软件的内容、工作方法和操作步骤在短时间内有一个总体的认识。

◀ 3.1 水位控制系统工程样例 ▶

下面通过介绍一个水位控制系统的组态过程,详细讲解如何应用 MCGS 嵌入版组态软件完成一个工程。本样例工程中涉及动画制作、控制流程的编写、模拟设备的连接、报警输出、报表曲线显示等多项组态操作。

(1)工程分析:在开始组态工程之前,先对该工程进行剖析,以便从整体上把握工程的结构、流程、需要实现的功能及如何实现这些功能。

(2)工程框架:设计水位控制、数据显示 2 个用户窗口,采取启动策略、退出策略、循环策略 3 种策略。

(3)数据对象:在实时数据库中建立变量水泵、调节阀、出水阀、液位 1、液位 2、液位 1 上限、液位 1 下限、液位 2 上限、液位 2 下限、液位组。

(4)图形制作。"水位控制"窗口中主要构件实现方式为,水泵、调节阀、出水阀、水罐、报警指示灯由对象元件库引入,管道通过流动块构件实现,水罐水量控制通过滑动输入器实现,水量的显示通过旋转仪表、标签构件实现,报警实时显示通过报警显示构件实现,动态修改报警限值通过输入框构件实现。"数据显示"窗口中主要构件实现方式为,实时数据通过自由表格构件实现,历史数据通过历史表格构件实现,实时曲线通过实时曲线构件实现,历史曲线通过历史曲线构件实现。

(5)流程控制:通过循环策略中的脚本程序策略块实现。

(6)安全机制:通过用户权限管理、工程安全管理、脚本程序实现。

工程效果图主要是根据工艺要求或者工程设计要求规划出的最终效果图。工程效果图设计要简洁明快,最大限度地反映工作现场的实际设备情况。水位控制系统工程最终效果图如图 3-1、图 3-2 所示。

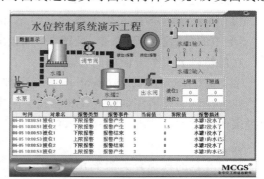

图 3-1　水位控制系统工程最终效果图
——水位控制窗口

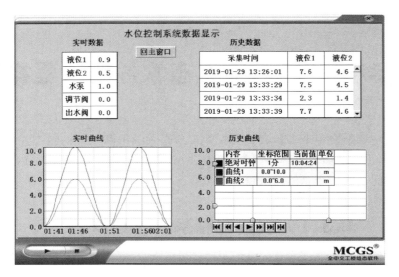

图 3-2　水位控制系统工程最终效果图——数据显示窗口

◀ 3.2　组态工程的创建 ▶

MCGS 嵌入版组态软件中用"工程"来表示组态生成的用户应用系统,创建一个新工程就是创建一个新的用户应用系统,打开工程就是打开一个已经存在的用户应用系统。工程文件的命名规则和 Windows 操作系统相同,MCGS 嵌入版组态软件自动给工程文件名加上后缀".MCE"。每个工程都对应一个组态结果数据库文件。

(1) 在 Windows 操作系统的桌面上,通过以下三种方式中的任何一种,都可以进入 MCGS 嵌入版组态软件组态环境。

①鼠标双击 Windows 操作系统桌面上的"MCGSE 组态环境"图标。

②选择"开始"→"程序"→"MCGS 嵌入版组态软件"→"MCGSE 组态环境"命令。

③按快捷键"Ctrl + Alt + E"。

(2) 进入 MCGS 嵌入版组态软件组态环境后,单击工具条上的"新建"按钮,或执行"文件"菜单中的"新建工程"命令(见图 3-3),会出现弹出一个"新建工程设置"窗口,如图 3-4 所示。它包括以下两个方面的内容。

①TPC(touch panel controller,触摸屏控制器)类型选择。

在"类型"中列出深圳昆仑通态科技有限责任公司提供的所有 TPC 类型供选择,在"描述"中提供所选类型的 TPC 相关信息,包括 TPC 类型的分辨率、显示器、系统结构等。

②工程背景选择。

工程背景的选择分为两个方面。

a.背景色。新建工程时选择所有用户窗口的背景颜色。用户在组态工程过程中如果有需要,可以在对应的窗口属性中更改背景色。

b.网格。新建工程时选择所有用户窗口的背景中是否使用网格。网格只针对组态环境

图 3-3 选择"新建工程"命令

图 3-4 "新建工程设置"窗口

下的所有用户窗口,在运行环境下不显示,数值范围为 3～160。用户可以通过工具栏中的 按钮设置/取消网格。如果此按钮处于按下状态,则用户窗口中使用风格;否则用户窗口中不使用网格。单击此按钮,可以切换网格使用状态。

(3)单击"确定"按钮后,如果 MCGS 嵌入版组态软件安装在 D 盘根目录下,则会在 D:\MCGSE\WORK\下自动生成新建工程,系统自动创建一个名为"新建工程 X. MCE"的新工程(X 为数字,表示建立新工程的顺序,如 1、2、3 等)。由于尚未进行组态操作,新工程只是一个"空壳",一个包含五个基本组成部分的结构框架,接下来要逐步在框架中配置不同的功能部件,构造完成特定任务的用户应用系统。

(4)选择"文件"菜单中的"工程另存为"命令,弹出工程文件保存窗口(见图 3-5)。在该窗口"文件名"一栏内输入"水位控制系统",单击"保存"按钮,工程创建完毕。

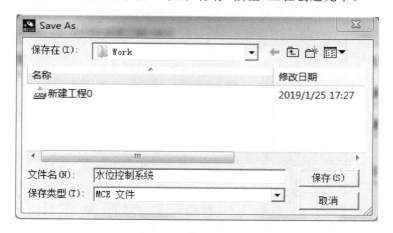

图 3-5 工程文件保存窗口

◀ 3.3 组态工程界面的制作 ▶

3.3.1 建立用户窗口

（1）在用户窗口中单击"新建窗口"按钮，建立"窗口 0"，如图 3-6 所示。

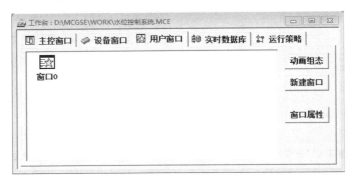

图 3-6 新建窗口

（2）选中"窗口 0"，单击"窗口属性"按钮，进入"用户窗口属性设置"窗口。

（3）在"用户窗口属性设置"窗口将"窗口名称"改为"水位控制"，将"窗口标题"改为"水位控制"，其他不变，如图 3-7 所示，单击"确认"按钮。

（4）在用户窗口中，选中"水位控制"窗口，单击鼠标右键，选择下拉菜单中的"设置为启动窗口"选项，如图 3-8 所示，将该窗口设置为运行时自动加载的窗口。

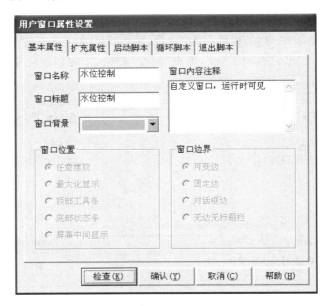

图 3-7 用户窗口属性设置

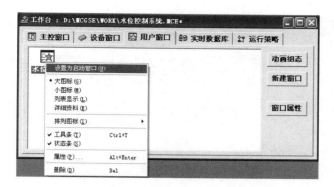

图 3-8　将"水位控制"窗口设置为启动窗口

3.3.2　制作"水位控制"初步界面

下面就来分步骤介绍"水位控制"窗口的动画界面制作。

1. 制作窗口文字框图

制作窗口文字框图的步骤如下。

（1）选中"水位控制"窗口图标，单击图 3-6 右侧"动画组态"按钮，进入动画组态窗口，开始编辑界面。单击工具条中的"工具箱"按钮，打开绘图工具箱。有关绘图工具箱的各个按钮的作用我们在下一章节做详细介绍。

（2）选择绘图工具箱内的标签构件按钮 **A**，鼠标的光标呈"十"字形，在窗口顶端中心位置拖曳鼠标，根据需要拉出一个一定大小的矩形构件。在光标闪烁位置输入文字"水位控制系统演示工程"，按"Enter"键或在窗口任意位置用鼠标单击一下，文字输入完毕。绘图工具箱与文字输入结果如图 3-9 所示。此时在窗口标题栏"动画组态水位控制"后面有一个"＊"号，这是在提示在"水位控制"窗口内有新的内容需要存盘，可以选择"文件"菜单中的"保存窗口"命令或者单工具栏中的"存盘"按钮 进行保存，保存后，"＊"号就会消失。

（3）用鼠标左键单击标签构件，选中文字框，进行以下属性设置。单击工具条上的"填充色"按钮，设定文字框的背景颜色为"没有填充"；单击工具条上的"线色"按钮，设置文字框的边线颜色为"没有边线"；单击工具条上的"字符字体"按钮，设置文字字体为"宋体"，字形为"粗体"，大小为"26"；单击工具条上的"字符色"按钮，将文字颜色设为"蓝色"。填充色设置、线色设置、字符色设置分别如图 3-10、图 3-11、图 3-12 所示，字符字体设置如图 3-13所示。

2. 制作"水位控制系统"现场模拟运行图

制作"水位控制系统"现场模拟运行图的操作步骤如下。

（1）单击绘图工具箱中的插入元件按钮，弹出"对象元件管理"窗口，如图 3-14 所示。

（2）从"储藏罐"类中选取罐 17、罐 53，从"阀"类和"泵"类中分别选取 2 个阀（阀 58、阀 44）和 1 个泵（泵 38）。选择方法均为鼠标单击选中后单击"确定"按钮。将储藏罐、阀、泵用鼠标单击后拖动四个角小方块调整为适当大小，放到适当位置（参照图 3-1）。

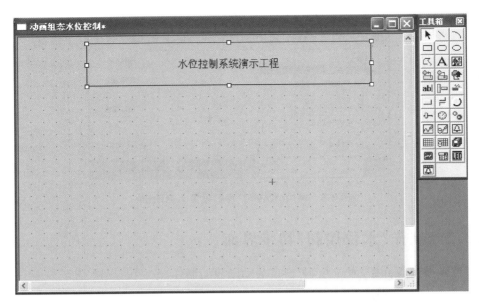

图 3-9　绘图工具箱与文字输入结果

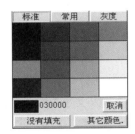

图 3-10　填充色设置

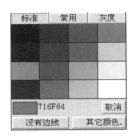

图 3-11　线色设置

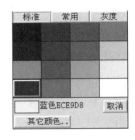

图 3-12　字符色设置

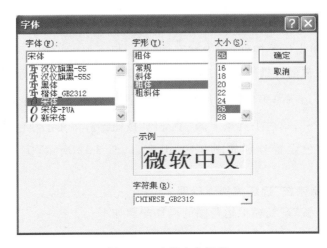

图 3-13　字符字体设置

（3）选中绘图工具箱内的流动块构件按钮，鼠标的光标呈"十"字形，移动鼠标至窗口的预定位置，单击一下鼠标左键，移动鼠标，在鼠标光标后形成一道虚线，拖动一定距离后，单

图 3-14 "对象元件库管理"窗口

击鼠标左键,生成一个流动块构件。再拖动鼠标(可沿原来方向,也可垂直原来方向),生成下一个流动块构件。

(4) 当用户想结束绘制时,双击鼠标左键即可。

(5) 当用户想修改流动块构件时,选中流动块构件(流动块构件周围出现选中标志——白色小方块),鼠标指针指向小方块,按住左键不放,拖动鼠标,即可调整流动块构件的形状。

(6) 使用绘图工具箱中的标签构件按钮 **A** ,分别对阀、罐进行文字注释,依次为"水泵""水罐 1""调节阀""水罐 2""出水阀"。文字注释的设置方法如前所述。填充色设置为"没有填充",线色设置为"黄色",字符色设置为"黑色",字符字体设置文字字体为"宋体",字形为"常规",大小为"四号"。选择"文件"菜单中的"保存窗口"选项,保存界面。生成的界面如图 3-15 所示。

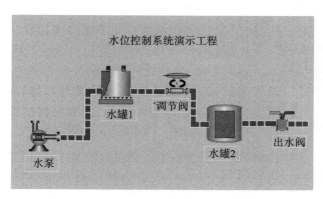

图 3-15 "水位控制"窗口的初步界面

第 4 章

MCGS 嵌入版组态软件的用户窗口

上一章通过一个样例工程用户窗口界面的初步制作使同学们基本掌握了用户窗口的使用方法,本章主要对 MCGS 嵌入版组态软件的用户窗口做一个系统、详细的介绍,以使同学们深入地理解和掌握如何利用 MCGS 版组态软件所提供的组态构件来创立用户窗口。

◀ 4.1　用户窗口概述 ▶

MCGS 嵌入版组态软件组态的一项重要工作就是用生动的图形界面、逼真的动画效果来描述实际工程问题。在用户窗口中,用户可通过对多个图形对象进行组态设置,建立相应的动画连接,用清晰、生动的界面反映工业控制过程。

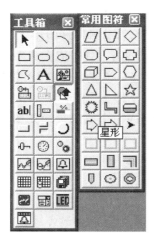

图 4-1　绘图工具箱和常用图符工具箱

用户窗口是由用户定义的、构成 MCGS 嵌入版组态软件图形界面的窗口。用户窗口是组成 MCGS 嵌入版组态软件图形界面的基本单位,所有的图形界面都是由一个或多个用户窗口组合而成的,它的打开和关闭由各种功能构件(包括动画构件和策略构件)来控制。用户窗口相当于一个"容器",用来放置图元对象、图符对象和动画构件等各种图形对象,用户通过对图形对象的组态设置,建立与实时数据库的连接,来完成图形界面的设计工作。

图形对象放置在用户窗口中,是组成用户应用系统图形界面的最小单元。MCGS 嵌入版组态软件中的图形对象包括图元对象、图符对象和动画构件三种类型。不同类型的图形对象有不同的属性,所能完成的功能也各不相同。图形对象可以从 MCGS 嵌入版组态软件提供的绘图工具箱和常用图符工具箱(见图 4-1)中选取。常用图符工具箱可以通过单击绘图工具箱中的 按钮打开。绘图工具箱中提供了常用的图元对象和动画构件,常用图符工具箱中提供了常用的图符对象。

4.1.1　图元对象

图元对象是构成图形对象的最小单元。多种图元对象的组合可以构成新的、复杂的图形对象。MCGS 嵌入版组态软件为用户提供了 8 种图元对象,即直线 、弧线 、矩形 、圆角矩形 、椭圆 、多边形或折线 、标签 A、位图 。

多边形或折线图元对象是由多个线段或点组成的图形元素,当起点与终点相重合时,构成一个封闭的多边形；当起点的位置与终点的位置不相同时，该图元对象为一条折线。标签图元对象是由多个字符组成的一行字符串，该字符串显示于指定的矩形框内。MCGS 嵌入版组态软件一般把标签图元对象称为文本图元对象。

MCGS 嵌入版组态软件的图元对象是以向量图形的格式而存在的，根据需要可随意移动图元对象的位置和改变图元对象的大小。对于文本图元对象，只改变矩形框的大小，文本字体的大小并不改变。对于位图图元对象，改变矩形框的大小，不仅改变显示区域的大小，而且对位图轮廓进行缩放处理，但位图本身的实际大小并无变化。

4.1.2 图符对象

多个图元对象按照一定规则组合在一起所形成的图形对象称为图符对象。图符对象是作为一个整体而存在的，可以随意移动和改变大小。多个图元对象可构成图符对象，图元对象和图符对象又可构成新的图符对象，新的图符对象可以分解，还原成组成该图符对象的图元对象和图符对象。MCGS 嵌入版组态软件内部提供了 27 种常用的图符对象。这 27 种常用的图符对象放在常用图符工具箱中，称为系统图符对象，为快速构图和组态提供了方便。系统图符对象是专用的，不能分解，以一个整体参与图形对象的制作。系统图符对象可以和其他图元对象、图符对象一起构成新的图符对象。

MCGS 嵌入版组态软件提供的系统图符对象按照常用图符工具箱从上到下、从左到右依次为平行四边形、梯形、菱形、八边形、注释框、十字形、立方体、楔形、六边形、等腰三角形、直角三角形、五角星、星形、弯曲管道、罐形、粗箭头、细箭头、三角箭头、凹槽平面、凹平面、凸平面、横管道、竖管道、管道接头、三维锥体、三维圆球、三维圆环。其中，凹槽平面～三维圆环为具有三维立体效果的图符对象。

4.1.3 动画构件

所谓动画构件，实际上就是将工程监控作业中经常操作或观测用的一些功能性器件软件化，做成外观相似、功能相同的构件，存入 MCGS 嵌入版组态软件的工具箱中，供用户在图形对象组态配置时选用，完成一个特定的动画功能。动画构件本身是一个独立的实体，比图元对象和图符对象包含更多的特性和功能。动画构件不能和其他图形对象一起构成新的图符。MCGS 嵌入版组态软件目前提供的动画构件如下。

(1) 输入框构件：用于输入和显示数据。

(2) 标签构件：用于显示文本、数据和实现动画连接相关的一些操作。

(3) 流动块构件：实现模拟流动效果的动画显示。

(4) 百分比填充构件：实现按百分比控制颜色填充的动画效果。

(5) 标准按钮构件：接受用户的按键动作，执行不同的功能。

(6) 动画按钮构件：显示内容随按钮的动作变化。

(7) 旋钮输入器构件：以旋钮的形式输入数据对象的值。

(8) 滑动输入器构件：以滑动块的形式输入数据对象的值。

（9）旋转仪表构件 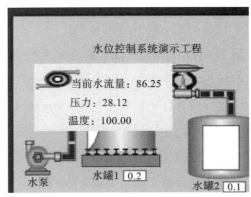：以旋转仪表的形式显示数据。

（10）动画显示构件 ：以动画的方式切换显示所选择的多个界面。

（11）实时曲线构件 ：显示数据对象的实时数据变化曲线。

（12）历史曲线构件 ：显示历史数据的变化趋势曲线。

（13）报警显示构件 ：显示数据对象实时产生的报警信息。

（14）自由表格构件 ：以表格的形式显示数据对象的值。

（15）历史表格构件 ：以表格的形式显示历史数据，可以用来制作历史数据报表。

（16）存盘数据浏览构件 ：以表格的形式浏览存盘数据。

（17）组合框构件 ：以下拉列表的方式完成对大量数据的选择。

◀ 4.2 用户窗口的类型 ▶

在工作台中的用户窗口中组态出来的窗口就是用户窗口。鼠标双击用户窗口，就可以进行属性设置。

在 MCGS 嵌入版组态软件中，根据打开窗口的不同方法，用户窗口可分为标准窗口和子窗口两种类型。

标准窗口是最常用的窗口，作为主要的显示界面，用来显示流程图、系统总貌以及各个操作界面等。可以使用动画构件或策略构件中的打开/关闭窗口、脚本程序中的 SetWindow 函数和窗口的方法来打开和关闭标准窗口。标准窗口有名字、位置、可见度等属性。

在组态环境中，子窗口和标准窗口一样组态。子窗口与标准窗口的区别之处在于，在运行时，子窗口不是用普通的打开窗口的方法打开的，而是在某个已经打开的标准窗口中，使用 OpenSubWnd 方法打开的，此时子窗口就显示在标准窗口内。也就是说，用某个标准窗口的 OpenSubWnd 方法打开的标准窗口就是子窗口（注意：嵌入版不支持嵌套窗口的打开）。图 4-2 所示是标准窗口和子窗口示例。子窗口总是在当前窗口的前面，所以子窗口最适合显示某一项目的详细信息。有关函数的用法详见本书后续章节。

图 4-2　标准窗口和子窗口示例

◀ 4.3 创建用户窗口 ▶

在 MCGSE 组态环境的"工作台"窗口内,选择"用户窗口"标签,鼠标单击"新建窗口"按钮,即可以定义一个新的用户窗口,如图 4-3 所示。

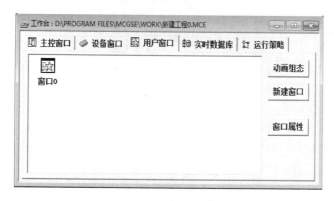

图 4-3 新建用户窗口

在"用户窗口"页中,不仅可以像在 Windows 操作系统的文件操作窗口中一样,以大图标、小图标、列表、详细资料四种方式显示用户窗口,而且可以剪切、拷贝、粘贴指定的用户窗口,还可以直接修改用户窗口的名称。

◀ 4.4 设置用户窗口的属性 ▶

在 MCGS 嵌入版组态软件中,用户窗口也是作为一个独立的对象而存在的,它包含的许多属性需要在组态时正确设置。用下列方法之一打开"用户窗口属性设置"窗口。

(1)选中需要设置属性的用户窗口,在"用户窗口"页中单击"窗口属性"按钮。

(2)选中需要设置属性的用户窗口,单击鼠标右键,选择"属性"命令。

(3)选中用户窗口后,单击工具条中的"显示属性"按钮 。

(4)选中用户窗口后,执行"编辑"菜单中的"属性"命令。

(5)选中用户窗口后,按快捷键"Alt＋Enter"。

(6)进入用户窗口后,鼠标双击用户窗口的空白处。

在"用户窗口属性设置"窗口弹出后,可以分别对用户窗口的基本属性、扩充属性、启动脚本、循环脚本和退出脚本等五大属性进行设置。

基本属性包括窗口名称、窗口标题、窗口背景以及窗口内容注释等项内容,如图 3-7 所示。系统各个部分对用户窗口的操作是根据窗口名称进行的,因此每个用户窗口的名称都是唯一的。在建立用户窗口时,系统赋予用户窗口的默认名称为"窗口×"(×为区分用户窗口的数字代码)。窗口标题是系统运行时在用户窗口标题栏上显示的标题文字。窗口背景一栏用来设置窗口背景的颜色。

鼠标单击"扩充属性"标签,进入用户窗口的"扩充属性"页,"显示滚动条"设置无效,如图 4-4 所示。

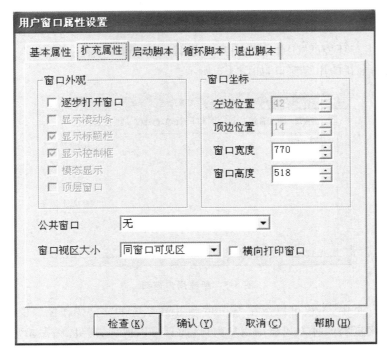

图 4-4 "用户窗口属性设置"窗口"扩充属性"页

在"扩充属性"页中的"窗口外观"选项中 MCGS 嵌入版组态软件提供了分批绘制和整体绘制两种窗口打开方式。选择"逐步打开窗口"选项,即为分批绘制窗口;不选择此项,则为整体绘制窗口。默认组态选项为整体绘制方式。在"扩充属性"页中,可以设置"显示滚动条",以确保全部桌面被完整显示,设置时应注意,若要选择有效,那么"窗口视区大小"设置选项不能够为"同窗口可见区"。在"扩充属性"页中,可以选择公共窗口。公共窗口是包含一组公共对象的用户窗口,可以被其他用户窗口引用,以降低组态工作量和减小工程文件大小。"扩充属性"页中的"窗口视区"是指用户窗口实际可用的区域,在显示器屏幕上所见的区域称为可见区,一般情况下窗口视区和可见区大小相同,但是可以把窗口视区设置成大于可见区。打印用户窗口时,按窗口视区的大小来打印窗口的内容,还可以选择是按打印纸张的纵向打印还是按打印纸张的横向打印。

鼠标单击"启动脚本"标签,进入该用户窗口的"启动脚本"页,如图 4-5 所示。单击"打开脚本程序编辑器"按钮,可以用 MCGS 嵌入版组态软件提供的类似普通 Basic 语言的编程语言编写脚本程序,以控制该用户窗口启动时需要完成的操作任务。

鼠标单击"循环脚本"标签,进入该用户窗口的"循环脚本"页,如图 4-6 所示。在"循环时间(ms)"输入栏输入循环执行时间,单击"打开脚本程序编辑器"按钮,可以编写脚本程序,以控制该用户窗口需要完成的循环操作任务。

鼠标单击"退出脚本"标签,进入该用户窗口的"退出脚本"页。单击"打开脚本程序编辑器"按钮,可以编写脚本程序,以控制该用户窗口关闭时需要完成的操作任务。

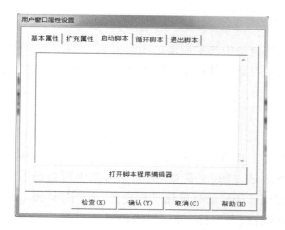

图 4-5 "用户窗口属性设置"窗口"启动脚本"页

图 4-6 "用户窗口属性设置"窗口"循环脚本"页

4.5 创建图形对象

定义了用户窗口并完成属性设置后,就可以在用户窗口内使用系统提供的工具箱中的各种工具创建图形对象,制作漂亮的图形界面了。

在"工作台"窗口的"用户窗口"页中,鼠标双击指定的用户窗口图标,或者选中用户窗口图标后,单击"动画组态"按钮,一个空白的用户窗口就打开了。

在用户窗口中创建图形对象之前,需要从工具箱中选取需要的图形构件,进行图形对象的创建工作。我们已经知道,MCGS 嵌入版组态软件提供了两个工具箱,即放置图元对象和动画构件的绘图工具箱及常用图符工具箱。从这两个工具箱中选取所需的图形对象,在用户窗口内进行组合,就构成用户窗口的各种图形界面。

鼠标单击工具条中的"工具箱"按钮,就打开了放置图元对象和动画构件的绘图工具箱。如前所述,绘图工具箱中从左到右、从上到下第 2～9 个按钮对应 8 个常用的图元对象,后面的 28 个按钮对应于系统提供的 16 个动画构件。按钮 对应于选择器,用于在编辑图形时选取用户窗口中指定的图形对象;按钮 用于从对象元件库中读取存盘的图形对象;按钮 用于把当前用户窗口中选中的图形对象存入对象元件库中。

在工具箱中选中所需要的图元对象、图符对象或者动画构件,利用鼠标在用户窗口中拖曳出一定大小的图形,就创建了一个图形对象。

我们用系统提供的图元对象和图符对象,画出新的图形对象,选中该图形对象,单击右键,执行"排列"菜单中的"构成图符"命令,构成新的图符对象,可以将新的图形对象组合为一个整体使用。如果要修改新建的图符对象或者取消新图符对象的组合,执行"排列"菜单中的"分解图符"命令,可以把新建的图符对象分解为组成它的图元对象和图符对象。需要注意的是,系统常用图符工具箱中提供的 27 个常用图符不能进行分解,动画构件不能和图元对象、图符对象等组成新的图符对象。

4.5.1　创建图形对象的方法

在用户窗口内创建图形对象的过程,就是从工具箱中选取所需的图形对象,绘制新的图形对象的过程。除此之外,还可以采用复制、剪贴、从对象元件库中读取图形对象等方法,加快创建图形对象的速度,使图形界面更加漂亮。

4.5.2　绘制图形对象

在用户窗口中绘制一个图形对象,实际上是将工具箱内的图元对象、图符对象或动画构件放置到用户窗口中,组成新的图形对象。操作方法是:打开工具箱,鼠标单击选中所要绘制的图元对象、图符对象或动画构件;把鼠标移到用户窗口内,此时鼠标光标变为"十"字形,按下鼠标左键不放,在窗口内拖动鼠标到适当的位置,然后松开鼠标左键,在该位置就建立了所需的图形对象,此时鼠标光标恢复为箭头形状。

当绘制多边形或者折线时,在绘图工具箱中选中多边形或折线按钮,将鼠标移到用户窗口编辑区,先将"十"字光标放置在折线的起始点位置,单击鼠标,再移动到第二点位置,单击鼠标,如此进行直到最后一点位置,双击鼠标,完成折线的绘制。如果最后一点的位置和起始点的位置相同,则折线闭合成多边形。多边形是一个封闭的图形,它的内部可以填充颜色。

4.5.3　复制图形对象

复制图形对象是将用户窗口内已有的图形对象拷贝到指定的位置,原图形对象仍保留,这样可以加快图形对象的绘制速度。复制图形对象的操作步骤为:鼠标单击用户窗口内要复制的图形对象,选中(或激活)后,执行"编辑"菜单中的"拷贝"命令或按快捷键"Ctrl+C",然后执行"编辑"菜单中"粘贴"命令或按快捷键"Ctrl+V",就会复制出一个新的图形对象。连续"粘贴",可复制出多个图形对象。

图形对象复制完毕,用鼠标将其拖动到用户窗口中所需的位置。

也可以采用拖曳法复制图形对象:先激活要复制的图形对象,按下"Ctrl"键不放,鼠标指针指向要复制的图形对象,按住左键移动鼠标,到指定的位置松开鼠标左键和"Ctrl"键,即可完成图形对象的复制工作。

4.5.4　剪贴图形对象

剪贴图形对象是将用户窗口中选中的图形对象剪下,然后放置到其他指定位置。剪贴图形对象的具体操作为:首先选中需要剪贴的图形对象,执行"编辑"菜单中的"剪切"命令或按快捷键"Ctrl+X",接着执行"编辑"菜单中的"粘贴"命令或按快捷键"Ctrl+V",弹出所选图形对象,移动鼠标,将它放到新的位置。

需要注意的是,无论是复制图形对象还是剪贴图形对象,都是通过系统内部设置的剪贴板进行的。执行第一个命令("拷贝"命令或"剪切"命令),是将选中的图形对象拷贝或放置到剪贴板中,执行第二个命令("粘贴"命令),是将剪贴板中的图形对象粘贴到指定的位置上。

4.5.5 操作对象元件库

MCGS 嵌入版组态软件设置了称为对象元件库的图形库,用以解决组态结果的重新利用问题。我们在使用 MCGS 嵌入版组态软件的过程中,把常用的、制作完好的图形对象甚至整个用户窗口存入对象元件库中,需要时,从对象元件库中取出来直接使用。从对象元件库中读取图形对象的操作方法如下。

鼠标单击绘图工具箱中的插入元件按钮 [图标],弹出"对象元件库管理"窗口,选中对象类型后,从相应的元件列表中选择所要的图形对象,单击"确认"按钮,即可将该图形对象放置在用户窗口中。

当需要把制作完好的图形对象插入对象元件库中时,先选中所要插入的图形对象,鼠标单击保存元件构件按钮 [图标],弹出"把选定的图形对象保存到对象元件库?"窗口,单击"确定"按钮,弹出"对象元件库管理"窗口,默认的对象名为"新图形",选中"新图形",拖动鼠标到指定位置,抬起鼠标,对新放置的图形对象进行修改名字、位置移动等操作,单击"确认"按钮,新的图形对象就存入对象元件库中了。

◀ 4.6 编辑图形对象 ▶

在用户窗口内完成图形对象的创建之后,可对图形对象进行各种编辑工作。MCGS 嵌入版组态软件提供了一套完善的编辑工具,使用户能快速制作各种复杂的图形界面,以清晰美观的图形表示外部物理对象。

4.6.1 图形对象的选取

在对图形对象进行编辑操作之前,首先要选取被编辑的图形对象。选取图形对象的方法有以下几种。

(1) 打开绘图工具箱,鼠标单击绘图工具箱中的选择器构件按钮 [图标],此时鼠标变为箭头光标。然后在用户窗口内指定的图形对象上单击一下鼠标,在该对象周围显示多个小方块(称为拖曳手柄),即表示该图形对象被选中。

(2) 按"Tab"键,可依次在所有图形对象周围显示选中的标志,由用户最终选定。

(3) 鼠标单击选择器构件按钮 [图标],然后按住鼠标左键,从上往下拖动鼠标,画出一个实线矩形,进入矩形框内的所有图形对象即为选中的对象,松开鼠标左键,则在这些图形对象周围显示选中的标志。

(4) 鼠标单击选择器构件按钮 [图标],然后按住鼠标左键,从某一位置开始从下往上拖动鼠标,画出一个虚线矩形,与虚线矩形框相交的所有图形对象即为选中的对象,松开鼠标左键,在这些图形对象周围显示选中的标志。

(5) 按住"Ctrl"键不放,鼠标逐个单击图形对象,可完成多个图形对象的选取。

用户窗口内带有选中标志(拖曳手柄)的图形对象称为当前对象。当有多个图形对象被选中时,拖曳手柄为黑色的图形对象为当前对象,此时若用鼠标单击已选中的某一图形对象,则此对象变为当前对象。所有的编辑操作都是针对当前对象进行的,若用户窗口内没有指定当前对象,将会有一些编辑操作指令不能使用。

4.6.2　图形对象的大小和位置调整

可以用以下方法来改变一个图形对象的大小和位置。

(1)鼠标拖动改变位置:鼠标指针指向选中的图形对象,按住鼠标左键不放,把选中的对象移动到指定的位置,抬起鼠标,完成图形对象位置的移动。

(2)鼠标拖拉改变形状大小:当只有一个选中的图形对象时,把鼠标指针移到手柄处,等指针形状变为双向箭头后,按住鼠标左键不放,向相应的方向拖拉鼠标,即可改变图形对象的大小和形状。

(3)使用键盘上的光标移动键改变位置:按动键盘上的上、下、左、右光标移动键("↑"键、"↓"键、"←"键、"→"键),可把选中的图形对象向相应的方向移动。按动一次,只移动一个点;连续按动,移到指定位置。

(4)使用键盘上的"Shift"键和光标移动键改变大小:按下"Shift"键的同时,按键盘上的光标移动键,可把选中的图形对象的高度、宽度增大或减小。按动一次,只改变一个点的大小;连续按动,可调整到适当的高度或宽度。

(5)使用状态条上的大小编辑框改变大小:在状态条上的大小编辑框内输入要修改的值,按下键盘上的"Enter"键或者选择其他区域使修改生效。如果取消修改,按"Esc"键,就可以恢复到修改之前的值。

(6)使用状态条上的位置编辑框,改变位置:在状态条上的位置编辑框内输入要修改的值,按下键盘上的"Enter"键或者选择其他区域使修改生效。如果取消修改,按"Esc"键就可以恢复到修改之前的值。

另外,状态条从左到右依次显示控件类型、名称、位置、大小信息,如图4-7所示。

图4-7　状态条控件信息

4.6.3　多个图形对象的相对位置和大小调整

改变多个图形对象相对位置和大小的方法有以下两种。

(1)当选中多个图形对象时,可以把当前对象作为基准,使用工具条上的功能按钮,或执行"排列"菜单中"对齐"菜单项的有关命令,对被选中的多个图形对象进行相对位置和大小的调整,包括排列对齐、中心点对齐以及等高、等宽等一系列操作。

①单击 按钮或执行菜单中的"左对齐"命令,左边界对齐。

②单击 按钮或执行菜单中的"右对齐"命令,右边界对齐。

③单击 按钮或执行菜单中的"上对齐"命令,顶边界对齐。

④单击 按钮或执行菜单中的"下对齐"命令,底边界对齐。

⑤单击 ⊞ 按钮或执行菜单中的"中心对中"命令,所有选中对象的中心点重合。

⑥单击 ⊞ 按钮或执行菜单中的"横向对中"命令,所有选中对象的中心点 X 坐标相等。

⑦单击 ⊟ 按钮或执行菜单中的"纵向对中"命令,所有选中对象的中心点 Y 坐标相等。

⑧单击 ⬍ 按钮或执行菜单中的"图元等高"命令,所有选中对象的高度相等。

⑨单击 ⬌ 按钮或执行菜单中的"图元等宽"命令,所有选中对象的宽度相等。

⑩单击 ⬌ 按钮或执行菜单中的"图元等高宽"命令,所有选中对象的高度和宽度相等。

(2)选择多个控件,状态条显示选中框突显控件的信息。效果和单个控件相同。如果选择的控件都可以通过鼠标拖动改变大小,则可以通过状态条上的大小编辑框批量设置这些控件的大小。如果选择的控件包括不能通过拖动鼠标改变大小的控件,则状态条上的大小和位置编辑框都是灰色的,无法批量设置控件大小。

不能通过鼠标拖动改变大小的控件有实时表格、自由表格、流动块、弯管、折线。选中这类控件时,状态条上的大小编辑框呈灰色,但位置编辑框可使用。

4.6.4　多个图形对象的等距分布

当所选中的图形对象多于三个时,可用工具条上的功能按钮对被选中的图形对象进行等距离分布排列。

(1)单击 ⊷ 按钮或执行菜单中的"横向等间距"命令,被选中的多个图形对象沿 X 方向等距离分布。

(2)单击 ⊟ 按钮或执行菜单中的"纵向等间距"命令,被选中的多个图形对象沿 Y 方向等距离分布。

4.6.5　图形对象的方位调整

单击工具条中的功能按钮,或执行菜单"排列"中的"旋转"菜单项的各项命令,可以将选中的图形对象旋转 90 度或翻转一个方向。

(1)单击 ⬐ 按钮或执行菜单中的"左旋 90 度"命令,把被选中的图形对象左旋 90 度。

(2)单击 ⬑ 按钮或执行菜单中的"右旋 90 度"命令,把被选中的图形对象右旋 90 度。

(3)单击 ⬙ 按钮或执行菜单中的"左右镜象"命令,把被选中的图形对象沿 X 方向翻转。

(4)单击 ⬗ 按钮或执行菜单中的"上下镜象"命令,把被选中的图形对象沿 Y 方向翻转。

需要注意的是,不能对标签图元对象、位图图元对象和所有的动画构件进行旋转操作。

4.6.6　图形对象的层次排列

单击工具条中的功能按钮,或执行菜单"排列"中的层次移动命令,可对多个重合排列的图形对象的前后位置(层次)进行调整。

(1)单击 ⬓ 按钮或执行菜单中的"最前面"命令,把被选中的图形对象放在所有图形对象前。

（2）单击 ▣ 按钮或执行菜单中的"最后面"命令,把被选中的图形对象放在所有图形对象后。

（3）单击 ▣ 按钮或执行菜单中的"前一层"命令,把被选中的图形对象向前移一层。

（4）单击 ▣ 按钮或执行菜单中的"后一层"命令,把被选中的图形对象向后移一层。

需要注意的是,报警显示构件的层次无法改变,其他图形对象都在该构件之后。

4.6.7　图形对象的锁定和解锁

锁定一个图形对象,可以固定该图形对象的位置和大小,使用户不能对其进行移动和修改,避免编辑时,因误操作而破坏组态完好的图形。

单击 🔒 按钮,或执行"排列"菜单中的"锁定"命令,可以锁定或解锁所选中的图形对象。当一个图形对象处于锁定状态时,选中该对象时出现的手柄是多个较小的矩形。

4.6.8　图形对象的组合和分解

通过对一个或一组图形对象的分解和重新组合,可以生成一个新的组合图符对象,从而形成一个比较复杂的可以按比例缩放的图形元素。

（1）单击 ▣ 按钮,或执行"排列"菜单中的"构成图符"命令,可以将选中的图形对象组合成一个组合图符对象。

（2）单击 ▣ 按钮,或执行"排列"菜单中的"分解图符"命令,可以将一个组合图符对象分解为原先的一组图形对象。

4.6.9　图形对象的固化和激活

当一个图形对象被固化后,用户就不能选中它,从而也不能对其进行各种编辑工作。在组态过程中,一般对作为背景用途的图形对象加以固化,以免影响其他图形对象的编辑工作。

单击 ⚓ 按钮,或执行"排列"菜单中的"固化"命令,可以固化所选中的图形对象。执行"排列"菜单中的"激活"命令,或用鼠标双击固化的图形对象,可以将固化的图形对象激活。

◀ 4.7　批量属性编辑 ▶

鉴于常需在同一界面上同时批量更改在此界面的同类型对象的属性,MCGSE 提供了方便的可同时编辑多个控件属性的功能。

支持批量属性编辑的构件有四类,分别是图元类、标签类、按钮类、输入框类。图元类构件包括所有常用图符和直线、圆弧、矩形、圆角矩形、椭圆、多边形或折线图元。

用"Ctrl"键+鼠标左键多选一组同类构件,选择任一被选构件的属性项,弹出对应的批量编辑属性窗口。如果多选的一组构件不属于一类,则任一被选构件的属性项被灰化,无法批量设置属性。

下面以图元类为例详细介绍批量属性修改的使用。用"Ctrl"键＋鼠标左键多选窗口中的常用图符、直线、圆弧、矩形、圆角矩形、椭圆、多边形或折线等任意构件，单击工具条中的"属性"按钮或者执行"编辑"菜单中的"属性"命令，或者右键选择任意被选构件，在弹出的快捷菜单中选择"属性"命令，将弹出图 4-8 所示的"批量编辑图元的属性"窗口。

图 4-8 "批量编辑图元的属性"窗口

"批量编辑图元的属性"窗口初值采用被选构件中选中框突显（选中框的拖动点呈黑色）构件属性值，并且起初"确定"按钮的状态是无效的，修改属性之后，"确定"按钮可用。单击"确定"按钮，修改后的属性将应用到所有被选定的构件上。单击"取消"按钮，属性设置无效。

标签类、按钮类、输入框类的批量编辑属性方法和图元类基本一样，具体请参照图元类说明。

第 5 章

MCGS 嵌入版组态软件的实时数据库

在 MCGS 嵌入版组态软件中,数据不同于传统意义上的数据或变量,是以数据对象的形式来进行操作与处理的。数据对象不仅包含数据变量的数值特征,还将与数据相关的其他属性(如数据的状态、报警限值等)以及对数据的操作方法(如存盘处理、报警处理等)封装在一起,作为一个整体,以对象的形式提供服务。这种把数值、属性和方法定义成一体的数据称为数据对象。在 MCGS 嵌入版组态软件中,用数据对象表示数据,可以把数据对象看作比传统变量具有更多功能的对象变量,可以像使用变量一样来使用数据对象。在 MCGS 嵌入版组态软件中,在大多数情况下只需使用数据对象的名称就可直接操作数据对象。

◀ 5.1 实时数据库概述 ▶

在 MCGS 嵌入版组态软件中,用数据对象来描述系统中的实时数据,用对象变量代替传统意义上的值变量,把数据库技术管理的所有数据对象的集合称为实时数据库。实时数据库是 MCGS 嵌入版组态软件的核心,是应用系统的数据处理中心。系统各个部分均以实时数据库为公用区交换数据,实现各个部分协调动作:设备窗口通过设备构件驱动外部设备,将采集的数据送入实时数据库;由用户窗口组成的图形对象与实时数据库中的数据对象建立连接关系,以动画形式实现数据的可视化;运行策略通过策略构件对数据进行操作和处理。实时数据库的作用示意图如图 5-1 所示。

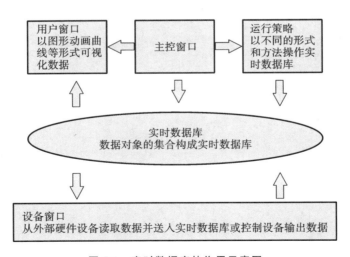

图 5-1　实时数据库的作用示意图

◀ 5.2 定义数据对象 ▶

　　定义数据对象的过程,就是构造实时数据库的过程。定义数据对象时,在组态环境"工作台"窗口中选择"实时数据库"标签,进入"实时数据库"页,如图 5-2 所示。"实时数据库"页显示已定义的数据对象。

　　对于新建工程,窗口中显示系统内建的四个字符型数据对象,分别是 InputETime、InputSTime、InputUser1 和 InputUser2。当在数据对象列表的某一位置增加一个新的数据对象时,可在该处选定数据对象,鼠标单击"新增对象"按钮,则在选中的对象之后增加一个新的数据对象;如果不指定位置,则在数据对象列表的最后增加一个新的数据对象。新增数据对象的名称以选中的数据对象的名称为基准,按字符递增的顺序由系统默认确定。对于新建工程,首次定义的数据对象默认名称为 Data1。需要注意的是,数据对象的名称中不能带有空格,否则会影响对此数据对象存盘数据的读取。

　　在"实时数据库"页中,可以像在 Windows 95 操作系统的文件操作窗口中一样,以大图标、小图标、列表、详细资料四种方式显示实时数据库中已定义的数据对象,可以选择按名称的顺序或按类型顺序来显示数据对象,也可以剪切、拷贝、粘贴指定的数据对象。需要注意的是,只有在新增数据对象时,或在数据对象未被使用时,才能直接修改数据对象的名称。

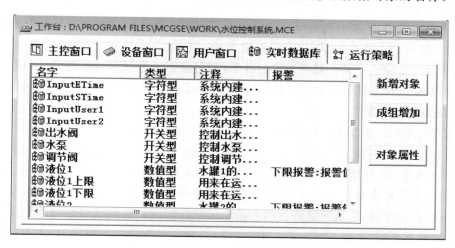

图 5-2 "工作台"窗口"实时数据库"页

　　为了快速生成多个相同类型的数据对象,可以单击"成组增加"按钮,弹出"成组增加数据对象"窗口,如图 5-3 所示,在该窗口一次定义多个数据对象。成组增加的数据对象的名称由主体名称和索引代码两个部分组成。其中,"对象名称"代表该组数据对象名称的主体部分,"起始索引值"代表第一个成员的索引代码,其他数据对象主体名称相同,索引代码依次递增。成组增加的数据对象的其他特性,如对象类型、工程单位、最大值、最小值等都是一致的。当需要批量修改相同类型的数据对象时,可在选中需要修改的数据对象后,单击"对象属性"按钮进行设置。

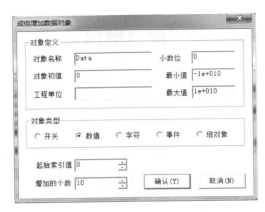

图 5-3 "成组增加数据对象"窗口

5.3 数据对象的类型

在 MCGS 嵌入版组态软件中，数据对象有开关型、数值型、字符型、事件型和组对象型等五种类型。不同类型的数据对象，属性不同，用途也不同。

1. 开关型数据对象

记录开关信号（0 或非 0）的数据对象称为开关型数据对象。它通常与外部设备的数字量输入/输出通道连接，用来表示某一设备当前所处的状态。开关型数据对象也用于表示 MCGS 嵌入版组态软件中某一数据对象的状态，如对应于一个图形对象的可见度状态。开关型数据对象没有工程单位和最大最小值属性，没有限值报警属性，只有状态报警属性。

2. 数值型数据对象

在 MCGS 嵌入版组态软件中，数值型数据对象的数值范围是：负数，从 $-3.402\,823 \times 10^{38}$ 到 $-1.401\,298 \times^{-45}$；正数，从 $1.401\,298 \times^{-45}$ 到 $3.402\,823 \times^{38}$。数值型数据对象除了存放数值及参与数值运算外，还提供报警信息，并能够与外部设备的模拟量输入/输出通道相连接。数值型数据对象有最大最小值属性，它的值不会超过设定的数值范围。当数据对象的值小于最小值或大于最大值时，数值对象的值取为最小值或最大值。数值型数据对象有限值报警属性，可同时设置下下限、下限、上限、上上限、上偏差、下偏差等六种报警限值，当数据对象的值超过设定的限值时，产生报警；当数据对象的值回到所有的限值之内时，报警结束。

3. 字符型数据对象

字符型数据对象是存放文字信息的单元，用于描述外部对象的状态特征。它的值为由多个字符组成的字符串，字符串最长可达 64 KB。字符型数据对象没有工程单位和最大最小值属性，也没有报警属性。

4. 事件型数据对象

事件型数据对象用来记录和标识某种事件产生或状态改变的时间信息。例如，开关量的状态发生变化、用户有按键动作、有报警信息产生等，都可以看作是事件发生。事件发生的信息可以直接从某种类型的外部设备获得，也可以由内部对应的功能构件提供。

事件型数据对象的值是由 19 个字符组成的定长字符串,用来保留当前最近一次事件所产生的时刻——年,月,日,时,分,秒。例如,"2008,02,03,23,20,35"表示该事件产生于 2008 年 2 月 3 日 23 时 20 分 35 秒。相应的事件没有发生时,该数据对象的值固定设置为"1970,01,01,08,00,00"。事件型数据对象没有工程单位和最大最小值属性,没有限值报警属性,只有状态报警属性。不同于开关型数据对象,事件型数据对象对应的事件产生一次,它的报警也产生一次,而且报警的产生和结束是同时完成的。

5. 数据组对象

数据组对象是 MCGS 嵌入版组态软件引入的一种特殊类型的数据对象,类似于一般编程语言中的数组和结构体,用于把相关的多个数据对象集合在一起,作为一个整体来定义和处理。例如,在实际工程中,描述一个锅炉的工作状态有温度、压力、流量、液面高度等多个物理量,为便于处理,定义"锅炉"为一个数据组对象,用来表示"锅炉"这个实际的物理对象,数据组对象"锅炉"由上述物理量对应的数据对象组成,这样,在对"锅炉"这个实际的物理对象进行处理(如进行组态存盘、曲线显示、报警显示)时,只需指定数据组对象的名称"锅炉",就包括了对其所有成员的处理。

数据组对象只是在组态时对某一类数据对象的整体表示方法,实际的操作则是针对每一个成员进行的。例如,在报警显示动画构件中,指定要显示报警的数据对象为数据组对象"锅炉",则该构件显示数据组对象包含的各个数据对象在运行时产生的所有报警信息。需要注意的是,数据组对象是多个数据对象的集合,应包含两个以上的数据对象,但不能包含其他的数据组对象。一个数据对象可以是多个数据组对象的成员。

把一个数据对象的类型定义成数据组对象后,还必须定义数据组对象所包含的成员。如图 5-4 所示,在"数据对象属性设置"窗口内,有专门用来定义数据组对象成员的"组对象成员"页。在"数据对象属性设置"窗口"组对象成员"页,左边为所有数据对象的列表,右边为数据组对象成员列表,利用"增加"按钮,可以把左边指定的数据对象增加到数据组对象成员中,利用"删除"按钮可以把右边指定的数据组对象成员删除。数据组对象没有工程单位和最大最小值属性,数据组对象本身没有报警属性。

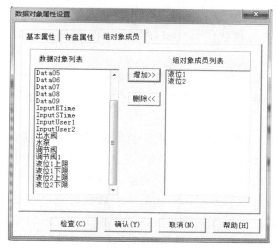

图 5-4　定义数据组对象成员

◀ **5.4 数据对象的属性设置** ▶

数据对象定义之后,应根据实际需要设置数据对象的属性。在组态环境"工作台"窗口中,选择"实时数据库"标签,从数据对象列表中选中某一数据对象,鼠标单击"对象属性"按钮,或者鼠标双击数据对象,即可弹出如图5-5所示的"数据对象属性设置"窗口。窗口设有三个窗口页,即"基本属性"页、"存盘属性"页和"报警属性"页。

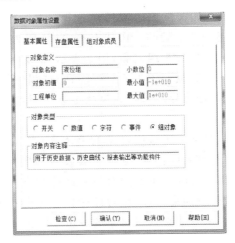

图 5-5 数据对象属性设置——基本属性设置

5.4.1 数据对象的基本属性

数据对象的基本属性包含数据对象的名称、单位、初值、取值范围和类型等基本特征信息。在"基本属性"页的"对象名称"一栏内输入代表对象名称的字符串,字符个数不得超过 32 个(汉字 16 个),对象名称的第一个字符不能为"!"、"＄"和数字 0~9,字符串中间不能有空格。用户不指定对象名称时,系统默认定为"DataX",其中 X 为顺序索引代码(第一个定义的数据对象为 Data0)。

必须正确设置数据对象的类型。不同类型的数据对象,属性内容不同。按所列栏目设定数据对象的初值、最大值、最小值及工程单位等,在"对象内容注释"一栏中输入说明数据对象情况的注释性文字。

需要注意的是,在 MCGS 嵌入版组态软件的实时数据库中,采用了"使用计数"的机制来描述实时数据库中的一个数据对象是否被 MCGS 嵌入版组态软件中的其他部分使用,即描述该数据对象是否与其他数据对象建立了连接关系。采用这种机制可以避免因数据对象属性的修改而引起已组态完好的其他部分出错。如果一个数据对象已被使用,则不能随意修改它的名称和类型,此时可以执行"工具"菜单中"数据对象替换"命令,对数据对象进行改名操作,同时把所有的连接部分也一次改正过来,避免出错。执行"工具"菜单中的"使用计数检查"命令,可以查阅数据对象被使用的情况,或更新使用计数。

5.4.2　数据组对象的存盘属性

MCGS嵌入版组态软件中,普通的数据对象没有存盘属性。只有数据组对象才有存盘属性。对数据组对象,只能设置为按定时方式存盘。实时数据库按设定的时间间隔,定时存储数据组对象的所有成员在同一时刻的值。如果设定时间间隔为 0 秒,则实时数据库不进行自动存盘处理,只能用其他方式处理数据的存盘。例如,可以通过 MCGS嵌入版组态软件中称为数据对象操作的策略构件来控制数据对象值的带有一定条件的存盘,也可以在脚本程序内用系统函数! SaveData 来控制数据对象值的存盘。需要注意的是,在 MCGS嵌入版组态软件中,系统函数! SaveData 仅对数据组对象有效。要注意的是,基本类型的数据对象既可以按变化量方式存盘,又可以作为数据组对象的成员定时存盘,它们互不相关,在存盘数据库中位于不同的数据表内。数据组对象的存盘属性如图 5-6 所示。

图 5-6　数据组对象的存盘属性

对于数据组对象的存盘,MCGS嵌入版组态软件还增加了加速存盘和自动改变存盘时间间隔的功能。加速存盘一般用于当报警产生时,加快数据记录的频率,以便事后进行分析。改变存盘时间间隔是为了在有限的存盘空间内,尽可能多保留当前最新的存盘数据,减少历史数据的存储量。在数据组对象的存盘属性中,都有"存盘时间设置"一项,选择"永久存储",则保存系统自运行时开始整个过程中的所有数据;选择后者,则保存从当前开始指定时间长度内的数据。与前者相比,后者减少了历史数据的存储量。

对于数据对象发出的报警信息,实时数据库进行自动存盘处理,但也可以选择不存盘。存盘的报警信息有产生报警的数据对象名称、报警产生时间、报警结束时间、报警应答时间、报警类型、报警限值、报警时数据对象的值、用户定义的报警内容注释等。如果需要实时打印报警信息,则应勾选对应的选项。

5.4.3　数据对象的报警属性

MCGS嵌入版组态软件把报警处理作为数据对象的一个属性,封装在数据对象内部,由实时数据库判断是否有报警产生,并自动进行各种报警处理。如图 5-7 所示,用户应首先勾选

"允许进行报警处理"选项,然后对报警参数进行设置。

不同类型的数据对象,报警属性的设置各不相同。数值型数据对象最多可同时设置六种限值报警;开关型数据对象只有状态报警,当数据对象的值触发相应的状态时,将产生报警;事件型数据对象不用设置报警状态,对应的事件产生一次,就有一次报警,且报警的产生和结束是同时的;字符型数据对象和数据组对象没有报警属性。

"子显示内容"是对报警信息的详细描述,可以显示多行文本。需要提请注意的是,只有报警浏览构件支持子显示功能,报警显示构件不支持子显示功能。"子显示内容"的输出需要关联一个字符型变量,通过这个变量以标签或者输入框的形式显示出来。"报警浏览构件属性设置"窗口的"字体和颜色"页中的"报警内容输出"项对应子显示内容。报警浏览构件属于外挂构件,具体介绍参见报警浏览构件自带的帮助。

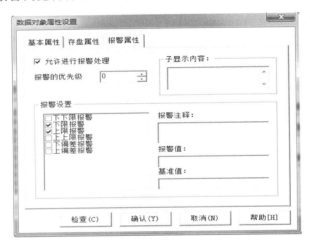

图 5-7　数据对象的报警属性设置

◀ 5.5　数据对象的属性和方法 ▶

在 MCGS 嵌入版组态软件中,每个数据对象都是由系统的属性和方法构成的。使用操作符".",可以在脚本程序或使用表达式的地方调用数据对象相应的属性和方法。例如,Data00. Value 可以取得数据对象 Data00 的当前值,Data00. Min 可以获得数据对象 Data00 的最小值。

5.5.1　数据对象的属性

数据对象的属性如表 5-1 所示。

表 5-1　数据对象的属性

属　性　名	类　　型	操作方式	意　　义
Value	同数据对象类型	读写	数据对象中的值
Name	数值型	只读	数据对象中的名字

属　性　名	类　型	操作方式	意　义
Min	数值型	读写	数据对象的最小值
Max	数值型	读写	数据对象的最大值
Unit	数值型	读写	数据对象的工程单位
Comment	数值型	读写	数据对象的注释
InitValue	数值型	读写	数据对象的初值
Type	数值型	只读	数据对象的类型
AlmEnable	数值型	读写	数据对象的启动报警标志
AlmHH	数值型	读写	数值型报警的上上限值或开关型报警的状态值
AlmH	数值型	读写	数值型报警的上限值
AlmL	数值型	读写	数值型报警的下限值
AlmLL	数值型	读写	数值型报警的下下限值
AlmV	数值型	读写	数值型偏差报警的基准值
AlmVH	数值型	读写	数值型偏差报警的上偏差值
AlmVL	数值型	读写	数值型偏差报警的下偏差值
AlmFlagHH	数值型	读写	允许上上限报警,或允许开关量报警
AlmFlagH	数值型	读写	允许上限报警,或允许开关量跳变报警
AlmFlagL	数值型	读写	允许下限报警,或允许开关量正跳变报警
AlmFlagLL	数值型	读写	允许下下限报警,或允许开关量负跳变报警
AlmFlagVH	数值型	读写	允许上偏差报警
AlmFlagVL	数值型	读写	允许下偏差报警
AlmComment	数值型	读写	报警信息注释
AlmDelay	数值型	读写	报警延时次数
AlmPriority	数值型	读写	报警优先级
AlmState	数值型	只读	报警状态
AlmType	数值型	只读	报警类型

5.5.2　数据对象的方法

下面介绍数据对象的几种典型方法,让同学们对系统函数有一个提前的认识。

1. SaveData(DataName)

(1) 函数意义:把数据对象 DataName 对应的当前值存入存盘数据库中。本函数的操作使对应的数据对象的值存盘一次。此数据对象必须具有存盘属性,且存盘时间需设为 0 秒,否则会操作失败。

(2) 返回值:数值型,等于 0 表示操作成功,不等于 0 表示操作失败。

(3) 参数:DataName,数据对象名。

（4）实例：！SaveData（电机 1），把数据组对象"电机 1"的所有成员对应的当前值存盘一次。

2．SaveDataInitValue

（1）函数意义：把设置有"退出时自动保存数据对象的当前值作为初始值"属性的数据对象的当前值存入组态结果数据中作为初值，防止突然断电而无法保存，以便下次启动时这些数据对象能自动恢复其值。

（2）返回值：数值型，返回值等于 0 表示调用正常，不等于 0 表示调用不正常。

（3）参数：无。

（4）实例：！SaveDataInitValue（）。

3．SaveDataOnTime（Time，TimeMS，DataName）

（1）函数意义：使用指定时间保存数据。本函数通常用于指定时间来保存数据，实现与通常机制不一样的存盘方法。

（2）返回值：数值型，等于 0 表示调用正常，不等于 0 表示调用不正常。

（3）参数：Time，整型，使用时间函数转换出的时间量，时间精度到秒；TimeMS，整型，指定存盘时间的毫秒数。

（4）实例：t＝！TimeStr2I（"2001 年 2 月 21 日 3 时 2 分 3 秒"），！SaveDataOnTime（t，0，DataGroup），按照指定时间保存数据对象。

4．AnswerAlm（DataName）

（1）函数意义：应答数据对象 DataName 所产生的报警。如果对应的数据对象没有报警产生或已经应答，则本函数无效。

（2）返回值：数值型，等于 0 表示操作成功，不等于 0 表示操作失败。

（3）参数：DataName，数据对象名。

（4）实例：！AnswerAlm（电机温度），应答数据对象"电机温度"所产生的报警。

◀ 5.6　数据对象的作用域 ▶

实时数据库中定义的数据对象都是全局性的，MCGS 嵌入版组态软件各个部分都可以对数据对象进行引用或操作，通过数据对象来交换信息和协调工作。数据对象的各种属性在整个运行过程中都保持有效。

在 MCGS 嵌入版组态软件中，直接使用数据对象的名称进行操作。在用户应用系统中，需要操作数据对象的有以下几个地方。

（1）建立设备通道连接。在设备窗口组态配置中，需要建立设备通道与实时数据库的连接，指明每个设备通道所对应的数据对象，以便通过设备构件把采集到的外部设备的数据送入实时数据库。

（2）建立图形动画连接。在用户窗口创建图形对象并设置动画属性时，需要将图形对象指定的动画动作与数据对象建立连接，以便能用图形方式可视化数据。

（3）参与表达式运算。类似于传统的变量用法，对数据对象赋值，将其作为表达式的一部分，参与表达式的数值运算。

（4）制定运行控制条件。运行策略的"数据对象条件"构件中,指定数据对象的值和报警限值等属性,将其作为策略行的条件部分,控制运行流程。

（5）作为变量编制程序。运行策略的"脚本程序"构件中,把数据对象作为一个变量使用,由用户编制脚本程序,实现特定操作与处理功能。

◀ 5.7　MCGS 嵌入版系统变量和系统函数 ▶

5.7.1　MCGS 嵌入版系统变量

MCGS 嵌入版组态软件内部定义了一些供用户直接使用的数据对象,用于读取系统内部设定的参数,我们称之为 MCGS 嵌入版系统变量。不同于用户定义的数据对象,MCGS 嵌入版系统变量只有值的属性,没有工程单位、最大最小值属性和报警属性。MCGS 嵌入版系统变量的名字都以"＄"符号开头,以区别于用户自定义的数据对象。

1.　＄ Year

（1）对象意义:读取计算机系统内部的当前时间"年"(1111～9999)。

（2）对象类型:数值型。

（3）读写属性:只读。

2.　＄ Month

（1）对象意义:读取计算机系统内部的当前时间"月"(1～12)。

（2）对象类型:数值型。

（3）读写属性:只读。

3.　＄ Day

（1）对象意义:读取计算机系统内部的当前时间"日"(1～31)。

（2）对象类型:数值型。

（3）读写属性:只读。

4.　＄ Hour

（1）对象意义:读取计算机系统内部的当前时间"小时"(0～24)。

（2）对象类型:数值型。

（3）读写属性:只读。

5.　＄ Minute

（1）对象意义:读取计算机系统内部的当前时间"分钟"(0～59)。

（2）对象类型:数值型。

（3）读写属性:只读。

6.　＄ Second

（1）对象意义:读取当前时间"秒数"(0～59)。

（2）对象类型:数值型。

（3）读写属性:只读。

7. $ Week

（1）对象意义：读取计算机系统内部的当前时间"星期"（1～7）。

（2）对象类型：数值型。

（3）读写属性：只读。

8. $ Date

（1）对象意义：读取当前时间"日期"，字符串格式为"年-月-日"，年用四位数表示，月和日均用两位数表示，如 1997-01-09。

（2）对象类型：字符型。

（3）读写属性：只读。

9. $ Time

（1）对象意义：读取当前时间"时刻"，字符串格式为"时：分：秒"，时、分、秒均用两位数表示，如 20：12：39。

（2）对象类型：字符型。

（3）读写属性：只读。

10. $ Timer

（1）对象意义：读取自午夜以来所经过的秒数。

（2）对象类型：数值型。

（3）读写属性：只读。

11. $ RunTime

（1）对象意义：读取应用系统启动后所运行的秒数。

（2）对象类型：数值型。

（3）读写属性：只读。

12. $ PageNum

（1）对象意义：表示打印时的页号，当系统打印完一个用户窗口后，$ PageNum 值自动加1。用户可在用户窗口中用此数据对象来组态打印页的页号。

（2）对象类型：数值型。

（3）读写属性：读写。

13. $ UserName

（1）对象意义：在程序运行时记录当前用户的名字。若没有用户登录或用户已退出登录，"$ UserName"为空字符串。

（2）对象类型：内存字符串型变量。

（3）读写属性：只读。

5.7.2 MCGS 嵌入版系统函数

在 MCGS 嵌入版组态软件内部定义了一些供用户直接使用的系统函数。这些系统函数直接用于表达式和用户脚本程序中，完成特定的功能。MCGS 嵌入版系统函数以"！"符号开头，以区别于用户自定义的数据对象。下面对 MCGS 嵌入版系统函数的分类和功能做简单介绍。

（1）运行环境操作函数：提供了对窗口、策略及设备操作的方法。

（2）数据对象操作函数：提供了对各个数据对象及存盘数据操作的方法。

（3）用户登录操作函数：提供了用户登录和管理的功能，包括打开登录窗口、打开用户管理窗口等。

（4）字符串操作函数：完成对字符串的处理任务。

（5）定时器操作函数：提供了对定时器的操作，包括对内建时钟的启动、停止、复位、时间读取等操作。

（6）系统操作函数：提供了对应用程序、打印机、外部可执行文件等的操作。

（7）数学函数：提供了进行数学运算的函数。

（8）文件操作函数：提供了对文件的操作，包括删除、拷贝文件，把文件拆开、合并，寻找文件，和循环语句一起，可以遍历文件，在文件中进行读写操作，对 CSV（逗号分隔的文本文件）进行读写操作等。

（9）时间运算函数：提供了对时间进行运算和转换的功能。

（10）嵌入式系统函数：提供了读取下位机信息、设置下位机参数的功能。

◀ 5.8　样例工程中数据对象的定义 ▶

实时数据库是 MCGS 嵌入版工程的数据交换和数据处理中心。数据对象是构成实时数据库的基本单元，建立实时数据库的过程也就是定义数据对象的过程。

定义数据对象的内容主要包括：指定数据对象的名称、类型、初值和数值范围；确定与数据对象存盘相关的参数，如存盘的周期、存盘的时间范围和保存期限等。

在开始定义之前，我们先对所有数据对象进行分析。在本样例工程中需要用到表 5-2 中的数据对象。

表 5-2　样例工程变量列表

对 象 名 称	类 型	注 释
水泵	开关型	控制水泵启动、停止的变量
调节阀	开关型	控制调节阀打开、关闭的变量
出水阀	开关型	控制出水阀打开、关闭的变量
液位 1	数值型	水罐 1 的水位高度，用来控制水罐 1 水位的变化
液位 2	数值型	水罐 2 的水位高度，用来控制水罐 2 水位的变化
液位 1 上限	数值型	用来在运行环境下设定水罐 1 的上限报警值
液位 1 下限	数值型	用来在运行环境下设定水罐 1 的下限报警值
液位 2 上限	数值型	用来在运行环境下设定水罐 2 的上限报警值
液位 2 下限	数值型	用来在运行环境下设定水罐 2 的下限报警值
液位组	组对象型	用于历史数据、历史曲线、报表输出等功能构件

下面以数据对象"水泵"为例，来介绍定义数据对象的步骤。

（1）打开前面保存的"水位控制系统"工程，单击"工作台"窗口中的"实时数据库"标签，进入"实时数据库"页。

（2）单击"新增对象"按钮，在窗口的数据对象列表中，增加新的数据对象，系统默认定义的名称为"Data1""Data2""Data3"等。多次单击"新增对象"按钮，可增加多个数据对象。

（3）选中对象，单击"对象属性"按钮，或双击选中对象，打开"数据对象属性设置"窗口。

（4）在"数据对象属性设置"窗口将"对象名称"改为"水泵"，将"对象类型"选择为"开关"型，在"对象内容注释"输入框内输入"控制水泵启动、停止的变量"，其他属性不变，如图 5-8 所示，单击"确认"按钮。

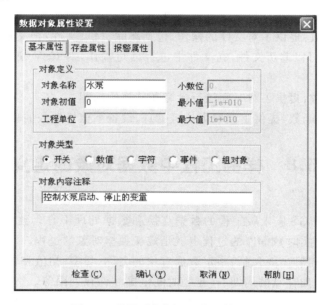

图 5-8 数据对象"水泵"的属性设置

图 5-9 对数据组对象添加成员

定义数据组对象与定义其他数据对象略有不同，需要对数据组对象成员进行选择。具体步骤如下。

（1）在数据对象列表中双击"液位组"，打开"数据对象属性设置"窗口。

（2）选择"组对象成员"标签，进入"组对象成员"页。在"组对象成员"页左边数据对象列表中选择"液位 1"，单击"增加"按钮，数据对象"液位 1"被添加到右边的"组对象成员列表"中。按照同样的方法将"液位 2"添加到组对象成员中，如图 5-9 所示。

（3）单击"存盘属性"标签，进入"存盘属性"页。在"存盘属性"页"数据对象值的存盘"选择框中选择定时存盘，并将存盘周期设为 5 秒，如图 5-10 所示。单击"确认"按钮，数据组对象设置完毕。

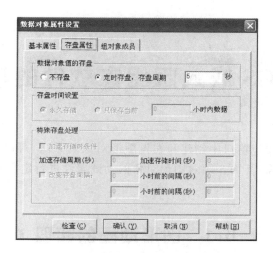

图 5-10 数据组对象存盘属性设置

本样例工程全部建立好后的数据对象如图 5-11 所示，最后保存工程，以便后续使用。

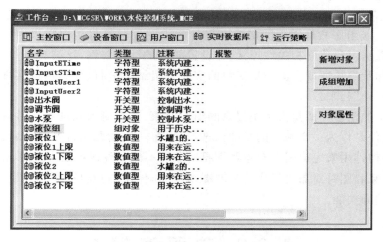

图 5-11 样例工程全部建立好后的数据对象

第 6 章

MCGS 嵌入版组态软件的动画连接

前面章节介绍了在用户窗口中创建和编辑图形对象的方法,可以用系统提供的各种图形对象生成漂亮的图形界面,下面介绍对图形对象的动画属性进行定义的各种方法,使图形界面"动"起来!

◀ 6.1 图形动画的实现 ▶

到现在为止,我们用图形对象搭制而成的图形界面是静止的,需要对这些图形对象进行动画属性设置,使它们"动"起来,真实地描述外界对象的状态变化,达到实时监控工程的目的。

MCGS 嵌入版组态软件实现图形动画设计的主要方法是将用户窗口中的图形对象与实时数据库中的数据对象建立相关性连接,并设置相应的动画属性,这样在系统运行过程中,图形对象的外观和状态特征就会由数据对象的实时采集结果进行驱动,从而实现图形的动画效果,使图形界面"动"起来!

用户窗口中的图形界面是由系统提供的图元对象、图符对象及动画构件等图形对象搭制而成的,动画构件是作为一个独立的整体供选用的,每一个动画构件都具有特定的动画功能。一般来说,动画构件用来完成图元对象和图符对象所不能实现或难以实现的、比较复杂的动画功能;而图元对象和图符对象可以作为基本图形元素,便于用户自由组态配置,来实现动画构件中所没有的动画功能。

◀ 6.2 动 画 连 接 ▶

所谓动画连接,实际上是将在用户窗口内创建的图形对象与实时数据库中定义的数据对象建立起对应的关系,在不同的数值区间内设置不同的图形状态属性(如颜色、大小、位置移动、可见度、闪烁效果等),将物理对象的特征参数以动画图形方式进行描述,这样在系统运行过程中,就可以用数据对象的值来驱动图形对象的状态改变,进而产生形象、逼真的动画效果。这里只介绍图元对象、图符对象的动画连接方法。

6.2.1 图元对象、图符对象所包含的动画连接方式

如图 6-1 所示,图元对象、图符对象所包含的动画连接方式有 4 类共 11 种。

(1)颜色动画连接:填充颜色、边线颜色。

(2)位置动画连接:水平移动、垂直移动、大小变化。

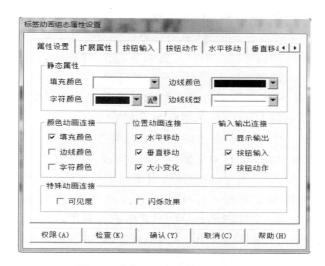

图 6-1 "动画组态属性设置"窗口

（3）输入输出连接：按钮输入、按钮动作。

（4）特殊动画连接：可见度变化、闪烁效果。

一个图元对象、图符对象可以同时定义多种动画连接，由图元对象、图符对象组合而成的图形对象最终的动画效果是多种动画连接方式的组合效果。工程人员根据实际需要，灵活地对图形对象定义动画连接，就可以呈现出各种逼真的动画效果。需要注意的是，在组态配置中，应当避免相互矛盾的属性设置。例如，当一个图元对象、图符对象处于不可见状态时，其他各种动画效果就无法体现出来。

6.2.2 建立动画连接的操作步骤

建立动画连接的操作步骤是如下。

（1）鼠标双击图元对象、图符对象，弹出"动画组态属性设置"窗口。

（2）"动画组态属性设置"窗口上端用于设置图形对象的静态属性，下面四个方框所列内容用于设置图元对象、图符对象的动画属性。若对某图形对象定义了填充颜色、水平移动、垂直移动三种动画连接，实际运行时，该图形对象会呈现出在移动的过程中填充颜色的同时发生变化的动画效果。

（3）每种动画连接都对应于一个属性设置窗口页，当选择了某种动画属性时，在窗口上端就增添相应的窗口标签，用鼠标单击窗口标签，即可打开相应的属性设置窗口页。

（4）在"表达式"名称栏内输入所要连接的数据对象名称。也可以用鼠标单击右端带"？"号图标的按钮，弹出"变量选择"窗口，鼠标双击所需的数据对象，把该对象名称自动输入表达式一栏内。

（5）设置有关的属性。

（6）单击"检查"按钮，进行正确性检查。检查通过后，单击"确认"按钮，完成动画连接。

6.2.3 颜色动画连接

颜色动画连接是指将图形对象的颜色属性与数据对象的值建立相关性关系，使图元对象、图符对象的颜色属性随数据对象值的变化而变化,实现颜色不断变化的动画效果。颜色属性包括填充颜色、边线颜色和字符颜色三种,只有标签图元对象才有字符颜色动画连接。对于位图图元对象,无须定义颜色动画连接。需要注意的是,当一个图元对象、图符对象没有某种动画连接属性时,定义对应的动画连接不产生任何动画效果。

如图 6-2 所示的设置,在定义了图形对象的填充颜色和数据对象"Data10"之间的动画连接运行后,图形对象的颜色随 Data10 值的变化情况如下。

(1) 当 Data10 小于 0 时,对应的图形对象的填充颜色为绿色。

(2) 当 Data0 在 0 和 10 之间时,对应图形对象的填充颜色为大红色。

(3) 当 Data0 在 10 和 20 之间时,对应图形对象的填充颜色为粉红色。

(4) 当 Data0 在 20 和 30 之间时,对应图形对象的填充颜色为蓝色。

(5) 当 Data0 大于 30 时,对应图形对象的填充颜色为黄色。

图形对象的填充颜色由数据对象 Data10 的值来控制,或者说是用图形对象的填充颜色来表示对应数据对象的值的范围。

与填充颜色连接的表达式可以是一个变量,用变量的值来决定图形对象的填充颜色。当变量的值为数值型时,最多可以定义 32 个分段点,每个分段点对应一种颜色;当变量的值为开关型时,只能定义 2 个分段点,这两个分段点分别对应 0 和非 0 两种不同的填充颜色。

在图 6-2 所示的"动画组态属性设置"窗口中,还可以进行以下操作。

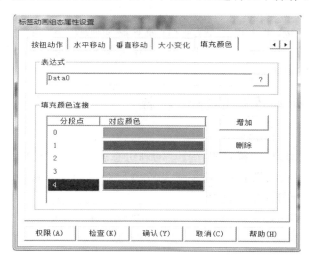

图 6-2　填充颜色设置

(1) 单击"增加"按钮,增加一个新的分段点。

(2) 单击"删除"按钮,删除指定的分段点。

(3) 用鼠标双击分段点的值,可以设置分段点数值。

(4) 用鼠标双击颜色栏,弹出色标列表框,可以设定图形对象的填充颜色,边线颜色和字符颜色的动画连接与填充颜色动画连接相同。

6.2.4　位置动画连接

位置动画连接包括图形对象的水平移动、垂直移动和大小变化三种属性,通过设置这三个属性使图形对象的位置和大小随数据对象值的变化而变化。用户只要控制数据对象值的大小和值的变化速度，就能精确地控制所对应图形对象的大小、位置和变化速度。如果组态时没有对一个标签进行位置动画连接设置，可通过脚本函数在运行时来设置该构件。

用户可以定义一种或多种动画连接，图形对象的最终动画效果是多种动画属性的合成效果。例如，同时定义水平移动和垂直移动两种动画连接，可以使图形对象沿着一条特定的曲线轨迹运动，假如再定义大小变化的动画连接，就可以使图形对象在做曲线运动的过程中同时改变大小。

1．水平移动和垂直移动

平行移动的方向包含水平和垂直两个。水平移动动画连接的方法和垂直移动动画连接的方法相同。图形对象水平移动属性设置如图 6-3 所示。设置平行移动时，首先要确定对应连接图形对象的表达式，然后定义表达式的值所对应的位置偏移量。以图 6-3 中的组态设置为例，当表达式 Data01 的值为 0 时，图形对象的位置向右移动 0 点（即不动）；当表达式 Data01 的值为 10 时，图形对象的位置向右移动 5 点；当表达式 Data01 的值为其他值时，利用线性插值公式即可计算出相应的位置偏移量。需要注意的是，位置偏移量是以组态时图形对象所在的位置为基准（初始位置），单位为像素点，向左为负方向，向右为正方向（对于垂直移动来说，向下为正方向，向上为负方向）。当把图中的 10 改为 −10 时，随着 Data01 值从小到大变化，图形对象的位置从基准位置开始向左移动 10 点。

2．大小变化

图形对象的大小变化是以百分比的形式来衡量的，把组态时图形对象的初始大小作为基准（100%即为图形对象的初始大小）。在 MCGS 嵌入版组态软件中，图形对象的大小变化方式有以下七种：以中心点为基准，沿 X 方向和 Y 方向同时变化；以中心点为基准，只沿 X（左右）方向变化；以中心点为基准，只沿 Y（上下）方向变化；以左边界为基准，沿着从左到右的方向发生变化；以右边界为基准，沿着从右到左的方向发生变化；以上边界为基准，沿着从上到下的方向发生变化；以下边界为基准，沿着从下到上的方向发生变化。

改变图形对象大小的方式有两种：一是按比例整体缩小或放大，称为缩放方式；二是按比例整体剪切，显示图形对象的一部分，称为剪切方式。两种方式都是以图形对象的实际大小为基准的。

图形对象大小变化属性设置如图 6-4 所示。当表达式 Data10 的值小于或等于 0 时，最小变化百分比设为 0，即图形对象的大小为初始大小的 0%，此时图形对象实际上是不可见的；当表达式 Data10 的值大于或等于 10 时，最大变化百分比设为 50%，即图形对象的大小与初始大小的一半相同。不管表达式的值如何变化，图形对象的大小都在最小变化百分比与最大变化百分比之间变化。

在缩放方式下，通过使图形对象的整体按比例缩小或放大来实现大小变化。当图形对象的变化百分比大于 100% 时，图形对象的实际大小是初始状态放大的结果；当图形对象的变化百分比小于 100% 时，图形对象的实际大小是初始状态缩小的结果。

在剪切方式下，不改变图形对象的实际大小，只按设定的比例对图形对象进行剪切处理，显示整体的一部分。如果图形对象的变化百分比大于或等于 100%，则把图形对象全部显示出来。采用剪切方式改变图形对象的大小，可以模拟容器充填物料的动态过程，具体步骤是：首先制作两个同样的图形对象，将它们完全重叠在一起，使它们看起来像一个图形对象；对前

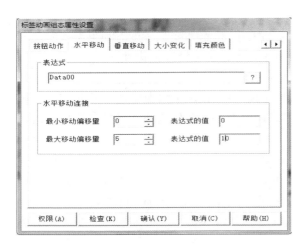

图 6-3　图形对象水平移动属性设置　　　　图 6-4　图形对象大小变化属性设置

后两层的图形对象设置不同的背景颜色;定义前一层图形对象的大小变化动画连接,变化方式设为剪切方式。实际运行时,前一层图形对象的大小按剪切方式发生变化,只显示一部分,而另一部分显示的是后一层图形对象的背景颜色,前后层图形对象视为一个整体,从视觉上如同一个容器内物料按百分比填充,获得逼真的动画效果。

6.2.5　输入输出连接

为了使图形对象能够用于数据显示,并且方便用户操作系统,更好地实现人机交互功能,MCGS 嵌入版组态软件增加了设置输入输出属性的动画连接方式。

设置输入输出连接方式从显示输出、按钮输入和按钮动作三个方面去着手,实现动画连接,体现友好的人机交互方式。显示输出连接只用于标签图元对象,显示数据对象的数值;按钮输入连接用于输入数据对象的数值;按钮动作连接用于响应来自鼠标或键盘的操作,实现特定的功能。

在设置属性时,在"动画组态属性设置"窗口内,从"输入输出连接"栏目中选定一种,进入相应的属性设置窗口页进行设置。

1. 按钮输入

采用按钮输入方式使图形对象具有输入功能。在系统运行时,当用户单击设定的图形对象时,将弹出输入窗口,用户可在该窗口输入与图形建立连接关系的数据对象的值。所有的图元对象和图符对象都可以建立按钮输入动画连接,在"动画组态属性设置"窗口内,从"输入输出连接"栏目中选定"按钮输入"一栏,进入"按钮输入"属性设置窗口页,在该属性设置窗口页进行相应设置,如图 6-5 所示。如果对图元对象、图符对象定义了按钮输入方式的动画连接,在系统运行过程中,当鼠标移动到该图形对象上面时,光标由"箭头"状变成"手掌"状,此时再单击鼠标左键,则弹出输入窗口,窗口的形式由数据对象的类型决定。

在图 6-5 中,与图元对象、图符对象连接的是数值型数据对象 Data09。

2. 按钮动作

按钮动作的方式不同于按钮输入:按钮输入是在鼠标到达图形对象上时,单击鼠标进行信息输入;而按钮动作是响应用户的鼠标按键动作或键盘按键动作,完成预定的功能操作。这些功能操作包括:执行运行策略中指定的策略块;打开指定的用户窗口,若该用户窗口已经打开,则激活该用户窗口并使其处于最前层;关闭指定的用户窗口,若该用户窗口已经关闭,则不进行此项操作;把指定的数据对象的值设置成1(只对开关型数据对象和数值型数据对象有效);把指定的数据对象的值设置成0(只对开关型数据对象和数值型数据对象有效);对指定的数据对象的值取反(非0变成0,0变成1,只对开关型数据对象和数值型数据对象有效);退出系统,停止MCGS嵌入版系统的运行,返回到操作系统。

在"动画组态属性设置"窗口内,从"输入输出连接"栏目中选定"按钮动作"一栏,进入"按钮动作"属性设置窗口页,在该属性设置窗口页的"按钮对应的功能"栏目内,列出了上述七项功能操作,供用户选择设定,如图6-6所示。

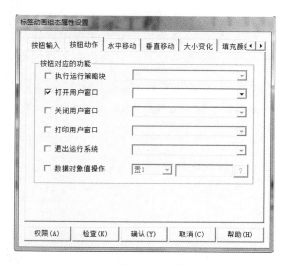

图 6-5　按钮输入属性设置　　　　　　图 6-6　按钮动作属性设置

需要注意的是,在实际应用中,一个按钮动作可以同时完成多项功能操作,但应注意避免设置相互矛盾的操作,虽然相互矛盾的功能操作不会引起系统出错,但最后的操作结果是不可预测的。例如,对同一个用户窗口同时选中执行打开和关闭操作,该用户窗口的最终状态是不定的,它可能处于打开状态,也可能处于关闭状态。再例如,对同一个数据对象同时完成置1、置0和取反操作,该数据对象最后的值是不定的,可能是0,也可能是1。

系统运行时,按钮动作也可以通过预先设置的快捷键来启动。MCGS嵌入版组态软件的快捷键一般可设置F1~F12功能键,也可以设置"Ctrl"键与F1~F12功能键、数字键、英文字母键组合而成的复合键。组态时,激活快捷键输入框,按下选定的快捷键,即可完成快捷键的设置。

在数据对象值"置0"、"置1"和"取反"三个输入栏的右端,均有一带"?"号图标的按钮,用鼠标单击该按钮,则显示所有已经定义的数据对象的列表,鼠标双击指定的数据对象,可以把该数据对象的名称自动输入设置栏内。

6.2.6　特殊动画连接

在MCGS嵌入版组态软件中,特殊动画连接包括可见度连接和闪烁效果连接两种方式,用于实现图元对象、图符对象的可见与不可见交替变换和闪烁效果。图形对象的可见度变换也是闪烁动画的一种。MCGS嵌入版组态软件中每一个图元对象、图符对象都可以定义特殊动画连接的方式。

1．可见度连接

可见度连接的属性设置窗口页如图6-7所示。在"表达式"栏中，将图元对象、图符对象的可见度与数据对象（或者由数据对象构成的表达式）建立连接；在"当表达式非零时"的选项栏中，根据表达式的结果来选择图形对象的可见度方式。

通过这样的设置，就可以利用数据对象（或者表达式）值的变化来控制图形对象的可见状态了。需要注意的是，当图形对象没有定义可见度连接时，该图形对象总是处于可见状态。

2．闪烁效果连接

在MCGS嵌入版组态软件中，实现闪烁的动画效果有两种方式，一种是通过不断改变图元对象、图符对象的可见度来实现闪烁效果，另一种是通过不断改变图元对象、图符对象的填充颜色、边线颜色或者字符颜色来实现闪烁效果。闪烁效果属性设置如图6-8所示。

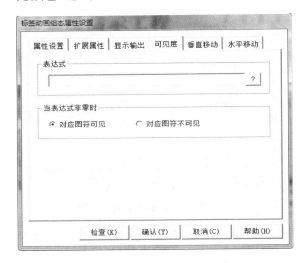

图6-7　可见度连接的属性设置窗口页

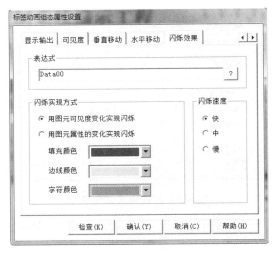

图6-8　闪烁效果属性设置

在这里，图形对象的闪烁速度是可以调节的，MCGS嵌入版组态软件给出了快速、中速和慢速三档闪烁速度供调节。闪烁效果属性设置完毕，在系统运行状态下，当所连接的数据对象（或者由数据对象构成的表达式）的值为非0时，图形对象就以设定的速度开始闪烁；而当所连接的数据对象（或者由数据对象构成的表达式）的值为0时，图形对象就停止闪烁。需要注意的是，在"闪烁实现方式"栏中，"字符颜色"的闪烁效果设置是只对标签图元对象有效的。

◀ 6.3　样例工程的动画连接 ▶

打开先前保存的"水位控制系统"样例工程，在"工作台"窗口中的用户窗口页中双击打开"水位控制"窗口。通过前面的学习，根据前述控制要求，我们在"水位控制"窗口中继续添加控件，同时完成"水位控制"窗口的动画连接。

本样例工程中需要制作动画效果的部分包括水箱中水位的升降,水泵、阀门的启停,水流等。

6.3.1 动画连接设置

1. 水位升降效果

水位升降效果是通过设置数据对象"大小变化"连接类型实现的。具体设置步骤如下。

(1)在用户窗口中,双击水罐 1,弹出"单元属性设置"窗口。

(2)单击"动画连接"标签,进入"动画连接"页,如图 6-9 所示。

(3)选中折线,在右端出现 $\boxed{>}$ 。

(4)单击 $\boxed{>}$,进入"动画组态属性设置"窗口。按照下面的要求设置各个参数。

①表达式:液位 1。

②最大变化百分比对应的表达式的值:10。

③其他参数不变,如图 6-10 所示。

(5)单击"确认"按钮,水罐 1 水位升降效果制作完毕。

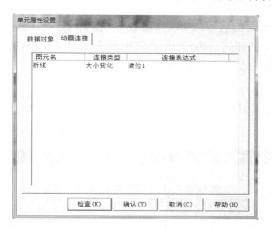

图 6-9 单元属性设置窗口

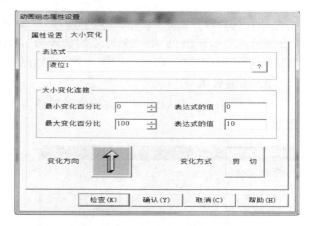

图 6-10 水罐 1 水位升降动画连接设置

(6)水罐 2 水位升降效果的制作同理。单击 $\boxed{>}$ 进入"动画组态属性设置"窗口后,按照下面的值进行参数设置。

①表达式:液位 2。

②最大变化百分比对应的表达式的值:6。

③其他参数不变。

2. 水泵、阀门的启停效果

水泵、阀门的启停效果是通过设置连接类型对应的数据对象实现的。设置步骤如下。

(1)双击水泵,弹出"单元属性设置"窗口。

(2)选中"数据对象"页中的"按钮输入",右端出现浏览按钮 $\boxed{?}$ 。

(3)单击浏览按钮 $\boxed{?}$,双击数据对象列表中的"水泵"。

(4)使用同样的方法将"填充颜色"对应的数据对象设置为"水泵",如图 6-11 所示。

(5)单击"确认"按钮,水泵的启停效果设置完毕。

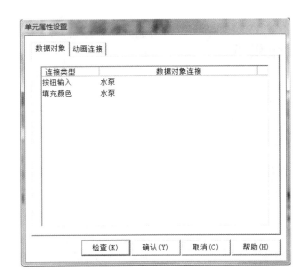

图 6-11 水泵启停动画连接设置

（6）调节阀和出水阀的启停效果同理，对于调节阀的启停效果，只需在"数据对象"页中将"按钮输入""填充颜色"的数据对象均设置为"调节阀"即可。对于出水阀的启停效果，只需在"数据对象"页中将"按钮输入""可见度"的数据对象均设置为"出水阀"。

3. 水流效果

水流效果是通过设置流动块构件的属性实现的，如图 6-12、图 6-13、图 6-14 所示。实现步骤如下。

图 6-12 水流基本属性设置

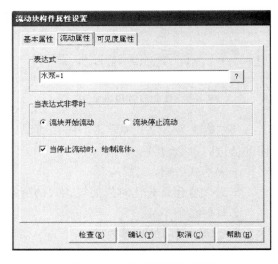

图 6-13 水流流动属性设置

（1）双击水泵右侧的流动块，弹出"流动块构件属性设置"窗口。

（2）在"流动属性"页中，进行如下设置。

①表达式：水泵＝1。

②选择"当表达式非零时，流块开始流动"。

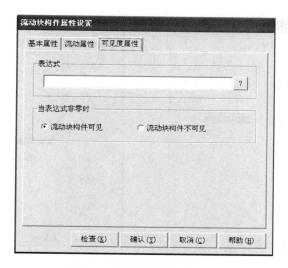

图 6-14　水流可见度属性设置

（3）单击"确认"按钮。

（4）水罐 1 右侧流动块及水罐 2 右侧流动块的制作方法与此相同，只需将表达式相应改为"调节阀＝1""出水阀＝1"即可。需要注意的是，在设置时，记得勾选"当停止流动时，绘制流体"。

6.3.2　改变水量的值

至此动画连接已初步完成，保存一下，看一下组态后的结果。我们已将"水位控制"窗口设置为启动窗口，所以在运行时，系统自动运行该窗口。这时我们看见的界面仍是静止的。移动鼠标到水泵、调节阀、出水阀上面的红色部分，鼠标指针会呈手形。单击一下，红色部分变为绿色，同时流动块相应地运动起来，但水罐仍没有变化。这是由于没有信号输入，也没有人为地改变水量。我们可以用以下方法改变水量的值，使水罐动起来。

1. 利用滑动输入器控制水位

以水罐 1 的水位控制为例。

（1）进入"水位控制"窗口。

（2）单击绘图工具箱中的滑动输入器构件按钮 ，当鼠标呈"十"字形后，拖动鼠标到适当大小。

（3）调整滑动输入器构件到适当的位置。

（4）双击滑动输入器构件，进入"滑动输入器属性设置"窗口。在该窗口按照下面的操作设置各个参数。

①在"基本属性"页中，将"滑块指向"设为"指向左（上）"，如图 6-15 所示。

②在"刻度与标注属性"页中，将"主划线数目"设为"5"，即能被 10 整除，如图 6-16 所示。

③在"操作属性"页中，将"对应数据对象的名称"设为"液位 1"，将"滑块在最右（上）边时对应的值"设为"10"，如图 6-17 所示。

④其他不变。

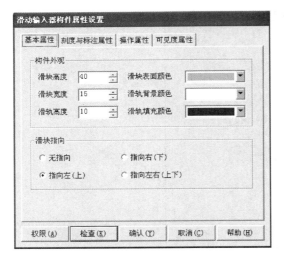

图 6-15　滑动输入器构件基本属性设置

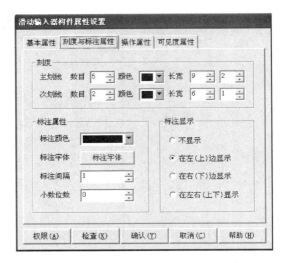

图 6-16　滑动输入器构件刻度与标注属性设置

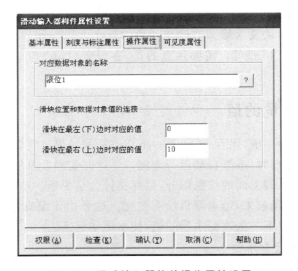

图 6-17　滑动输入器构件操作属性设置

（5）在制作好的滑动输入器构件下面适当的位置,添加一个文字标签构件,按下面的要求进行设置。

①输入文字:水罐1输入。

②文字颜色:黑色。

③框图填充颜色:没有填充。

④框图边线颜色:没有边线。

（6）按照上述方法设置水罐2水位控制滑动输入器构件。

①在"基本属性"页中,将"滑块指向"设为"指向左（上）"。

②在"操作属性"页中,将"对应数据对象的名称"设为"液位2",将"滑块在最右（上）边时对应的值"设为"6"。

③其他不变。

（7）设置水罐 2 水位控制滑动输入器构件对应的文字标签构件。

①输入文字：水罐 2 输入。

②文字颜色：黑色。

③框图填充颜色：没有填充。

④框图边线颜色：没有边线。

（8）单击绘图工具箱中的常用符号按钮 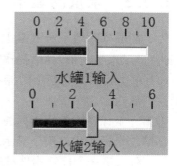，打开常用图符工具箱。

（9）选择其中的凹槽平面按钮 ，拖动鼠标绘制一个凹槽平面，恰好将两个滑动输入器构件及文字标签构件全部覆盖。

（10）选中该平面，单击编辑条中"置于最后面"按钮，最终效果如图 6-18 所示。

图 6-18　滑动输入器效果图

此时按"F5"键，进行下载配置，工程下载完后，进入模拟运行环境。在模拟运行环境下，可以通过拉动滑动输入器而使水罐中的液面动起来。

2. 利用旋转仪表控制水位

在工业现场一般都会大量地使用仪表进行数据显示。MCGS 嵌入版组态软件为了适应这一要求提供了旋转仪表构件。用户可以利用此构件在动画界面中模拟现场的仪表运行状态。具体制作步骤如下。

（1）选取绘图工具箱中的旋转仪表构件按钮 ，调整其大小，将其放在水罐 1 下面适当的位置上。

（2）双击该构件进行属性设置，各参数设置如下。

①在"刻度与标注属性"页中，将"主划线数目"设为"5"，如图 6-19 所示。

②在"操作属性"页中，在"表达式"栏中输入"液位 1"，将"最大逆时钟角度"设为"90"，将"对应的值"设为"0.0"，将"最大顺时钟角度"设为"90"，将"对应的值"设为"10"，如图 6-20 所示。

图 6-19　旋转仪表构件刻度与标注属性设置

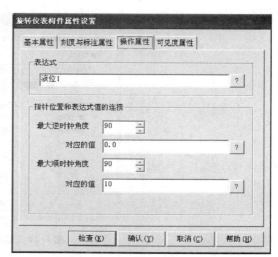

图 6-20　旋转仪表构件操作属性设置

③其他不变。

（3）按照此方法设置水罐2数据显示对应的旋转仪表。参数设置如下。

①在"操作属性"页中，在"表达式"栏中输入"液位2"，将"最大逆时钟角度"设为"90"，将"对应的值"设为"0.0"，将"最大顺时钟角度"设为"90"，将"对应的值"设为"6"。

②其他不变。

进入模拟运行环境后，可以通过拉动滑动输入器使整个界面动起来，旋转仪表也会实时指示液位高度。

6.3.3　水量的显示

为了能够准确地了解水罐1、水罐2的水量，我们可以通过设置标签构件 **A** 的"显示输出"属性显示水量的值，具体操作如下。

（1）单击绘图工具箱中的标签构件按钮，绘制两个标签构件，调整它们的大小和位置，将它们并列放在水罐1下面。

①第一个标签构件用于标注，显示文字为"水罐1"。

②第二个标签构件用于显示水罐水量。

（2）双击第一个标签构件进行属性设置，参数设置如下。

①输入文字：水罐1。

②文字颜色：黑色。

③框图填充颜色：没有填充。

④框图边线颜色：没有边线。

（3）双击第二个标签构件进行属性设置，参数设置如下。

①填充颜色：白色。

②边线颜色：黑色。

（4）在输入输出连接域中，选中"显示输出"选项，在组态属性设置窗口中就会出现"显示输出"标签，如图6-21所示。

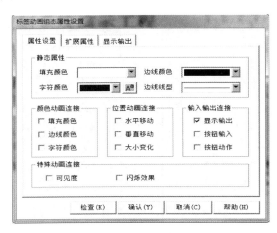

图6-21　显示输出属性设置

（5）单击"显示输出"标签，设置显示输出属性。参数设置如下。

①表达式:液位 1。

②输出值类型:数值量输出。

③整数位数:0。

④小数位数:1。

标签构件显示输出设置如图 6-22 所示。

(6)单击"确认"按钮,水罐 1 水量显示标签构件制作完毕。

(7)水罐 2 水量显示标签构件与此相同,需做的改动为:第一个用于标注的标签构件,显示文字为"水罐 2";第二个用于显示水罐水量的标签构件,表达式改为"液位 2"。

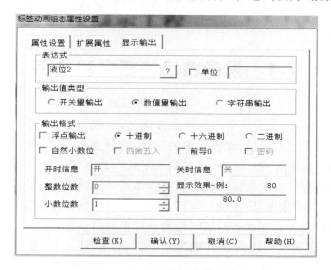

图 6-22　标签构件显示输出设置

本阶段生成的组态界面如图 6-23 所示,保存工程,以备后续章节继续使用。

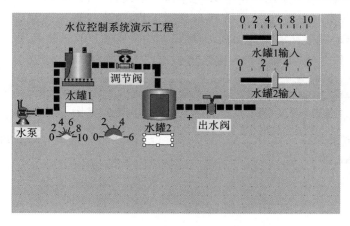

图 6-23　样例工程阶段效果图

第 7 章

MCGS 嵌入版组态软件的设备窗口

设备窗口是 MCGS 嵌入版系统的重要组成部分,在设备窗口中建立系统与外部硬件设备的连接关系,使系统能够从外部设备读取数据并控制外部设备的工作状态,实现对工业过程的实时监控与操作。

◀ 7.1 设备窗口的概念和作用 ▶

在 MCGS 嵌入版中,实现设备驱动的基本方法是:在设备窗口内配置不同类型的设备构件,并根据外部设备的类型和特征,设置相关的属性,将设备的操作方法,如硬件参数配置、数据转换、设备调试等都封装在构件之中,以对象的形式与外部设备建立数据的传输通道连接。系统运行过程中,设备构件由设备窗口统一调度管理。通过通道连接,它既可以向实时数据库提供从外部设备采集到的数据,供系统其他部分进行控制运算和流程调度,又能从实时数据库查询控制参数,实现对设备工作状态的实时检测和过程的自动控制。

MCGS 嵌入版的这种结构形式使其成为一个"与设备无关"的系统,对于不同的硬件设备,只需定制相应的设备构件并放置到设备窗口中,设置相关的属性,系统就可对这一设备进行操作,而不需要对整个系统结构做任何改动。

在 MCGS 嵌入版中,一个用户工程只允许有一个设备窗口。运行时,由主控窗口负责打开设备窗口,而设备窗口是不可见的,在后台独立运行,负责管理和调度设备构件的运行。对已经编好的设备驱动程序,MCGS 嵌入版使用设备构件管理工具进行管理。单击在 MCGS 嵌入版组态环境中工作台的"设备窗口"标签,将弹出图 7-1 所示的设备窗口。

图 7-1 设备窗口

双击"设备窗口"图标或单击右侧"设备组态"按钮,将进入设备组态窗口,此时单击工具条中的按钮⚒或在设备组态窗口空白处点击鼠标右键,在弹出的菜单中选择"设备工具箱"命令,将打开图 7-2 所示的"设备工具箱",单击"设备工具箱"中的"设备管理"按钮,将打开如图 7-3所示的"设备管理"窗口。

图 7-2　设备工具箱

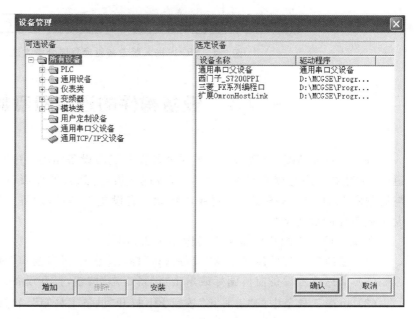

图 7-3　"设备管理"窗口

"设备管理"窗口中提供了常用的上百种设备驱动程序,方便用户快速找到适合自己的设备驱动程序。在"设备管理"窗口,还可以完成所选设备在 Windows 操作系统中的登记和删除登记等工作。MCGS 嵌入版设备驱动程序的登记、删除登记工作是非常重要的,在初次使用设备或用户自己新添加的设备之前,必须按下面的方法完成设备驱动程序的登记工作,否则可能会出现不可预测的错误。

"设备管理"窗口的左边列出系统现在支持的所有设备,右边列出所有已经登记的设备,用户只需在窗口左边的列表框中选中需要使用的设备,单击"增加"按钮,即完成了 MCGS 嵌入版设备的登记工作;在窗口右边的列表框中选中需要删除的设备,单击"删除"按钮,即完成了 MCGS 嵌入版设备的删除登记工作。

"设备管理"窗口左边的列表框中列出了系统目前支持的所有设备(驱动在 D:\MCGSE\Program\Drivers 目录下),设备是按一定分类方法分类排列的,用户可以根据分类方法去查找自己需要的设备。例如,用户要查找研华 ADAM-4013 智能模块的驱动程序,可以在 Drivers 目录下先找到智能模块目录,然后在该目录下找到研华模块目录,里面即有研华 ADAM-4013 智能模块。为了在众多的设备驱动中方便、快速地找到所需要的设备驱动程序,系统对所有的设备驱动程序采用了一定的分类方法排列,如图 7-4 所示。

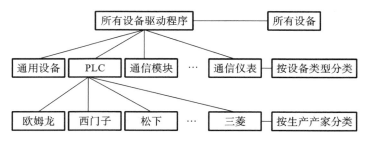

图7-4　MCGS嵌入版设备驱动程序分类方法

◀ 7.2　设备构件的选择和添加 ▶

设备构件是MCGS嵌入版系统对外部设备实施设备驱动的中间媒介,通过建立的数据通道,在实时数据库与测控对象之间,实现数据交换,达到对外部设备的工作状态进行实时检测与控制的目的。MCGS嵌入版系统内部设立有设备工具箱,设备工具箱内提供了与常用硬件设备相匹配的设备构件。

在设备窗口内配置设备构件的操作方法如下。

(1)选择"工作台"窗口中的"设备窗口"标签,进入"设备窗口"页。

(2)鼠标双击设备窗口图标或单击"设备组态"按钮,打开设备组态窗口。

(3)单击工具条中的"工具箱"按钮 ✗,打开"设备工具箱",如图7-2所示。

(4)观察所需的设备是否显示在"设备工具箱"内,如果所需的设备没有出现,用鼠标单击"设备管理"按钮,在弹出的"设备管理"窗口(见图7-3)中选定所需的设备。

(5)鼠标双击"设备工具箱"内对应的设备构件,或选择设备构件后,鼠标单击"设备管理"窗口,将选中的设备构件设置到选定的设备窗口内,如图7-5所示。

(6)对设备构件的属性进行正确设置。

MCGS嵌入版设备工具箱内一般只列出工程所需的设备构件,以方便工程使用,如果需要在设备工具箱中添加新的设备构件,可用鼠标单击"设备工具箱"上部的"设备管理"按钮,弹出"设备管理"窗口,"设备管理"窗口中的"可选设备"栏内列出了已经完成登记的、系统目前支持的所有设备构件,找到需要添加的设备构件,选中它,双击鼠标,或者单击"增加"按钮,该设备构件就被添加到右侧的"选定设备"栏中了。"选定设备"栏中的设备构件就是设备工具箱中的设备构件。

对于用户较常用的驱动构件,包括西门子S7-200、三菱FX系列编程口、欧姆龙扩展HostLink驱动,进行了以下优化设置。

当添加的子设备是父设备下的第一个子设备时,父设备的参数会自动初始化为通信默认参数值。例如,添加一个通用串口父设备,再为其添加子设备西门子S7-200PLC后,打开父设备查看参数,发现为西门子S7-200的通信默认参数值:波特率9 600 bit/s,数据位8位,停止位1位,偶校验。其他两款PLC为其默认参数。

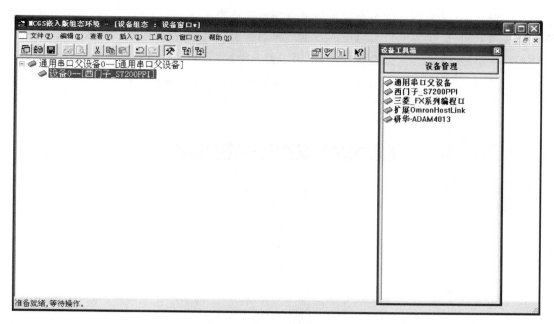

图 7-5　设备构件的添加

◀ 7.3　设备构件的属性设置 ▶

在设备窗口内配置了设备构件之后,接着应根据外部设备的类型和性能,设置设备构件的属性。不同的硬件设备,属性内容大不相同,但对大多数硬件设备而言,相应的设备构件应包括以下各项组态操作。

（1）设置设备构件的基本属性。

（2）建立设备通道和实时数据库之间的连接。

（3）设备数据通道处理内容的设置。

（4）硬件设备的调试。

MCGS 嵌入版设备中一般都包含有一个或多个用来读取或者输出数据的物理通道,MCGS 嵌入版把这样的物理通道称为设备通道,如模拟量输入装置的输入通道、模拟量输出装置的输出通道、开关量输入输出装置的输入输出通道等,这些都是设备通道。

设备通道只是数据交换用的通路,而数据输入到哪儿和从哪儿读取数据以供输出,即进行数据交换的对象,则必须由用户指定和配置。实时数据库是 MCGS 嵌入版的核心,各部分之间的数据交换均须通过实时数据库。因此,所有的设备通道都必须与实时数据库连接。所谓通道连接,就是指由用户指定设备通道与数据对象之间的对应关系,这是设备组态的一项重要工作。如果不进行通道连接组态,则 MCGS 嵌入版无法对设备进行操作。

在实际应用中,开始可能并不知道系统所采用的硬件设备,可以利用 MCGS 嵌入版系统的设备无关性,先在实时数据库中定义所需要的数据对象,组态完成整个应用系统,在最后的调试阶段,再把所需的硬件设备接上,进行设备窗口的组态,建立设备通道和对应数据对象的连接。一般来说,设备构件的每个设备通道及其输入或输出数据的类型是由硬件本身决定的,所以连接时,连接的设备通道与对应的数据对象的类型必须匹配,否则连接无效。

在设备组态窗口内,选择设备构件,单击工具条中的"显示属性"按钮 ,或者执行"编辑"菜单中的"属性"命令,或者使用鼠标双击该设备构件,即可打开选中构件的属性编辑窗口,如图 7-6 所示。设备编辑窗口由设备的驱动信息、基本信息、通道信息及功能按钮四个部分组成。

图 7-6 设备编辑窗口(一)

7.3.1 驱动信息

驱动信息栏中包括了驱动版本信息、驱动模版信息、驱动文件路径、驱动预留信息、通道处理拷贝信息。

7.3.2 基本信息

要使 MCGS 嵌入版能正确操作 PLC 设备,必须按以下步骤在基本信息栏中使用和设置本构件的属性。

(1)内部属性:用来组态要具体操作哪些寄存器。

(2)设备名称:可根据需要对设备重新命名,但设备名称不能和设备窗口中已有的其他设备构件同名。

(3)最小采集周期:在 MCGS 嵌入版中,系统对设备构件的读写操作是按一定的时间周期进行的,最小采集周期是指系统操作设备构件的最快时间周期。运行时,设备窗口用一个独立的线程来管理和调度设备构件的工作,在系统的后台按照设定的采集周期,定时驱动设备构件采集和处理数据,因此设备采集任务将以较高的优先级执行,以保证数据采集的实时性和满足严格的同步要求。实际应用中,可根据需要对设备的不同通道设置不同的采集或处理周期。最小采集周期单位为毫秒,一般在静态测量时设为 1 000 ms,在快速测量时设为 200 ms。

(4)初始工作状态:用于设置设备的起始工作状态,设置为启动时,在进入 MCGS 嵌入版模拟运行环境时,MCGS 嵌入版即自动开始对设备进行操作;设置为停止时,MCGS 嵌入版不对设备进行操作,但可以用 MCGS 嵌入版的设备操作函数和策略在 MCGS 嵌入版模拟运行环境中启动或停止设备。

(5)PLC 地址:采用直接的 RS-232 方式时为 0,采用适配器方式时地址由用户自己设置。

(6)通讯等待时间:通信数据接收等待时间,默认设置为 300 ms;不能设置得太小,否则会导致通信不上。

(7)快速采集次数:对选择了快速采集的通道进行快采的频率(建议不使用)。

7.3.3　通道信息

通道信息内容是设备窗口中间的表格部分,内容包括索引、连接变量、通道名称、通道处理、调试数据、采集周期、信息注释。单击选择行;在连接变量列双击左键或者单击右键,可打开通道连接变量选择窗口进行变量选择,两种变量选择方式只能选择其中一个。

7.3.4　功能按钮

功能按钮介绍如下。

(1)增加设备通道:实现功能和内部属性中增加通道功能一样。增加后,通道会立即反映到通道信息表格中和内部属性的通道信息栏中。增加一个 I1.0 的输入通道如图 7-7 所示。

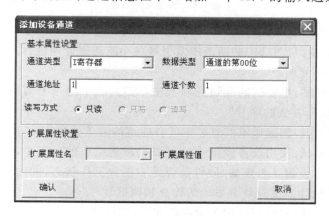

图 7-7　增加一个 I1.0 的输入通道

(2)删除设备通道:删除选中通道信息表格中选中的一个或多个通道。

(3)删除全部通道:删除选中通道信息表格中所有的通道内容,通信状态除外。

(4)快速连接变量:为通道信息表格的通道连接变量提供一种方便、快捷的连接方式,可实现多通道连接。

(5)删除连接变量:选中通道信息表格中一行或多行(不管有没有连接变量都可以),单击该功能按钮,即可删除选中通道连接的变量。

（6）删除全部连接:删除通道信息表格中的所有通道连接的变量。

（7）通道处理设置:在实际应用中,经常需要对从设备中采集到的数据或输出到设备的数据进行前处理,以得到实际需要的工程物理量,如从 AD 通道采集进来的数据一般都为电压毫伏值,需要进行量程转换或查表计算等处理才能得到所需的物理量。使用此功能按钮,可以方便地对数据进行转换或查表计算。

如图 7-8 所示,对通道数据可以进行多项式计算、倒数计算、开方计算、滤波处理、工程转换计算、函数调用、标准查表计算、自定义查表计算八种形式的数据处理。可以任意设置以上八种处理的组合,MCGS 嵌入版从上到下顺序进行计算处理,每行计算结果作为下一行计算的输入值,通道值等于最后计算结果值。

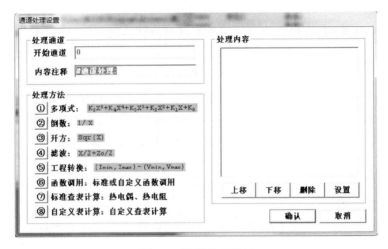

图 7-8　通道处理设置

（8）通道处理删除:删除选中通道中的通道处理方法。

（9）通道处理复制:只对选中的通道中索引号最小的通道处理进行复制,且只复制其通道处理方法,内容注释不复制。

（10）通道处理粘贴:把复制的通道处理方法粘贴到选中的一个通道中,通道处理注释默认为"＃通道处理:处理方法的序号"。

（11）通道处理全删:删除通道信息栏中所有通道的通道处理。

（12）启用设备调试:使用设备调试窗口可以在设备组态的过程中,很方便地对设备进行调试,以检查设备组态设置是否正确、硬件是否处于正常工作状态,同时可以直接对设备进行控制和操作,方便了设计人员对整个系统的检查和调试。

（13）停止设备调试:只有当启用了设备调试后,该功能才可用。

（14）设备信息导出:该功能可以把通道信息表格的内容以.CSV 格式导出到指定的位置,.CSV 格式可以使用 Microsoft Office 提供的 Excel 格式和文本格式打开。需要注意的是,编辑文件时不可更改文件的组态设备名称、驱动库文件路径、驱动构件名称、驱动构件版本,否则会导致导入文件不成功。导出的内容包括通道号、变量名、变量类型、通道名称、读写类型、寄存器名称、数据类型、寄存器地址。

（15）设备信息导入:使用该功能可以从外界导入编辑好或保存好的通道信息内容,方便使用者的组态。导入的内容包括变量名、变量类型、通道名称、读写类型、寄存器名称、数据类型、寄存器地址。

（16）打开设备帮助：打开对应设备的帮助内容。

（17）设备组态检查：进行工程正确性检查。

（18）确认：保存在设备组态窗口中进行的操作，并进行正确性检查。

（19）取消：不保存设备组态窗口中进行的所有的操作。

◀ 7.4 样例工程的设备连接 ▶

打开"水位控制系统"样例工程。在本样例工程中，我们仅以模拟设备为例，简单地介绍一下关于 MCGS 嵌入版组态软件设备连接的操作方法，使用户对该部分有比较详细的了解。

模拟设备是供用户调试工程的虚拟的设备。它可以产生标准的正弦波信号、方波信号、三角波信号、锯齿波信号，幅值和周期都可以任意设置。在本样例工程中，外部设备只用到模拟设备。我们通过模拟设备的连接，可以使动画自动运行起来而不需要手动操作。在通常情况下，在启动 MCGS 嵌入版组态软件时，模拟设备都会自动装载到设备工具箱中。如果模拟设备未被装载，可按照以下步骤将其选入。

（1）在"设备窗口"页中双击"设备窗口"图标进入。

（2）单击工具条中的"工具箱"按钮，打开"设备工具箱"。

（3）单击"设备工具箱"中的"设备管理"按钮，弹出"设备管理"窗口。

（4）在"可选设备"列表中双击"通用设备"。

（5）双击"模拟数据设备"，在下方出现"模拟设备"图标。

（6）双击"模拟设备"图标，即可将模拟设备添加到右侧"选定设备"列表中，如图 7-9 所示。

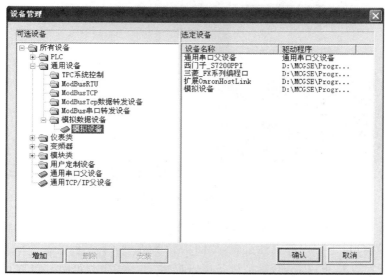

图 7-9　添加模拟设备

（7）选中"选定设备"列表中的模拟设备，单击"确认"按钮，模拟设备即被添加到设备工具箱中。

下面详细介绍模拟设备的属性设置。

（1）双击"设备工具箱"中的"模拟设备"，模拟设备被添加到设备组态窗口中，如图 7-10 所示。

图 7-10　模拟设备被添加到设备组态窗口中

（2）双击"设备 0-[模拟设备]"，进入模拟设备属性编辑窗口，如图 7-11 所示。

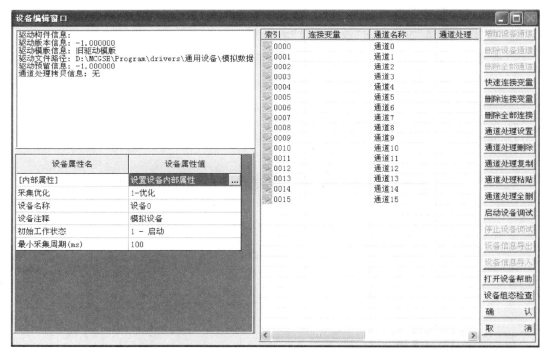

图 7-11　模拟设备属性编辑窗口

（3）单击基本信息栏中的"设置设备内部属性"选项，其右侧会出现按钮 ，单击此按钮进入"内部属性"窗口，进行内部属性设置，如图 7-12 所示。

从"内部属性"窗口可以看到，模拟设备可以提供 16 路信号，每路都可以产生标准的正弦波信号、方波信号、三角波信号、锯齿波信号。在本样例工程中，用信号的正弦变化来模拟水罐

图 7-12   模拟设备内部属性设置

中的水位变化。通道1中的正弦波对应水罐1中的液位1,通道2中的正弦波对应水罐2中的液位2。对应前述水罐1中的水量变化为0~10,水罐2中的水量变化为0~6,我们将通道1、2中的最大值分别设置为10、6,周期保持不变,单击"确定"按钮,完成内部属性设置。

(4)在"通道信息"栏选中第1个通道,即通道0,鼠标双击连接变量区域,弹出如图7-13所示的"变量选择"窗口,选择"液位1"后单击"确认"按钮退出。同样完成第2个通道即通道1与"液位2"的变量连接,完成后的结果如图7-14所示,单击"确认"按钮退出。

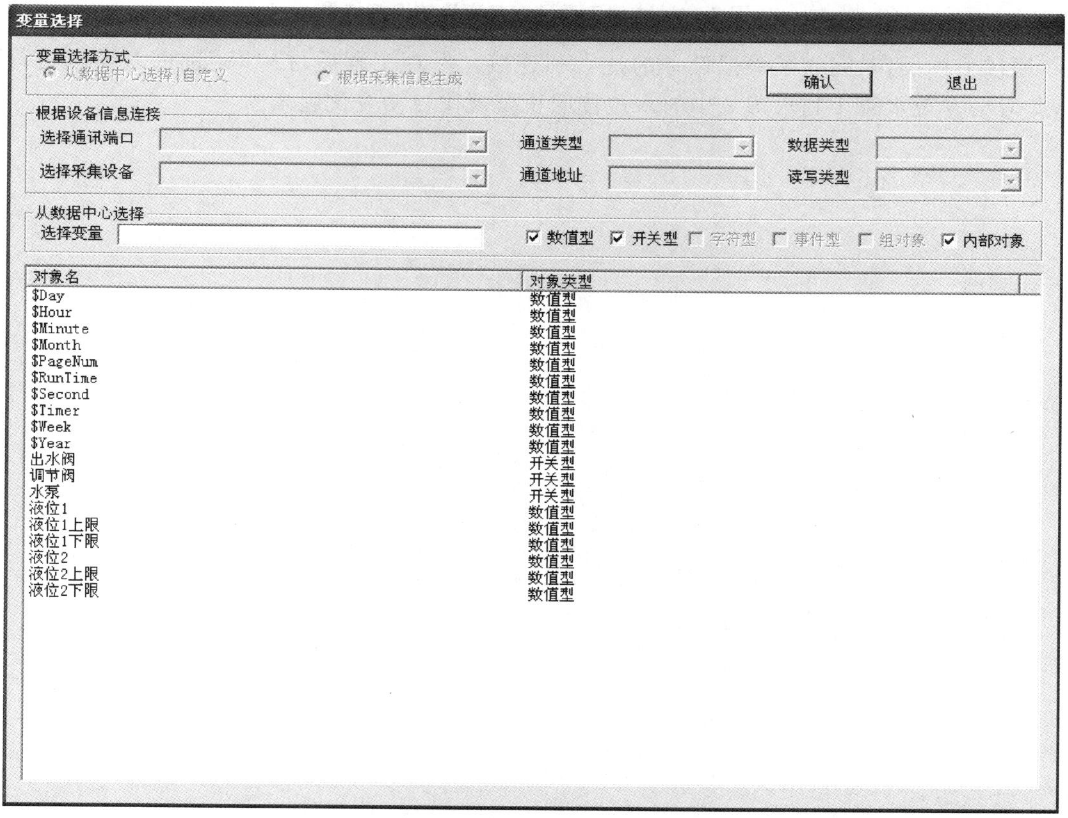

图 7-13   "变量选择"窗口

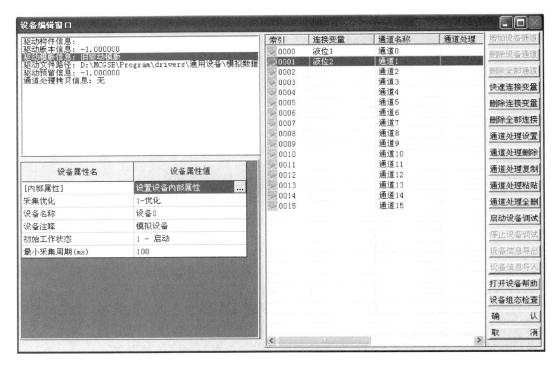

图 7-14 样例工程通道与变量的连接结果

    通过上述操作,完成了模拟设备的建立和连接。保存工程后,按"F5"键进入模拟运行环境,此时会发现水罐 1 和水罐 2 中的水位按照正弦规律自动变化起来。

第 8 章

MCGS 嵌入版组态软件的运行策略和脚本程序

本章前半部分介绍运行策略的概念和构造方式,详细说明运行策略组态的具体使用方法和步骤,后半部分介绍 MCGS 嵌入版组态软件中实现运行策略的脚本语言。

◀ 8.1 运 行 策 略 ▶

到目前为止,经各个部分组态配置生成的组态工程只是一个顺序执行的监控系统,不能对系统的运行流程进行自由控制,这只能满足简单工程项目的需要。对于复杂的工程,监控系统必须设计成多分支、多层循环嵌套式结构,按照预定的条件,对系统的运行流程及设备的运行状态进行有针对性的选择和精确的控制。为此,MCGS 嵌入版引入运行策略的概念,用以解决上述问题。

8.1.1 运行策略概述

所谓运行策略,是指用户为实现自由控制系统运行流程所组态生成的一系列功能块的总称。MCGS 嵌入版为用户提供了进行策略组态的专用窗口和工具箱。

运行策略的建立,使系统能够按照设定的顺序和条件操作实时数据库,控制用户窗口的打开、关闭以及设备构件的工作状态,从而实现对系统工作过程精确控制及有序调度管理的目的。通过对 MCGS 嵌入版运行策略的组态,用户可以自行组态完成大多数复杂工程项目的监控软件,而不需要烦琐的编程工作。

8.1.2 运行策略的构造方法

MCGS 嵌入版的运行策略由七种类型的策略组成,每种策略都可完成一项特定的功能,而每一项功能的实现又以满足指定的条件为前提(七种类型的策略启动方式各自不同,功能没有本质的区别)。每一个"条件-功能"实体构成策略中的一行,称为策略行,每种策略由多个策略行构成。运行策略的这种结构形式类似于 PLC 系统的梯形图编程语言,但更加图形化,更加面向对象化,所包含的功能比较复杂,实现过程相当简单。

1. 策略条件部件

策略行中的条件部分和功能部分以独立的形式存在,策略行中的条件部分称为策略条件部件。

2. 策略构件

策略行中的功能部分称为策略构件。MCGS 嵌入版提供了策略工具箱。在一般情况下,用户只需从策略工具箱中选用标准构件,将其配置到"策略组态"窗口内,即可创建用户所需的策略块。

8.1.3 运行策略的类型

根据运行策略的不同作用和功能,MCGS嵌入版把运行策略分为启动策略、退出策略、循环策略、用户策略、报警策略、事件策略和热键策略七种。每种策略都由一系列功能模块组成。

在MCGS嵌入版运行策略窗口中,启动策略、退出策略、循环策略为系统固有的三个策略块,其余的四种策略由用户根据需要自行定义,每个策略都有自己的专用名称,MCGS嵌入版系统的各个部分通过策略的名称来对策略进行调用和处理。

1. 启动策略

启动策略为系统固有策略,在MCGS嵌入版系统开始运行时自动被调用一次。启动策略属性设置窗口如图8-1所示,具体操作如下。

(1)策略名称:输入启动策略的名称。系统必须有一个启动策略,启动策略的名称不能改变。

(2)策略内容注释:对策略加以注释。

2. 退出策略

退出策略为系统固有策略,在退出MCGS嵌入版系统时自动被调用一次。退出策略属性设置窗口如图8-2所示,具体操作如下。

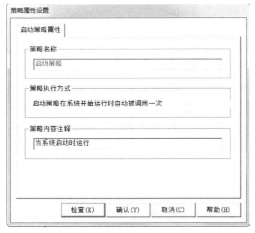

图 8-1 启动策略属性设置窗口   图 8-2 退出策略属性设置窗口

(1)策略名称:输入退出策略的名称。系统必须有一个退出策略,退出策略的名称不能改变。

(2)策略内容注释:对策略加以注释。

3. 循环策略

循环策略为系统固有策略,也可以由用户在组态时创建,在MCGS嵌入版系统运行时按照设定的时间循环运行。在一个应用系统中,用户可以定义多个循环策略。循环策略属性设置窗口如图8-3所示,具体操作如下。

（1）策略名称：输入循环策略的名称。一个应用系统必须有一个循环策略。

（2）策略执行方式。

①定时循环执行：按设定的时间间隔循环执行，直接用 ms 来设置循环时间。

②在指定的固定时刻执行：策略在固定的时刻执行。

（3）策略内容注释：对策略加以注释。

4. 报警策略

报警策略由用户在组态时创建。当指定数据对象的某种报警状态产生时，报警策略被系统自动调用一次。报警策略属性设置窗口如图 8-4 所示，具体操作如下。

图 8-3　循环策略属性设置窗口

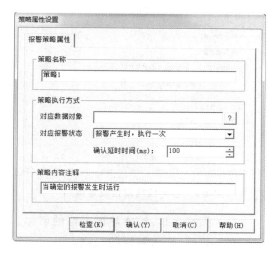

图 8-4　报警策略属性设置窗口（一）

（1）策略名称：输入报警策略的名称。

（2）策略执行方式。

①对应数据对象：用于与实时数据库的数据对象连接。

②对应报警状态：对应的报警状态有报警产生时执行一次、报警结束时执行一次、报警应答时执行一次三种。

③确认延时时间：当报警产生时，延时一定时间后，再检查数据对象是否还处在报警状态，如果是，则条件成立，报警策略被系统自动调用一次。

（3）策略内容注释：对策略加以注释。

5. 事件策略

事件策略由用户在组态时创建。当对应表达式的某种事件状态产生时，事件策略被系统自动调用一次。事件策略属性设置窗口如图 8-5 所示，具体操作如下。

（1）策略名称：输入事件策略的名称。

（2）策略执行方式。

①对应表达式：用于输入事件对应的表达式。

②事件的内容：表达式对应的事件内容有表达式的值正跳变（从 0 到 1）、表达式的值负跳变（从 1 到 0）、表达式的值正负跳变（从 0 到 1 再到 0）、表达式的值负正跳变（从 1 到 0 再到 1）四种。

③确认延时时间：输入延时时间。

（3）策略内容注释：对策略加以注释。

6. 热键策略

热键策略由用户在组态时创建。当用户按下对应的热键时，热键策略被执行一次。热键策略属性设置窗口如图 8-6 所示，具体操作如下。

图 8-5　事件策略属性设置窗口　　　　　图 8-6　热键策略属性设置窗口

（1）策略名称：输入热键策略的名称。

（2）热键：输入对应的热键。

（3）策略内容注释：对策略加以注释。

（4）热键策略权限：设置热键权限属于哪个用户组，单击"权限"按钮，将弹出"用户权限设置"窗口，选择列表框中的工作组，即设置了该工作组的成员拥有操作热键权限。

7. 用户策略

用户策略由用户在组态时创建，在 MCGS 嵌入版系统运行时供系统其他部分调用。用户策略属性设置窗口如图 8-7 所示，具体操作如下。

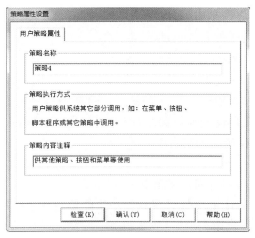

图 8-7　用户策略属性设置窗口

（1）策略名称：输入用户策略的名称。

（2）策略内容注释：对策略加以注释。

8.1.4　创建运行策略

在运行策略窗口中，单击"新建策略"按钮，弹出"选择策略的类型"窗口，如图 8-8 所示。在该窗口选择"用户策略"，单击"确定"按钮，即可新建一个用户策略块（窗口中增加一个策略块图标），默认名称定义为"策略×"（×为区别各个策略块的数字代码），如图 8-9 所示。在未做任何组态配置之前，运行策略窗口包括三个系统固有的策略块，新建的策略块只是一个空的结构框架，具体内容须由用户设置。

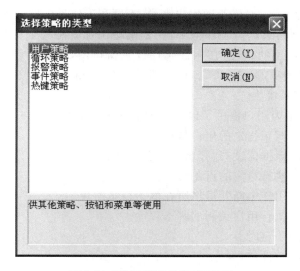

图 8-8　"选择策略的类型"窗口

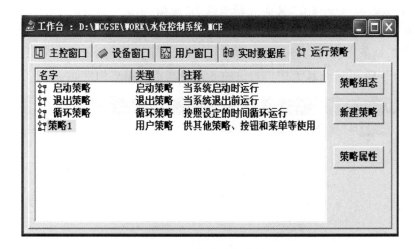

图 8-9　创建运行策略

在图 8-9 中选中"策略 1"，单击"策略属性"按钮，就可进入用户策略属性设置窗口进行属性设置。

8.1.5 策略构件

MCGS 嵌入版中的策略构件以功能块的形式来完成对实时数据库的操作、用户窗口的控制等功能。它充分利用面向对象的技术,把大量的复杂操作和处理封装在构件的内部,而提供给用户的只是构件的属性和操作方法,用户只需在策略构件的属性设置窗口中正确设置属性值和选定构件的操作方法,就可满足大多数工程项目的需要,而对于复杂的工程,只需定制所需的策略构件,然后将它们加到系统中即可。

在传统的运行策略组态概念中,系统为用户提供了大量烦琐的模块,让用户利用这些模块来组态自己的运行策略,即使是最简单的系统也要耗费大量的时间,这种组态只是比程序编程语言更图形化和直观化而已,对于普通用户来说,难度和工作量仍然很大。

在 MCGS 嵌入版运行策略组态环境中,一个策略构件就是一个完整的功能实体,用户要做的不是"搭制",而是真正的组态,在构件属性设置窗口内,正确地设置各项内容(像填表一样),就可完成所需的工作。随着 MCGS 嵌入版广泛应用和不断地发展,越来越多的、功能强大的构件会不断地加到系统中。

目前,MCGS 嵌入版为用户提供了以下几种最基本的策略构件。

(1)策略调用构件:调用指定的用户策略。

(2)数据对象构件:数据值读写、存盘和报警处理。

(3)设备操作构件:执行指定的设备命令。

(4)退出策略构件:用于中断并退出所在的运行策略块。

(5)脚本程序构件:执行用户编制的脚本程序。

(6)定时器构件:用于定时。

(7)计数器构件:用于计数。

(8)窗口操作构件:打开、关闭、隐藏和打印用户窗口。

在图 8-9 所示的窗口中双击"策略 1"或者选中"策略 1"后单击右侧"策略组态"按钮,可以进入图 8-10 所示的策略组态窗口,在该窗口单击鼠标右键后,在弹出菜单中选择"策略工具箱"命令或单击工具条中的"工具箱"按钮 ,均可调出图 8-11 所示的"策略工具箱"。图 8-11 中所显示的即为 MCGS 嵌入版为用户提供的 8 种最基本的策略构件。

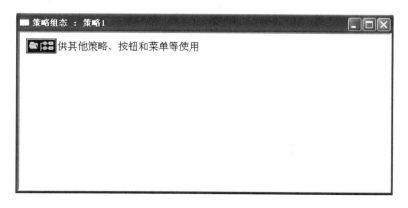

图 8-10 策略组态窗口

图 8-11　策略工具箱

8.1.6　策略条件部分

策略条件部分构成策略行的条件部分,是运行策略用来控制运行流程的主要部件。在每一策略行内,只有当策略条件部分设定的条件成立时,系统才能对策略行中的策略构件进行操作。通过对策略条件部分的组态,用户可以控制在什么时候、什么条件下、什么状态下,对实时数据库进行操作,对报警事件进行实时处理,打开或关闭指定的用户窗口,实现对系统运行流程的精确控制。

在图 8-10 所示的窗口中单击鼠标右键,弹出图 8-12 所示的策略组态快捷菜单,在该快捷菜单中选择"新增策略行"命令,生成图 8-13 所示的策略块。

图 8-12　策略组态快捷菜单

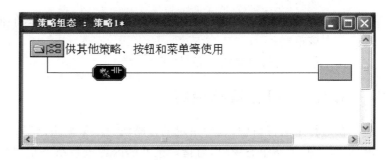

图 8-13　策略块

在策略块,每个策略行都有表达式条件部分,用户在使用策略行时可以对策略行的条件进行设置(默认时表达式的条件为真),策略块按照策略行的顺序,从上到下依次执行,类似于梯形图。需要注意的是,这一点很重要,很可能上一行的某些设置就是下一行的执行条件。双击图 8-13 所示的策略块中的部分,就会弹出图 8-14 所示的"表达式条件"窗口。当表达式为真时,执行后面的策略行。

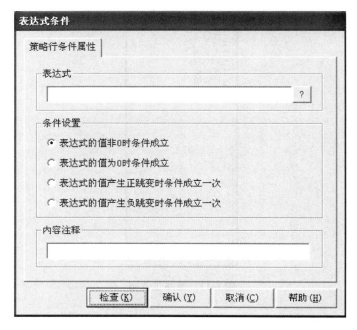

图 8-14 "表达式条件"窗口

在"表达式条件"窗口中,进行以下操作。

(1)表达式:输入策略行条件表达式。

(2)条件设置:设置使策略行条件表达式的值成立的方式。

①"表达式的值非 0 时条件成立":当表达式的值非 0 时,条件成立,执行该策略。

②"表达式的值为 0 时条件成立":当表达式的值为 0 时,执行该策略。

③"表达式的值产生正跳变时条件成立一次":当表达式的值产生正跳变(值从 0 到 1)时,执行一次该策略。

④"表达式的值产生负跳变时条件成立一次":当表达式的值产生负跳变(值从 1 到 0)时,执行一次该策略。

(3)内容注释:对策略行条件加以注释。

8.1.7 组态策略内容

在运行策略窗口中,选中指定的策略块,按"策略组态"按钮或用鼠标双击选中的策略块图标,即可打开策略组态窗口,对指定策略的内容进行组态配置。在策略组态窗口中,可以增加或删除策略行,利用系统提供的策略工具箱对策略行中的构件进行重新配置或修改。

1. 策略工具箱

单击工具条中的"工具箱"按钮 ✕,或者执行"查看"菜单中的"策略工具箱"命令,即可打开系统提供的"策略工具箱"。策略工具箱中包含所有的策略构件,用户只需在策略工具箱内选择所需的构件,放在策略行的相应位置上,然后设置该构件的属性,就可完成运行策略的组态工作。

2．增加策略行

单击工具条中的"新增策略行"按钮 ，或者执行"插入"菜单中的"策略行"命令，或者按快捷键"Ctrl＋I"，即可在当前行（蓝色光标所在行）之前增加一行空的策略行（放置构件处皆为空白框图），作为配置策略构件的骨架。在未建立策略行之前，不能进行构件的组态操作。MCGS嵌入版的策略块由若干策略行组成，策略行由条件部分和策略构件两个部分组成，每一策略行的条件部分都可以单独组态，即设置策略构件的执行条件，每一策略行的策略构件只能有一个，当执行多个功能时，必须使用多个策略行。系统运行时，首先判断策略行的条件部分是否成立，如果成立，则对策略行的策略构件进行处理，否则不进行任何工作。

3．配置策略构件

鼠标单击某一策略行右端的框图，该框图呈现蓝色激活标志，双击"策略工具箱"对应的构件，把该构件配置到策略行中；或者用鼠标单击"策略工具箱"中的对应构件，把鼠标移到策略行右端的框图处，再单击鼠标左键，把对应构件配置到策略行中的指定位置。首先单击图 8-11所示"策略工具箱"中的"脚本程序"，系统会出现一个手形符号，然后单击策略行最右侧的部分，就完成了脚本程序策略行的组态，如图 8-15 所示。

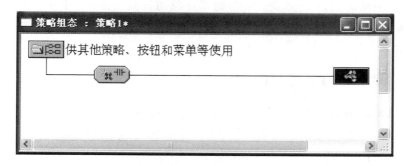

图 8-15　脚本程序策略行的组态

4．设置构件属性

放置好策略构件之后，要进行构件的属性设置。鼠标双击策略行中的策略构件，或者先选中策略构件，单击工具条中的"显示属性"按钮 ，或者执行"编辑"菜单中的"属性"命令，或按快捷键"Alt＋Enter"，即可打开指定构件的属性设置窗口。不同的策略构件所对应的属性设置窗口各不相同。

综上所述，建立一个运行策略的模块实体，应完成下列组态操作：创建策略块（搭建结构框架）；设置策略块属性（定义名称）；建立策略行（搭建构件骨架）；配置策略构件（组态策略内容）；设置策略构件属性（设定条件和功能）。

MCGS嵌入版在实现上充分利用了 Windows 95、Windows 98 和 Windows NT 的多任务能力，在系统的后台处理和实现所有的运行策略。运行策略中的每个策略块都是一个独立的实体，一个策略块对应于一个线程，用相互独立的线程来管理和实现所有的策略块。

MCGS嵌入版运行策略的多线程执行机制，大大提高了系统的运行效率和可靠性，由于每个策略块都有一个独立的线程，最大限度地防止了由于单个策略块的错误而导致整个系统的瘫痪。

◀ 8.2 脚 本 程 序 ▶

脚本程序是组态软件中的一种内置编程语言引擎。当某些控制和计算任务通过常规组态方法难以实现时,通过使用脚本语言,能够增强整个系统的灵活性,解决其常规组态方法难以解决的问题。

8.2.1 脚本程序概述

MCGS嵌入版脚本程序为有效地编制各种特定的流程控制程序和操作处理程序提供了方便的途径。它被封装在一个功能构件(称为脚本程序功能构件)里,在后台由独立的线程来运行和处理,能够避免由于单个脚本程序的错误而导致整个系统的瘫痪。

在MCGS嵌入版中,脚本语言是一种语法上类似Basic的编程语言。脚本程序可以应用在运行策略中,作为一个策略功能块被执行;也可以在动画界面的事件中被执行。MCGS嵌入版引入的事件驱动机制,与VB或VC中的事件驱动机制类似,如对用户窗口有装载事件、卸载事件,对窗口中的控件有鼠标单击事件、键盘按键事件等。这些事件发生,就会触发一个脚本程序,使得脚本程序中的操作被执行。

8.2.2 脚本程序编辑环境

脚本程序编辑环境是用户书写脚本语句的地方。脚本程序编辑环境主要由脚本程序编辑框、编辑功能按钮、脚本语句和表达式、MCGS嵌入版对象列表和函数列表四个部分构成,如图8-16所示。

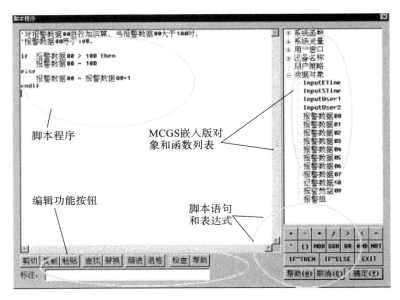

图8-16 脚本程序编辑环境

1. 脚本程序编辑框

脚本程序编辑框用于书写脚本程序和脚本注释,用户必须遵照 MCGS 嵌入版规定的语法结构和书写规范书写脚本程序,否则语法检查不能通过。

2. 编辑功能按钮

编辑功能按钮提供了文本编辑的基本操作,用户使用这些操作可以方便操作和提高编辑速度。例如,在脚本程序编辑框中选定一个函数,然后单击"帮助"按钮,MCGS 嵌入版将自动打开关于这个函数的在线帮助,或者如果函数拼写错误,MCGS 嵌入版将列出与所提供的名字最接近函数的在线帮助。

3. 脚本语句和表达式

脚本语句和表达式列出了 MCGS 嵌入版使用的三种语句的书写形式和 MCGS 嵌入版允许的表达式类型。用鼠标单击要选用的语句和表达式符号按钮,在脚本编辑处光标所在的位置填上语句或表达式的标准格式。例如,用鼠标单击"IF～THEN"按钮,MCGS 嵌入版自动提供一个 IF…THEN 结构,并把输入光标停到合适的位置上。

4. MCGS 嵌入版对象和函数列表

MCGS 嵌入版对象和函数列表以树结构的形式列出了工程中所有的窗口、策略、设备、变量、系统支持的各种方法、属性以及各种函数,以供用户快速地查找和使用。例如,用户可以在用户窗口树中选定一个窗口"窗口 0",打开窗口 0 下的"方法",双击 Open 函数,MCGS 嵌入版自动在脚本程序编辑框中添加一行语句"用户窗口.窗口 0.Open()",通过这行语句,就可以完成窗口打开的工作。

8.2.3　脚本程序的语言要素

在 MCGS 嵌入版中,脚本程序使用的语言非常类似普通的 Basic 语言,这里将对脚本程序的语言要素进行详细的说明。

1. 数据类型

MCGS 嵌入版脚本程序语言使用的数据类型只有以下三种。

（1）开关型:表示开或者关的数据类型,通常 0 表示关,非 0 表示开;也可以作为整数使用。

（2）数值型:值在 $3.4 \times 10^{-38} \sim 3.4 \times 10^{38}$ 范围内。

（3）字符型:字符串最多由 512 个字符组成。

2. 变量、常量、系统变量、系统函数及属性和方法

1）变量

脚本程序中,用户不能定义子程序和子函数;数据对象可以看作是脚本程序中的全局变量,被所有的程序段共用。可以用数据对象的名称来读写数据对象的值,也可以对数据对象的属性进行操作。

开关型、数值型、字符型三种数据对象分别对应于脚本程序中的三种数据类型。在脚本程序中不能对数据组对象和事件型数据对象进行读写操作,但可以对数据组对象进行存盘处理。

2）常量

（1）开关型:0 或非 0 的整数,通常 0 表示关,非 0 表示开。

（2）数值型：带小数或不带小数的数值，如 12.45、100。

（3）字符型：双引号内的字符串，如"OK"、"正常"。

3）系统变量

MCGS 嵌入版系统定义的内部数据对象作为系统变量，在脚本程序中可自由使用。在使用系统变量时，变量的前面必须加"＄"符号，如 ＄Date。

4）系统函数

MCGS 嵌入版系统定义的内部函数在脚本程序中可自由使用。在使用系统函数时，函数的前面必须加"！"符号，如！abs( )。

5）属性和方法

MCGS 嵌入版系统内的属性和方法都是相对于 MCGS 嵌入版的对象而言的，引用对象的方法可以参见后文。

3. MCGS 嵌入版对象

MCGS 嵌入版对象形成一个对象树。MCGS 嵌入版对象的属性就是系统变量，MCGS 嵌入版对象的方法就是系统函数。MCGS 嵌入版对象下面有用户窗口对象、设备对象、数据对象等子对象。用户窗口以各个用户窗口作为子对象，每个用户窗口对象以这个窗口里的构件作为子对象。

使用对象的方法和属性，必须要引用对象，然后使用点操作来调用这个对象的方法或属性。为了引用一个对象，需要从对象根部开始引用。这里所说的对象根部，是指可以公开使用的对象。MCGS 嵌入版对象用户窗口对象、设备对象和数据对象都是公开对象，因此，语句 InputETime＝ ＄Time 是正确的，语句 InputETime＝MCGS. ＄Time 也是正确的，同样，调用函数！Beep()时，也可以采用 MCGS.！Beep()的形式。可以写"窗口0. Open()"，也可以写"MCGS.用户窗口.窗口0. Open()"，还可以写"用户窗口.窗口0. Open()"。但是，如果要使用控件，就不能只写"控件0. Left"，而必须写"窗口0.控件0. Left"，或"用户窗口.窗口0.控件0. Left"。在对象列表框中，双击需要的方法和属性，MCGS 嵌入版将自动生成最小可能的表达式。

4. 事件

在 MCGS 嵌入版的动画界面组态中，可以组态处理动画事件。动画事件是在某个对象上发生的，它可能是带参数的动作驱动源，也可能是不带参数的动作驱动源。例如，用户窗口上可以发生 Load 事件、Unload 事件，它们分别在用户窗口打开和关闭时被触发，可以对这两个事件编写一段脚本程序，当某一事件被触发时（用户窗口打开或关闭时），相应脚本程序被执行。

用户窗口的 Load 事件和 Unload 事件没有参数；而 MouseMove 事件有参数，在组态这个事件时，可以在参数组态中选择把 MouseMove 事件的几个参数连接到数据对象上，这样，当 MouseMove 事件被触发时，就会把 MouseMove 事件的参数，包括鼠标位置、按键信息等传输给连接的数据对象，然后在事件连接的脚本程序中，就可以对这些数据对象进行处理。

5. 表达式

由数据对象（包括设计者在实时数据库中定义的数据对象、系统内部数据对象和系统函数）、括号和各种运算符组成的运算式称为表达式。表达式的计算结果称为表达式的值。

　　包含逻辑运算符或比较运算符,值只可能为 0(条件不成立,假)或非 0(条件成立,真)的表达式称为逻辑表达式;只包含算术运算符,运算结果为具体数值的表达式称为算术表达式。常量或数据对象是狭义的表达式,这些单个量的值即为表达式的值。表达式值的类型即为表达式的类型,必须是开关型、数值型、字符型三种类型中的一种。

　　表达式是构成脚本程序最基本的元素。在 MCGS 嵌入版的组态过程中,也常常需要通过表达式来建立实时数据库对象与其他对象的连接关系。正确输入和构造表达式是 MCGS 嵌入版的一项重要工作。

6. 运算符及其优先级

　　1) 运算符

　　(1) 算术运算符:∧(乘方)、*(乘法)、/(除法)、\(整除)、+(加法)、−(减法)、Mod(取模运算)。

　　(2) 逻辑运算符:AND(逻辑与)、NOT(逻辑非)、OR(逻辑或)、XOR(逻辑异或)。

　　(3) 比较运算符:>(大于)、>=(大于或等于)、=(等于,字符串比较需要使用字符串函数! StrCmp 而不能直接使用等于运算符)、<=(小于或等于)、<(小于)、<>(不等于)。

　　2) 运算符的优先级

　　按照优先级从高到低的顺序,各个运算符排列如下。

　　(1) ( )。

　　(2) ∧。

　　(3) *,/,\,Mod。

　　(4) +,−。

　　(5) <,>,<=,>=,=,<>。

　　(6) NOT。

　　(7) AND,OR,XOR。

7. 基本辅助函数

　　MCGS 嵌入版提供了以下几组基本辅助函数。这些函数主要不是作为组态软件的功能提供的,而是为了完成脚本语言的功能提供的。

　　1) 位操作函数

　　位操作函数提供了对数值型数据中的位进行操作的功能。可以用开关型变量来提供这里的数值型数据。在脚本程序编辑器里,位操作函数都列在数学函数中,包括按位与(! BitAnd)、按位或(! BitOr)、按位异或(! BitXor)、按位取反(! BitNot)、清除数据中的某一位或把某一位置 0(! BitClear)、设置数据中的某一位或把某一位置 1(! BitSet)、检查数据中某一位是否为 1(! BitTest),左移(! BitLShift)和右移(! BitRShift)。

　　2) 数学函数

　　数学函数提供了常见的数学操作,包括开方、随机数生成以及三角函数等。

　　3) 字符串函数

　　字符串函数提供了与字符串相关的操作,包括字符串比较、截取、搜索以及格式化等。

　　4) 时间函数

　　时间函数提供了与时间计算相关的函数。时间可以以字符串的形式表示,但是为了方便进行时间计算,在 MCGS 嵌入版中使用了一种内部格式来保存时间的值,这种内部格式的时间值可以保存在一个开关型变量中,同时,可以使用函数! TimeStr2I 和! TimeI2Str 来完成字符串形式时间量和内部格式形式时间量的转换,如 A1＝! TimeStr2I("2001-3-2 12:23:23"),这里 A1 是一个开关型数据对象,获得了一个内部形式的时间量,而再用 InputETime＝! TimeI2Str(A1,"%Y-%m-%d%H:%M:%S") 又可以把保存在 A1 中的内部形式的时间量转换为字符串形式。当时间被转换为内部格式后,就可以进行时间的运算。运算完毕后,再将时间转换为字符串形式,以便输出和使用。

8. 功能函数

为了提供辅助的系统功能,MCGS 嵌入版提供了功能函数。功能函数主要包括运行环境函数、数据对象函数、系统函数、用户登录函数、定时器操作函数、文件操作函数、配方操作函数等。其中,运行环境函数和数据对象函数主要提供了对 MCGS 嵌入版内部各个对象操作的方法。系统函数提供了系统功能,包括启动程序、发出按键信息等。用户登录函数提供了用户登录和管理的功能,包括打开登录窗口、打开用户管理窗口等。定时器操作函数提供了 MCGS 嵌入版内建定时器的操作,包括对内建时钟的启动、停止、复位,时间读取等操作。文件操作函数提供了对文件的操作,包括删除、拷贝文件,把文件拆开、合并,寻找文件,遍历文件,在文件中进行读写操作,对 CSV(逗号分隔的文本文件)进行读写操作等。

8.2.4　脚本程序的基本语句

MCGS 嵌入版脚本程序是用于实现某些多分支流程的控制及操作处理,因此包括了四种最简单的语句,即赋值语句、条件语句、退出语句和注释语句。同时,为了提供一些高级的循环和遍历功能,它还提供了循环语句。所有的脚本程序都可由这五种语句组成。当需要在一个程序行中包含多条语句时,各条语句之间须用":"分开。程序行也可以是没有任何语句的空行。在大多数情况下,一个程序行只包含一条语句,赋值程序行中根据需要可在一行中放置多条语句。

1. 赋值语句

赋值语句的形式为

　　　数据对象=表达式

赋值号用"＝"表示,赋值语句的具体含义是把"＝"右边表达式的运算值赋给左边的数据对象。赋值号的左边必须是能够读写的数据对象,如开关型数据对象、数值型数据对象以及能进行写操作的内部数据对象,而数据组对象、事件型数据对象、只读的内部数据对象、系统函数以及常量,均不能出现在赋值号的左边,因为不能对这些对象进行写操作。赋值号的右边为一个表达式,表达式的类型必须与左边数据对象值的类型相符合,否则系统会提示"赋值语句类型不匹配"的错误信息。

2. 条件语句

条件语句有三种形式。

(1)第一种形式。

　　　IF［表达式］THEN［赋值语句或退出语句］

(2)第二种形式。

　　　IF［表达式］THEN

〔语句〕

ENDIF

（3）第三种形式。

IF〔表达式〕THEN

〔语句〕

ELSE

〔语句〕

ENDIF

条件语句中的四个关键字"IF""THEN""ELSE""ENDIF"不分大小写,如果拼写不正确,检查程序会提示出错信息。

条件语句允许多级嵌套,即条件语句中可以包含新的条件语句,MCGS 嵌入版脚本程序的条件语句最多可以有 8 级嵌套,为编制多分支流程的控制程序提供方便。

"IF"语句的表达式一般为逻辑表达式,也可以是值为数值型的表达式,当表达式的值为非 0 时,条件成立,执行"THEN"后的语句;否则,条件不成立,将不执行该条件块中包含的语句,开始执行该条件块后面的语句。

值为字符型的表达式不能作为"IF"语句中的表达式。

3. 循环语句

循环语句为 WHILE 和 ENDWHILE,结构为

WHILE〔条件表达式〕

⋮

ENDWHILE

当条件表达式成立(非零)时,循环执行 WHILE 和 ENDWHILE 之间的语句,直到条件表达式不成立(为零)才退出循环。

4. 退出语句

退出语句为 EXIT,用于中断脚本程序的运行,停止执行其后面的语句。一般在条件语句中使用退出语句,以便在某种条件下,停止并退出脚本程序的执行。

5. 注释语句

以单引号"'"开头的语句称为注释语句。注释语句在脚本程序中只起到注释说明的作用,实际运行时,系统不对注释语句做任何处理。

8.2.5 脚本程序的查错和运行

脚本程序编制完成后,系统首先对程序代码进行检查,以确认脚本程序的编写是否正确。检查过程中,如果发现脚本程序有错误,则会返回相应的信息,以提示可能的出错原因,帮助用户查找和排除错误。常见的提示信息有:组态设置正确,没有错误;未知变量;未知表达式;未知的字符型变量;未知的操作符;未知函数;函数参数不足;括号不配对;IF 语句缺少 ENDIF;IF 语句缺少 THEN;ELSE 语句缺少对应的 IF 语句;ENDIF 缺少对应的 IF 语句;未知的语法错误。

根据系统提供的错误信息,做出相应的改正,系统检查通过,就可以在运行环境中运行脚本程序,达到简化组态过程、优化控制流程的目的。

◀ 8.3　样例工程的控制流程编写 ▶

　　用户脚本程序是由用户编制的、用来完成特定操作和处理的程序。脚本程序在编程语法上非常类似普通的 Basic 语言,但在概念和使用上更简单、直观,力求做到使大多数普通用户都能正确、快速地掌握和使用。

　　对于大多数简单的应用系统,MCGS 嵌入版的简单组态就可完成。只有比较复杂的系统才需要使用脚本程序。正确地编写脚本程序,可简化组态过程,大大提高工作效率,优化控制过程。

　　本节旨在通过编写一段脚本程序实现水位控制系统的控制流程,使同学们理解和掌握控制流程的脚本程序实现方法。

　　下面先对样例工程水位控制系统控制流程进行分析:当水罐 1 的液位达到 9 米时,就要把水泵关闭,否则就要自动启动水泵;当水罐 2 的液位不足 1 米时,就要自动关闭出水阀,否则就要自动开启出水阀;当水罐 1 的液位大于 1 米,同时水罐 2 的液位小于 6 米时,就要自动开启调节阀,否则就要自动关闭调节阀。可以通过编写一段脚本程序在循环策略中按照一定的时间间隔循环运行,来实现控制要求。具体操作如下。

　　(1) 打开"水位控制系统"工程,进入运行策略窗口,双击"循环策略",进入策略组态窗口。

　　(2) 双击图标 ，打开"策略属性设置"窗口,将"循环时间"设为 200 ms,如图 8-17 所示,单击"确认"按钮。

图 8-17　循环策略属性设置

（3）在策略组态窗口中，单击工具条中的"新增策略行"按钮 ![btn]，增加一策略行，如图 8-18 所示。

图 8-18　新增一个循环策略策略行

（4）单击工具条中的"工具箱"按钮 ![btn]，弹出"策略工具箱"，单击"策略工具箱"中的"脚本程序"，将鼠标指针移到策略块图标 ![icon]，单击鼠标左键，添加脚本程序构件，如图 8-19 所示。

图 8-19　添加脚本程序构件

（5）双击图标 ![icon]，打开"脚本程序"窗口，在"脚本程序编辑框"输入下面的程序。

```
IF 液位 1<9 THEN
    水泵＝1
ELSE
    水泵＝0
ENDIF
IF 液位 2<1 THEN
    出水阀＝0
ELSE
    出水阀＝1
ENDIF
IF 液位 1>1 and  液位 2<9 THEN
    调节阀＝1
ELSE
    调节阀＝0
ENDIF
```

输入结果如图 8-20 所示。

（6）单击"检查"按钮，系统弹出图 8-21 所示的窗口，说明脚本程序输入正确，单击"确定"按钮，脚本程序编写完毕。

保存样例工程后，按"F5"键进入模拟运行环境后，就会看到按照脚本程序编写的控制流程所出现对应的动画效果，水泵和阀门会自动打开和关闭。

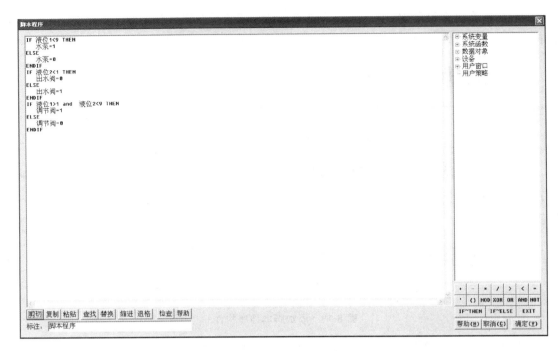

图 8-20　样例工程脚本程序输入结果

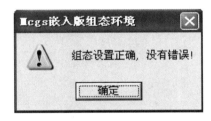

图 8-21　组态正确提示窗口

第 9 章

MCGS 嵌入版组态软件的报警处理

MCGS 嵌入版把报警处理作为数据对象的属性封装在数据对象内,由实时数据库在运行时自动处理报警。当数据对象的值或状态发生改变时,实时数据库判断对应的数据对象是否发生了报警或已产生的报警是否已经结束,并将所产生的报警信息通知系统的其他部分。同时,实时数据库根据用户的组态设定,把报警信息存入指定的存盘数据库文件中。

实时数据库只负责报警的判断、报警信息的通知和报警信息的存储三项工作,而报警产生后所要进行的其他处理操作(即对报警动作的响应),如希望在报警产生时打开一个指定的用户窗口,或显示和该报警相关的信息等,则需要设计者在组态时制定方案。

◀ 9.1 定义报警 ▶

在处理报警之前必须先定义报警。报警的定义在"数据对象属性设置"窗口中进行。首先要选中"允许进行报警处理"复选框,使实时数据库能对该对象进行报警处理;然后要正确设置报警限值或报警状态。

数值型数据对象有六种报警,分别是下下限报警、下限报警、上限报警、上上限报警、上偏差报警、下偏差报警。数值型数据对象的报警设置如图 9-1 所示。

开关型数据对象有四种报警方式,分别是开关量报警、开关量跳变报警、开关量正跳变报警和开关量负跳变报警。选择开关量报警时,可以选择是开(值为 1)报警还是关(值为 0)报警,当一种状态为报警状态时,另一种状态就为正常状态,当保持报警状态不变时,只产生一次报警。开关量跳变报警为开关量在跳变(从 0 变 1 和从 1 变 0)时报警,也叫开关量变位报警,即在正跳变和负跳变时都产生报警。开关量正跳变报警只在开关量正跳变时发生。开关量负跳变报警只在开关量负跳变时发生。有四种方式的开关量报警是为了适应不同的应用需求,用户在使用时可以根据不同的需求选择一种或多种开关量报警方式。开关型数据对象的报警设置如图 9-2 所示。

对事件型数据对象不用进行报警限值或状态设置。当它所对应的事件产生时,报警也就产生了。事件型数据对象报警的产生和结束是同时完成的。

字符型数据对象和数据组对象不能设置报警属性,但对数据组对象所包含的成员可以设置报警属性。数据组对象一般可用来对报警进行分类,以方便系统其他部分对同类报警进行处理。

在"报警属性"页中,可以设置报警优先级,当多个报警同时产生时,系统优先处理优先级高的报警。另外,子显示是把原来的报警默认注释去掉后添加的,用来对报警内容进行详细说明,可多行显示。报警注释只支持单行显示,字数不限。

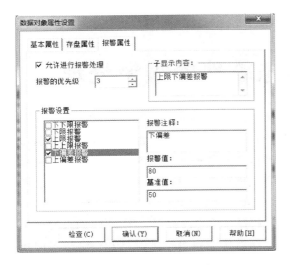

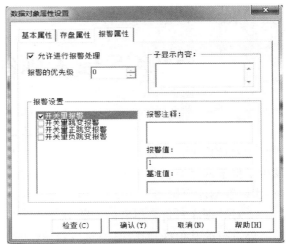

图 9-1　数值型数据对象的报警设置　　　　　图 9-2　开关型数据对象的报警设置

当报警信息产生时,还可以设置报警信息是否需要自动存盘,如图 9-3 所示。这种设置操作需要在数据对象的存盘属性中完成。

图 9-3　数据对象的报警信息存盘属性设置

◀ 9.2 处理报警 ▶

报警的产生、报警信息的通知和报警信息的存储由实时数据库自动完成,对报警动作的响应由设计者根据需要在报警策略中组态完成。在"工作台"窗口中,鼠标单击"运行策略"标签,在"运行策略"窗口中,单击"新建策略"按钮,弹出"选择策略的类型"窗口,选择"报警策略",单击"确定"按钮,系统就添加了一个新的报警策略,默认名为"策略 X"(X 表示数字)。

9.2.1　报警条件

在运行策略中,报警策略是专门用于响应变量报警的,在报警策略的属性中可以设置对应的报警变量和响应报警的方式。在运行策略窗口中,选中刚才添加的报警策略,单击"策略属性"按钮,弹出报警策略属性设置窗口,如图 9-4 所示。

当设置的变量产生报警,且其对应报警状态和确认延时时间满足条件时,系统就会调用此策略。用户可以在策略中组态报警时执行的动作,如打开一个报警提示窗口或执行一个声音文件等。

图 9-4　报警策略属性设置窗口(二)

9.2.2　报警应答

报警应答的作用是告诉系统:操作员已经知道对应数据对象的报警产生,并做了相应的处理。同时,MCGS 嵌入版将自动记录下应答的时间(要选取数据对象的报警信息自动存盘属性才有效)。报警应答可在数据对象策略构件中实现,也可以在脚本程序中使用系统内部函数! AnswerAlm 来实现。

在实际应用中,重要的报警事件都要由操作员进行应急处理,报警应答机制能记录报警产生的时间和应答报警的时间,为事后进行事故分析提供实际数据。

9.2.3　报警显示构件

在绘图工具箱中单击报警显示构件按钮 ![按钮],可以在用户窗口中放置报警显示构件,并对其进行组态配置。运行时,该动画构件可实现对指定数据对象报警信息的实时显示。如图 9-5 所示,报警显示构件显示的一次报警信息包含以下内容:报警事件产生的时间;产生报警的数据对象名称;报警类型(限值报警、状态报警、事件报警);报警事件(产生、结束、应答);对应数据对象的当前值(触发报警时刻数据对象的值);报警界限值;报警内容注释。

时间	对象名	报警类型	报警事件	当前值	界限值
05-09 15:18:56	Data0	上限报警	报警产生	120.0	100.0
05-09 15:18:56	Data0	上限报警	报警结束	120.0	100.0
05-09 15:18:56	Data0	上限报警	报警应答	120.0	100.0

图 9-5　报警显示构件

组态时,在用户窗口中单击报警显示构件可将其激活,进入该构件的编辑状态。在编辑状态下,用户可以用鼠标来自由改变各显示列的宽度,对不需要显示的信息,将其列宽设置为零即可。在编辑状态下,再双击报警显示构件,将弹出图 9-6 所示的属性设置窗口。

在一般情况下,一个报警显示构件只用来显示某一类报警产生时的信息。定义一个数据组对象,它的成员为所有相关的数据对象,把属性设置窗口中的报警对应的数据对象设置成该数据组对象,则运行时,数据组对象包括的所有数据对象的报警信息都在该报警显示构件中显示。

图 9-6　报警显示构件属性设置窗口

9.2.4　报警操作函数

MCGS 嵌入版报警操作函数是 MCGS 嵌入版报警功能的扩展。用户利用报警操作函数可以更加方便、快捷地完成报警需要的各种功能。报警操作函数有以下四个。

(1) ! AnswerAlm(DataName):应答数据对象 DataName 所产生的报警。

(2) ! SetAlmValue(DataName,Value,Flag):设置数据对象 DataName 对应的报警限值。

(3) ! GetAlmValue(DataName,Value,Flag):读取数据对象 DataName 报警限值。

(4) ! EnableAlm(name,n):打开/关闭数据对象的报警功能。

◀ 9.3 显示报警信息 ▶

在用户窗口中放置报警相关动画构件,并对其进行组态配置,运行时,可实现对指定数据对象报警信息的实时显示或报警历史记录的显示。在绘图工具箱中单击报警显示按钮 ▣ ,可以在用户窗口放置报警浏览构件,如图9-7所示。报警浏览构件显示的一次报警信息可以包含以下内容:报警事件产生的日期、时间;产生报警的数据对象名称;报警类型(限值报警、状态报警、事件报警);报警事件(产生、结束、应答);报警数据对象的当前值(触发报警时刻数据对象的值);报警界限值;报警注释;报警的响应时间。

日期	时间	对象名	报警类型	报警事件	当前值	界限值	报警描述	响应时间

图 9-7 报警浏览构件

9.3.1 实时报警信息显示的组态方法

实时报警信息可以通过报警显示构件或报警浏览构件来显示。这里以报警浏览构件为例对组态过程进行说明。组态时,在用户窗口中双击报警浏览构件可将其激活,进入该构件的属性设置窗口。

"报警浏览构件属性设置"窗口"基本属性"页如图9-8所示。"显示模式"选择"实时报警数据"时,可设置关联单个数据对象或数据组对象,此栏留空时,表示关联所有数据对象的报警信息,运行时,设置关联的数据对象的报警信息会显示在此构件中。在"报警浏览构件属性设置"窗口"基本属性"页还可设置数据的滚动方向、基本显示等信息。

"报警浏览构件属性设置"窗口"显示格式"页如图9-9所示。它用来设置显示的列内容及各列的外观和格式。

"报警浏览构件属性设置"窗口"字体和颜色"页如图9-10所示。除了设置标题和报警内容的字体和颜色外,在此页还可设置报警变量名、报警诠释内容及错误提示信息的组态显示。在运行环境下,当焦点移动到报警浏览构件的某一行报警信息的任意位置时,该报警信息的报警变量名及报警注释内容会自动赋值到所关联的变量中,可以在组态下利用标签等动画构件显示该变量内容。当报警浏览构件的设置有误时,错误提示信息会自动赋值到所关联的变量,可以在组态下利用标签等动画构件显示该变量内容。

9.3.2 历史报警信息显示的组态方法

历史报警信息可以通过报警浏览构件来显示。组态时,在用户窗口中双击报警浏览构件,将其激活,进入该构件的属性设置窗口。外观等设置和实时报警一致,这里主要介绍历史报警相关设置。

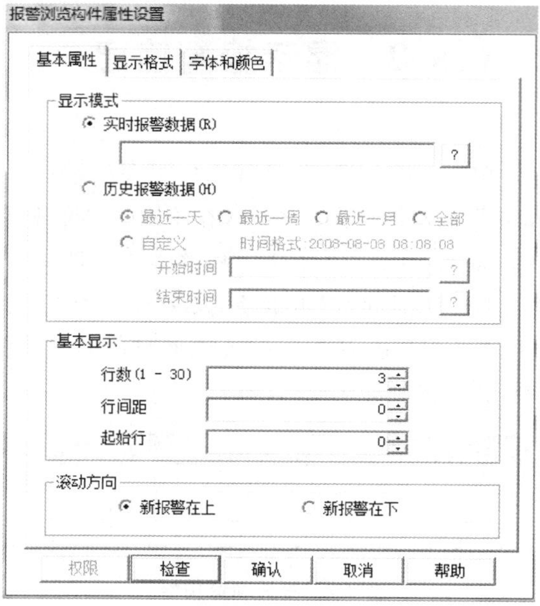

报警浏览构件属性设置

基本属性 | 显示格式 | 字体和颜色

显示模式

⦿ 实时报警数据 (R)

〇 历史报警数据 (H)

⦿ 最近一天　〇 最近一周　〇 最近一月　〇 全部

〇 自定义　　时间格式 2008-08-08 08:08:08

开始时间

结束时间

基本显示

行数 (1 - 30)　　3

行间距　　　　　0

起始行　　　　　0

滚动方向

⦿ 新报警在上　　〇 新报警在下

权限 | 检查 | 确认 | 取消 | 帮助

图 9-8　"报警浏览构件属性设置"窗口"基本属性"页

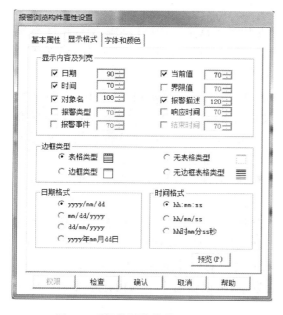

图 9-9　"报警浏览构件属性设置"
窗口"显示格式"页

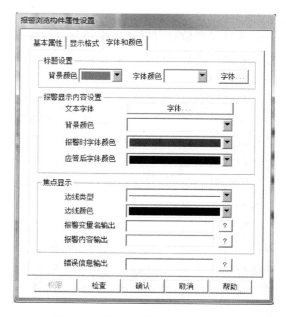

图 9-10　"报警浏览构件属性设置"
窗口"字体和颜色"页

在"报警浏览构件属性设置"窗口"基本属性"页,"显示模式"选择"历史报警数据",下面的单选项可选择最近一天、最后一周、最近一月或者全部的历史报警数据,还可将时间范围关联字符型变量,如图 9-11 所示,在运行时设置显示报警信息的时间范围。

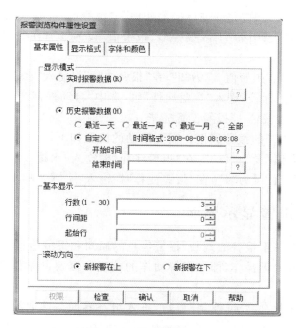

图 9-11　历史报警设置

9.3.3　报警条单独显示报警注释信息

报警条构件(见图 9-12)用于滚动显示报警注释信息,可关联单个数据对象、数据组对象。在用户窗口中双击报警条构件,可将其激活,进入该构件的属性设置窗口。在该窗口,当报警对象栏留空时,显示所有对象的报警注释信息。在报警条构件的属性设置窗口,可设置构件字体颜色及信息滚动速度等属性。

图 9-12　报警条构件

◀ 9.4　样例工程的报警设置 ▶

9.4.1　定义报警

本样例工程中,需设置报警的数据对象包括以下两个。

(1) 液位 1。

(2) 液位 2。

定义报警的具体操作如下。

(1) 进入实时数据库,双击数据对象"液位 1",弹出"数据对象属性设置"窗口。

(2) 在"数据对象属性设置窗口"选中"报警属性"标签,进入"报警属性"页。

（3）在"报警属性"页选中"允许进行报警处理"，"报警设置"域被激活。

（4）选中"报警设置"域中的"下限报警"，"报警值"设为"2"；在"报警注释"栏输入"水罐1没水了！"。

（5）选中"上限报警"，"报警值"设为"9"；在"报警注释"栏输入"水罐1的水已达上限值！"。

（6）选中"存盘属性"标签，进入"存盘属性"页，选中"自动保存产生的报警信息"。

（7）按"确认"按钮，"液位1"报警设置完毕。

（8）同理设置"液位2"的报警属性。需要改动的设置如下。

①下限报警："报警值"设为"1.5"，在"报警注释"栏输入"水罐2没水了！"。

②上限报警："报警值"设为"4"，在"报警注释"栏输入"水罐2的水已达上限值！"。

9.4.2　制作报警显示界面

实时数据库只负责关于报警的判断、报警信息的通知和报警信息的存储三项工作，而报警产生后所要进行的其他处理操作（即对报警动作的响应），需要同学们在组态时实现。具体操作如下。

（1）双击用户窗口中的"水位控制"窗口，进入组态界面。选取绘图工具箱中的报警显示构件 。鼠标指针呈"十"字形后，在适当的位置，拖动鼠标至适当大小，完成报警显示构件的添加，如图9-13所示。

时间	对象名	报警类型	报警事件	当前值	界限值	报警描述
01-30 10:49:26	Data0	上限报警	报警产生	120.0	100.0	Data0 上限报警
01-30 10:49:26	Data0	上限报警	报警结束	120.0	100.0	Data0 上限报警
01-30 10:49:26	Data0	上限报警	报警应答	120.0	100.0	Data0 上限报警

图9-13　报警显示构件

（2）双击报警显示构件，再双击，弹出报警显示构件的属性设置窗口，如图9-14所示。

图9-14　报警显示构件的属性设置窗口

（3）在"基本属性"页中,将"对应的数据对象的名称"设为"液位组",将"最大记录次数"设为"6"。

（4）单击"确认"按钮即可。

9.4.3　修改报警限值

在"实时数据库"中,"液位1""液位2"的上下限报警值都是已定义好的。如果用户想在运行环境下根据实际情况需要随时改变上下限报警值,又如何实现呢? 在 MCGS 嵌入版组态软件中,为用户提供了大量的函数,用户可以根据自身的需要灵活地运用这些函数。

操作步骤包括以下几个部分。

（1）设置数据对象。

（2）制作交互界面。

（3）编写控制流程。

1. 设置数据对象

在"实时数据库"中,前面我们已经建立好了四个数值型变量,分别为液位1上限、液位1下限、液位2上限、液位2下限。这四个数值型变量的参数设置为:在"数据对象属性设置"窗口"基本属性页"中,"对象名称"分别为"液位1上限""液位1下限""液位2上限""液位2下限","对象内容注释"分别为"水罐1的上限报警值""水罐1的下限报警值""水罐2的上限报警值""水罐2的下限报警值"。

2. 制作交互界面

通过对四个输入框进行设置,实现用户与数据库的交互。需要用到的构件包括:4个标签构件,用于标注;4个输入框构件,用于输入修改值。最终效果如图9-15所示。

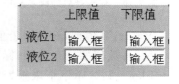

图 9-15　报警值输入界面

具体制作步骤如下。

（1）在"水位控制"窗口中,根据上几节学到的知识,按照图9-15所示制作4个标签构件。

（2）选中绘图工具箱中的输入框构件按钮 abl,拖动鼠标,绘制4个输入框构件。

（3）双击用户窗口中的图标输入框,进行属性设置。这里只需设置操作属性即可。

4个输入框构件具体设置如表9-1所示,"对应数据对象的名称"分别为"液位1上限""液位1下限""液位2上限""液位2下限",最小值、最大值分别为5、10、0、5、4、6、0、2。

表 9-1　样例工程输入框构件属性设置

对应数据对象的名称	最　小　值	最　大　值
液位1上限	5	10
液位1下限	0	5
液位2上限	4	6
液位2下限	0	2

（4）参照前面章节中讲述的绘制凹槽平面的方法,制作一平面区域,将4个输入框构件及标签构件包围起来。

3. 编写控制流程

如前所述,进入"运行策略"窗口,双击"循环策略",双击 ![图标] ,进入脚本程序编辑环境,在前面的脚本程序中增加以下语句。

　　! SetAlmValue(液位 1,液位 1 上限,3)

　　! SetAlmValue(液位 1,液位 1 下限,2)

　　! SetAlmValue(液位 2,液位 2 上限,3)

　　! SetAlmValue(液位 2,液位 2 下限,2)

```
IF 液位1<9 THEN
   水泵=1
ELSE
   水泵=0
ENDIF
IF 液位2<1 THEN
   出水阀=0
ELSE
   出水阀=1
ENDIF
IF 液位1>1 and 液位2<9 THEN
   调节阀=1
ELSE
   调节阀=0
ENDIF
!SetAlmValue(液位1,液位1上限,3)
!SetAlmValue(液位1,液位1下限,2)
!SetAlmValue(液位2,液位2上限,3)
!SetAlmValue(液位2,液位2下限,2)
```

图 9-16　编辑好后的脚本程序

编辑好后的脚本程序如图 9-16 所示。

下面对! SetAlmValue(DataName,Value,Flag)函数做一个简单的说明。

(1) 函数意义:设置数据对象 DataName 对应的报警限值。只有在数据对象 DataName"允许进行报警处理"的属性及报警设置被选中后,本函数的操作才有意义。对数据组对象、字符型数据对象、事件型数据对象,本函数无效。对数值型数据对象,用 Flag 来标识改变何种报警限值。

(2) 返回值:数值型,等于 0 表示调用正常,不等于 0 表示调用不正常。

(3) 参数。

①DataName:数据对象名。

②Value:数值型,新的报警值。

③Flag:数值型或开关型,标识要操作何种限值,具体意义如下。

a. Flag=1:表示下下限报警值。

b. Flag=2:表示下限报警值。

c. Flag=3:表示上限报警值。

d. Flag=4:表示上上限报警值。

e. Flag=5:表示下偏差报警限值。

f. Flag=6:表示上偏差报警限值。

g. Flag=7:表示偏差报警基准值。

(4) 实例:"ret=! SetAlmValue(电机温度,200,3)"执行成功,把数据对象"电机温度"的报警上限值设为 200,ret=0;如果"电机温度"为字符型数据对象或数据组对象,执行失败,ret=1。

(5) 注意事项。

①此函数不适用于开关型数据对象和事件型数据对象。

②如果 Flag 的值为 1~7 以外的数,本函数执行失败。

9.4.4　报警提示按钮

当有报警产生时,还可以用指示灯提示。具体操作如下。

(1) 在"水位控制"窗口中,单击"绘图工具箱"中的插入元件按钮 ![图标] ,进入"对象元件库管理"窗口。

（2）从"指示灯"类中选取指示灯 1 ![指示灯1]、指示灯 3 ![指示灯3]。

（3）调整两指示灯构件的大小并将它们放在适当位置。将指示灯 1 作为"液位 1"的报警指示，将指示灯 3 作为"液位 2"的报警指示。

（4）双击指示灯 1，进入"单元属性设置"窗口进行动画连接设置。方法同前述章节中动画连接方法。

（5）单击按钮 ![>]，进入"动画组态属性设置"窗口，选择"可见度"并做以下设置。

①表达式：液位 1＞＝液位 1 上限 or 液位 1＜＝液位 1 下限。

②当表达式非零时，对应图符可见。

（6）按照上面的步骤设置，对指示灯 3 做如下设置。

①表达式：液位 2＞＝液位 2 上限 or 液位 2＜＝液位 2 下限。

②当表达式非零时，对应图符可见。

最后生成的整体效果如图 9-17 所示。自此，样例工程中的"水位控制"窗口已经全部制作完毕，可以保存工程，以便后面章节使用。

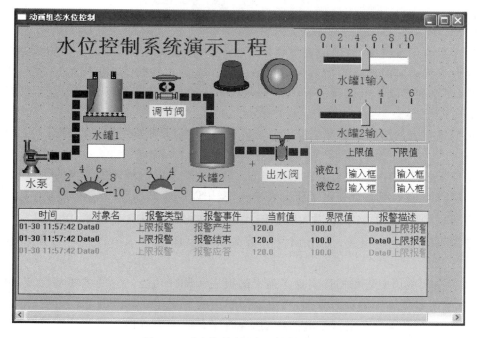

图 9-17 "水位控制"窗口最终效果图

第 10 章

MCGS 嵌入版组态软件的报表输出

在实际工程应用中,大多数监控系统需要对数据采集设备采集的数据进行存盘、统计分析,并根据实际情况打印出数据报表。所谓数据报表,就是指根据实际需要以一定格式将统计分析后的数据记录显示并打印出来,以便对系统监控对象的状态进行综合记录和规律总结。

数据报表在工控系统中是必不可少的一部分,是整个工控系统的最终结果输出。实际中常用的数据报表有实时数据报表和历史数据报表(班报表、日报表、月报表)等。

◀ 10.1 报 表 机 制 ▶

在大多数应用系统中,数据报表一般分成两种类型,即实时数据报表和历史数据报表。

实时数据报表实时地将当前数据对象的值按一定的报表格式(用户组态)显示和打印出来,是对瞬时量的反映。可以通过 MCGS 嵌入版系统的自由表格构件来组态显示实时数据报表并将它打印输出。

历史数据报表从历史数据库中提取存盘数据记录,把历史数据以一定的格式显示和打印出来。

为了能够快速、方便地组态工程数据报表,MCGS 嵌入版系统提供了灵活、方便的报表组态功能。MCGS 嵌入版系统提供了历史表格构件,用以报表组态。

历史表格构件▦是 MCGS 嵌入版系统提供的内嵌的报表组态构件,用户只需在 MCGS 嵌入版系统下组态绘制报表,通过 MCGS 嵌入版的打印和显示窗口就可打印和显示数据报表。

MCGS 嵌入版历史表格构件实现了强大的报表和统计功能。它的主要特性有:可以显示静态数据、实时数据库中的动态数据、历史数据库中的历史记录以及对它们的统计结果;可以方便、快捷地完成各种报表的显示和打印功能;内建有数据库查询功能和数据统计功能,可以很轻松地完成各种查询和统计任务;历史表格具有数据修改功能,可以使报表的制作更加完美;历史表格构件是基于"所见即所得"机制的,用户可以在窗口中利用历史表格构件强大的格式编辑功能配合 MCGS 嵌入版的画图功能做出各种精美的报表,包括与曲线混排、在报表上放置各种图形和徽标;可以打印出多页报表。

MCGS 嵌入版自由表格是一个简化的历史表格。它取消了与历史数据的连接、历史表格中的统计功能,以及与历史数据报表制作有关的功能,具备与历史表格一样的格式化和表格结构组态,可以很方便地和实时数据连接,构造实时数据报表。由于自由表格的组态与历史表格非常接近,只是在数据连接上稍有差异,因此我们将一起介绍它们的使用方法。

◀ 10.2　创 建 报 表 ▶

在 MCGS 嵌入版的绘图工具箱中,单击自由表格构件按钮▥或历史表格构件按钮▥,在用户窗口中按下鼠标左键并拖曳鼠标,就可以在用户窗口中绘制出一个表格来,如图 10-1 所示。

选中表格,使用工具条上的按钮对表格的各种属性进行调节,如去掉外面的粗边框、改变填充颜色、改变边框线型等。如图 10-2 所示,在报表上拉出一根直线,并放置一幅位图。

也可以对表格的事件进行组态:在表格上单击鼠标右键,在右键菜单中选择"事件"命令,在弹出的"事件组态"窗口中对表格的事件进行组态。

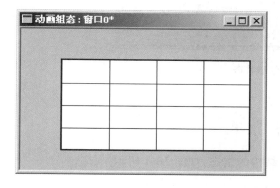

图 10-1　数据报表

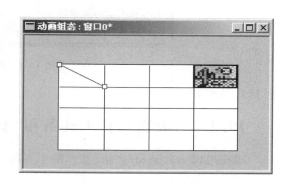

图 10-2　数据报表的调节

◀ 10.3　报 表 组 态 ▶

报表创建后,默认为一张空表。需要对表格进行组态,才能形成最终需要的报表。下面就来详细介绍报表的组态过程。对报表的组态,需要先双击表格构件,进入报表组态状态,如图 10-3 所示。

可以注意到,MCGS 嵌入版弹出了表格编辑工具条,同时菜单中的表格菜单也可以使用了,在表格周围,浮现出一个行列索引条,原先摆在表格上方的直线和位图也暂时放到表格后面了。

表格的组态,不论是自由表格还是历史表格,都分为两个层次来进行。这两个层次在表格的组态中体现为表格两种状态组态,即显示界面组态和数据连接组态。

显示界面的组态涉及以下几个方面的内容:表格单元是否合并;表格单元内固定显示的字符串;如果表格单元内连接了数据,使用什么样的形式来显示这些数据(格式化字符串);表格单元在运行时是否可以编辑;是否需要把表格单元中的数据输出到某个数据变量上去。

对于数据连接的组态,在自由表格中,对每个单元格进行数据连接;在历史表格中,用户可以根据实际情况确定是否需要构成一个单元区域以便连接到数据源中,或是否对数据对象进

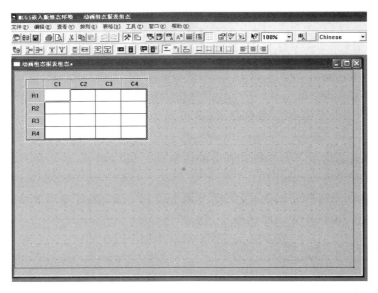

图 10-3 报表组态状态

行统计处理等。

10.3.1 表格编辑工具条和"表格"菜单

表格编辑工具条和"表格"菜单用于实现表格结构的组态,如图 10-4 所示。

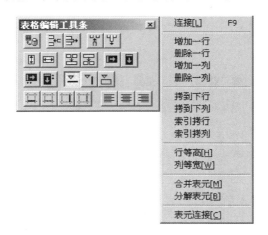

图 10-4 表格编辑工具条和"表格"菜单

10.3.2 表格基本编辑方法

报表的基本编辑方法如下。

(1)鼠标左键单击某单元格,选中的单元格上有黑框。

(2)鼠标左键单击某个单元格后拖动为选择多个单元格。选中的单元格区域周围有黑框,第一个单元格反白显示,其他单元格反黑显示。

（3）鼠标左键单击行或列索引条（报表中标识行列的灰色单元格）为选择整行或整列。

（4）单击报表左上角的固定单元格为选择整个报表。

（5）允许在获得焦点的单元格直接输入文本。用鼠标左键双击单元格使输入光标位于该单元格内，输入字符。按下"Enter"键或鼠标左键单击其他单元格为确认输入。

（6）如果某个单元格在显示界面组态状态下输入了文本，而且没有在连接组态状态下连接任何内容，则在运行时，输入的文本被当作标签直接显示；如果某个单元格在显示界面组态状态下输入了文本，而且在连接组态状态下连接了数据，则在运行时，输入的文本被试图解释为格式化字符串，如果不能被解释为格式化字符串（不符合要求），则忽略输入的文本。

（7）在单元格内输入文本时，可以使用"Ctrl＋Enter"组合键（同时按下"Ctrl"键和"Enter"键）来换行。利用这个方法可以在一个表格单元内书写多行文本，或输入竖排文字（见图 10-5）。

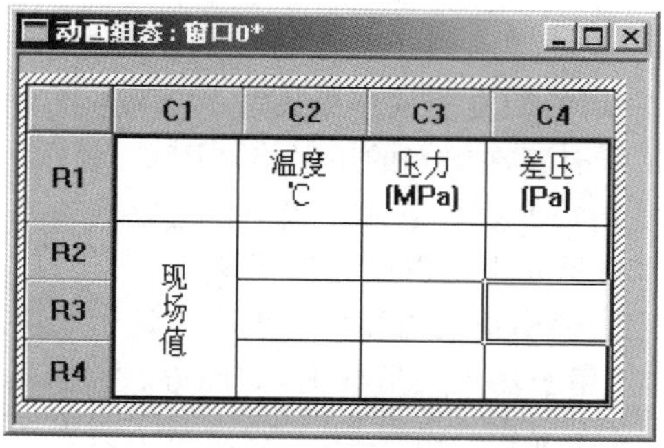

图 10-5 输入竖排文字

（8）允许通过鼠标拖动来改变行高、列宽。将鼠标移动到固定行或固定列之间的分隔线上，鼠标形状变为双向黑色尖头时，按下鼠标左键，拖动，修改行高、列宽。

（9）当选定一个单元格时，可以使用一般组态工具条上的字符字体按钮和字符色按钮来设置字体和字色，可以使用填充色按钮来设置单元格内填充的颜色，可以使用线型按钮、线色按钮来设置单元格的边线。通过表格组态工具条中的设置边线按钮组，可以选择设置边线的线型和颜色。通过表格组态工具条中的边线消隐按钮组，可以选择显示或消隐边线。

（10）可以使用"编辑"菜单中的"拷贝"命令、"剪切"命令、"粘贴"命令和一般组态工具条上的"拷贝"按钮、"剪切"按钮和"粘贴"按钮来进行单元格内容的编辑。

（11）可以使用表格编辑工具条中的对齐按钮来进行单元格的对齐设置。

（12）可以使用合并单元格和拆分单元格来进行单元格的合并与拆分。

编辑框中，连接输出变量。使用此功能后，表格单元内的内容会被输出到指定的输出变量中。这个功能通常用于把历史表格中的统计数据输出到某个变量中。自由表格的显示界面组态只有直接填写显示文本和直接填写格式化字符串两种方式。历史表格除了填写显示文本和填写格式化字符串以外，还可以进行单元的编辑和输出组态，方法是在界面组态状态下，选定需要组态的一个或一组单元格，按下鼠标右键，弹出右键菜单，选择"表元连接"命令，或者在"表格"菜单中选择"表元连接"命令，弹出图 10-6 所示的"单元格界面属性设置"窗口。

在"单元格界面属性设置"窗口中，有以下选项。

（1）表格名称：历史表格的名称，用于在用户窗口中标识历史表格。例如，可以使用"控件

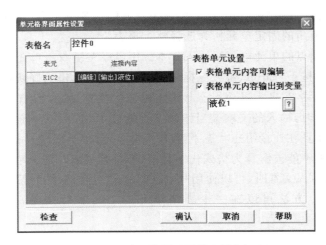

图 10-6 "单元格界面属性设置"窗口

1. Visible＝0"来使名为"控件 1"的历史表格不可见。

（2）单元格列表：列出了所有正在组态的单元格。R3C2 表示第 3 行第 2 列的单元格。使用鼠标选定某列后，就可以在右边的表格单元设置中对选定的单元格进行设置。

（3）表格单元设置：在表格单元中可以设置以下选项。

①内容可编辑：使得指定的表格单元内容可以编辑。这个功能通常有两种用途：一种是在空白表格内，允许内容可编辑，用于输入大量数据，如配方、参数等，并可以通过把表格内容保存到文件中或从文件中恢复来保持表格内容；另一种是对从历史数据中装载数据形成的报表，修改部分内容以符合实际需要。

②表格内容输出到变量：使用此功能，必须在下面的编辑框中连接输出变量。使用此功能后，表格单元内的内容会被输出到指定的输出变量中。此功能通常用于把历史表格中的统计数据输出到某个变量中。

10.3.3 表格数据连接组态

自由表格的数据连接组态非常简单，只需要切换到数据连接组态状态下，然后在各个单元格中直接填写数据对象名称，或者直接按照脚本程序语法填写表达式，表达式可以是字符型

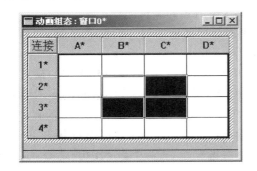

图 10-7 选定一组单元格

的、数值型的和开关型的。充分利用索引拷贝的功能，可以快速填充连接。同时也可以一次填充多个单元格，方法是选定一组单元格，如图 10-7 所示，在选定的单元格上按下鼠标右键，弹出数据对象浏览窗口，在窗口的列表框中选定多个数据对象，如图 10-8 所示，然后按下"Enter"键，MCGS 嵌入版将按照从左到右、从上到下的顺序填充各个单元框，如图 10-9 所示。

历史表格的数据连接组态比较复杂。在

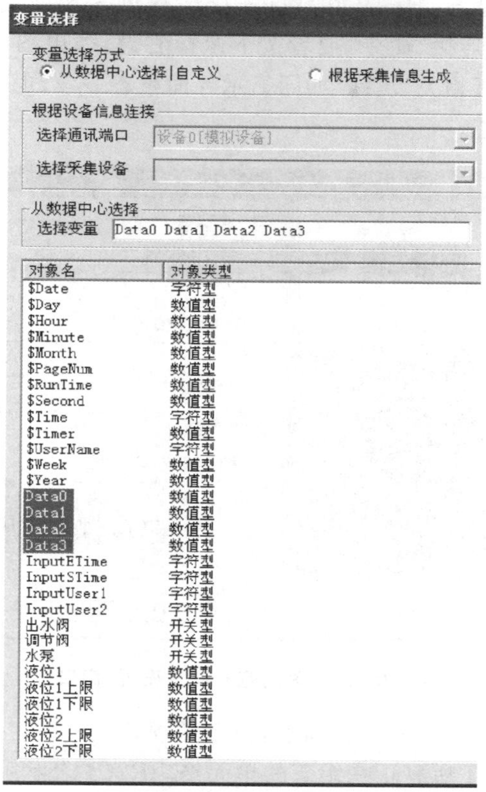

图 10-8 选定多个数据对象

历史表格的数据连接组态状态下,表格单元可以作为单个表格单元来组态连接,也可以形成表格单元区域来组态连接。

把表格单元连接到脚本程序表达式、单元格表达式以及单元格统计结果,必须把单元格作为单个表格单元来组态;把表格单元连接到数据源,必须把表格单元组成表格区域来组态,即使是一个表格单元,也要组成表格区域来进行组态。

为了组成表格区域,首先,在数据连接组态状态下,选定一组或一个单元格,使用表格编辑工具条上的合并表元按钮或"表格"菜单中的"合并表元"命令,这些单元格就用斜线填充,如图 10-10 所示,表示已经组成一个表格区域,必须一起组态它们的连接属性。

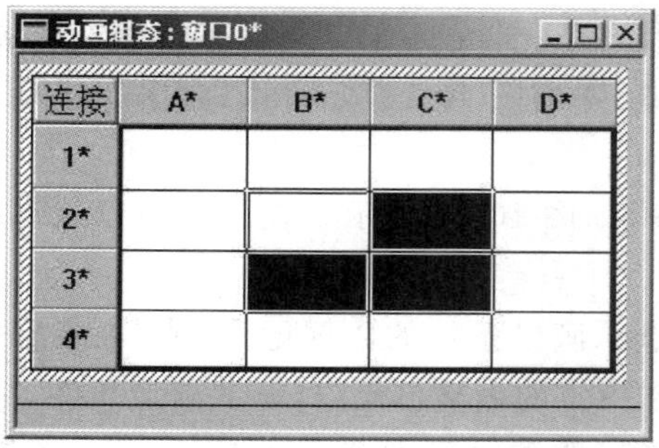

图 10-9 顺序填充单元格

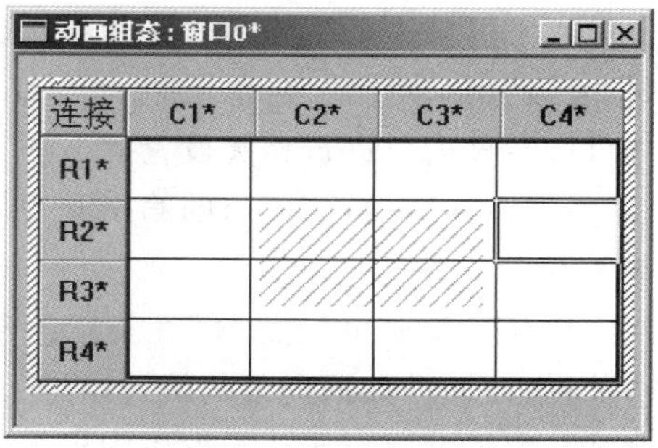

图 10-10 组成表格区域

对单个单元格进行组态的操作是:在数据连接组态状态下,选定了需要组态的单元格后,使用"表格"菜单中的"表元连接"命令,或者按下鼠标右键,弹出图10-11所示的"单元连接属性设置"窗口,在该窗口进行相关设置。如同显示界面组态一样,也可以一次选定多个单元格,对多个单元格同时进行组态。

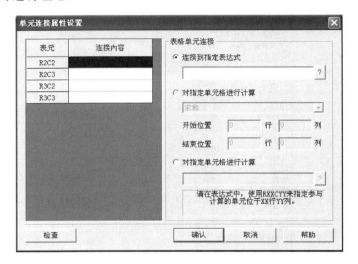

图 10-11 "单元连接属性设置"窗口

在"单元连接属性设置"窗口中,可以设置以下选项。

(1)单元格列表:列出了所有正在组态的单元格。R2C4表示第2行第4列的单元格。使用鼠标选定某列后,就可以在右边的表格单元连接中对选定的单元格进行连接设置。

(2)表格单元连接:可以组态以下选项。

①连接到指定表达式:把表格内容连接到一个脚本程序表达式。

②对指定单元格进行计算:可以选定对某个区域内的单元格进行计算。此选项通常用于在汇总单元格内对一行或一列内的一批单元格进行汇总统计的情况下。支持的计算方法有求和、求平均值、求最大值等。

③对指定单元格进行计算:可以写出一个单元格表达式,对几个单元格进行计算。注意,这里的单元格表达式不同于脚本程序表达式。单元格表达式可以使用+、-、*、/四则运算符号,并具备运算符号!(取反运算符)、ˆ(乘方运算符)、>(大于号)、<(小于号)()、()(括号)。

单元格表达式还支持三角函数! sin,! cos,指数函数! exp,对数函数! log。

对表格区域进行组态的操作是:在数据连接组态状态下,首先选定需要组态的表格区域,使用"表格"菜单中的"表元连接"命令或单击鼠标右键,弹出图10-12所示的"数据库连接设置"窗口,在该窗口进行相关设置。

"数据库连接设置"窗口的第一页是"基本属性"页,如图10-12所示。在该页可以组态的选项如下。

(1)连接方式:可以选择"在指定的表格单元内,显示满足条件的数据记录"或"在指定的表格单元内,显示数据记录的统计结果"。如果选择"在指定的表格单元内,显示满足条件的数据记录",则数据源直接从数据库中根据指定的查询条件,提取一行到多行数据;如果选择"在指定的表格单元内,显示数据记录的统计结果",则数据源根据指定的查询条件,从数据库中提

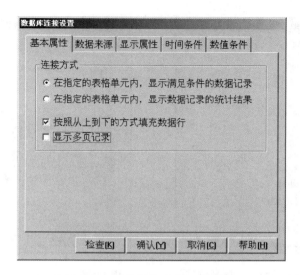

图 10-12 "数据库连接设置"窗口

取到需要的数据后,进行统计分析处理,然后生成一行数据,填充到选定表格区域中。

(2)按照从上到下的方式填充数据行:选择此选项,MCGS嵌入版将按照水平填充的方式填充数据,也就是说当需要填充多行数据时,是按照从上到下的方式填充的。如果不选择此选项,则数据按照从左到右的方式填充。

(3)显示多页记录:选择这个选项,当填充的数据行数多于表格区域的行数时,在表格区域的右边,出现一个滚动条,滚动条用来滚动浏览所有的数据行。当对这个窗口进行打印时,MCGS嵌入版自动增加打印页数,并滚动数据行,填充新的一页,以便把所有的数据打印出来。

"数据库连接设置"窗口的第二页是"数据来源"页,如图10-13所示。因为在MCGS嵌入版中使用自建文件系统来管理数据存储,而不再使用Access数据库来存储数据,所以只能选择数据组对象对应的存盘数据库作为数据来源,Access数据库及ODBC数据库等均不能作为数据来源。

"数据库连接设置"窗口的第三页是"显示属性"页,如图10-14所示。在这一页中,可以将获取到的数据连接到表元上。可使用的组态配置如下。

(1)对应数据列:如果已经连接了数据来源并且数据源可以使用,就可以使用复位按钮将所有的表元列自动连接到合适的数据列上,使用上移下移按钮改变连接数据列的顺序;或者在对应数据列中,使用下拉框列出所有可用的数据列,并从中选择合适的一个。

(2)显示内容:如果在"基本属性"页中选择了"在指定的表格单元内,显示满足条件的数据记录",则显示内容中只能选择显示记录。如果在"基本属性"页中选择了"在指定的表格单元内,显示数据记录的统计结果",则在显示内容中可以选择显示统计结果。可以选择的统计方法包括求和、求平均值、求最大值、求最小值、首记录、末记录、求累计值等。其中,首记录和末记录是指所有满足条件的记录中的第一条记录和最后一条记录的对应的数据列的值,通常用于时间列或字符串列。累计值是指从记录的数据中提取的值。在这里,记录的数据不是普通数据,而是某种累计仪表产生的数据,如在一个小时内水表产生的数据是 32.1,32.9,33.4,…,211.11,则这个小时内提取出来的累计水量为 211.11−32.1=179.01。

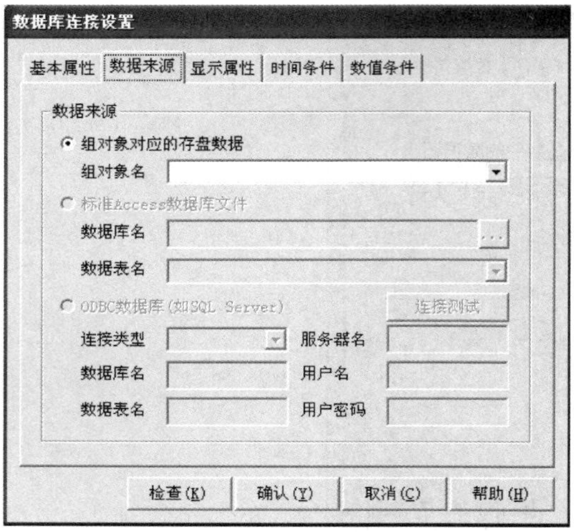

图 10-13 "数据库连接设置"窗口"数据来源"页

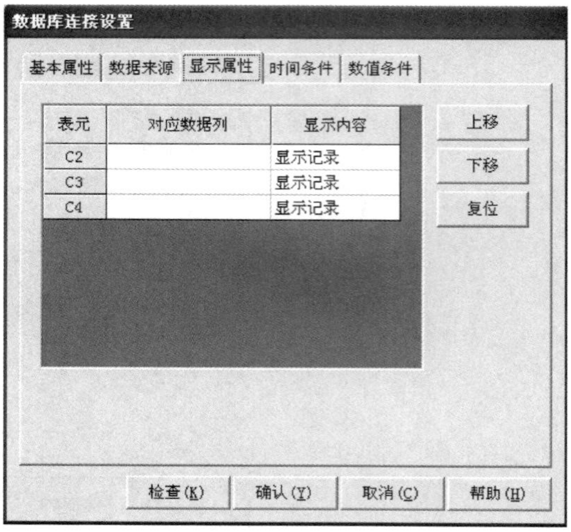

图 10-14 "数据库连接设置"窗口"显示属性"页

（3）时间显示格式：组态时间列在表格中的显示格式。

"数据库连接设置"窗口的第四页是"时间条件"页，如图 10-15 所示。时间条件组态的结果将影响从数据库中选择哪些记录和记录的排列顺序。在此页可以组态的选项如下。

（1）排序列名：选择一个排序列，然后选择升序或者降序，就可以把从数据库中提出的数据记录按照需要的顺序排列。

（2）时间列名：选择一个时间列，才能进行下面有关时间范围的选择。

（3）设定时间范围：在选定了时间列后，就可以进行时间范围的选择了。通过时间范围的选择，可以提取出需要的时间段内的数据记录，并将其填充到报表中。时间范围的填充方法如下。

①所有存盘数据：所有存盘数据都满足要求。

②最近 X 分钟：最近 X 分钟内的存盘数据。

③固定时间：可以选择当天、当天、本月、本星期、前一天、前一月、前星期。分割时间点是指从什么时间开始计算这一天。例如，选择前一天，分割时间点是 6 点，则最后设定的时间范围是从昨天 6 点到今天 6 点。

④按照变量设置时间范围：可以连接两个变量，用于把需要的时间在填充历史表格时送进来。变量应该是字符型，格式为"YYYY-mm-DD HH:MM:SS"或"YYYY 年 mm 月 DD 日 HH 时 MM 分 SS 秒"。在用户窗口打开时，进行一次历史表格填充。用户也可以使用脚本函数！SetWindow、附带参数 5 来强制进行历史表格填充，还可以使用用户窗口的方法 Refresh 来强制进行历史表格填充。常见的做法是首先弹出一个用户窗口，用户在该窗口填写需要的时间段，把时间送到连接的变量中，然后在关闭这个窗口时，打开包含历史表格的窗口，此时用户设置的变量将在历史表格的填充中过滤数据记录，生成用户需要的报表；或者用户在包含历史表格的窗口中填写时间，形成时间字符串并送到变量中，然后使用一个按钮，命名为"刷新"，调用窗口的 Refresh 方法，强制表格重新装载数据，生成合适的报表。

"数据库连接设置"窗口的第五页是"数值条件"页，如图 10-16 所示。这一页用于设置数值条件，以过滤数据库中的记录。在此页可以组态的项目如下。

（1）数值条件组态：包括数据列名选择、运算符号和比较对象三个部分。任何一个数值条件都包括这三个部分。运算符号包括＝、＞、＜、＞＝、＜＝、between。Between 是为时间列准备的，使用 Between 时，需要两个比较对象，形成"MCGS_TIME Between 时间 1 And 时间 2"的形式。比较对象可以是常数，也可以是表达式。在数值条件中完成组态后，可以使用"增加"按钮来将数值条件添加到条件列表框中。

（2）条件列表框：条件列表框中列出了所有的条件和逻辑运算关系，在条件列表框下面的只读编辑框中，显示出最后合成的数值条件的表达式。

（3）条件逻辑编辑按钮：包括上移按钮、下移按钮、And 操作按钮、Or 操作按钮、左括号按钮、右括号按钮、增加按钮和删除按钮等，仔细调节逻辑编辑关系，可以形成复杂的逻辑数值条件表达式。需要注意的是，条件列表框下面的只读编辑框中显示的最后合成的数值条件的表达式，有助于组态出正确的表达式。

图 10-15　"数据库连接设置"窗口"时间条件"页

图 10-16　"数据库连接设置"窗口"数值条件"页

10.4　样例工程的报表组态

在样例工程水位控制系统中，需要建立一个"数据显示"用户窗口，用以输出报表和曲线。报表输出的最终效果图如图 10-17 上半部分所示，下半部分的曲线输出我们下一章再介绍。

报表部分包括 1 个标题（"水位控制系统数据显示"）、2 个标签（"实时数据""历史数据"）、2 个报表（实时报表、历史报表）。输出报表用到的构件是自由表格构件和历史表格构件。

10.4.1　标题和标签的建立

如前所述，具体制作步骤如下。

（1）在用户窗口中，新建一个窗口，窗口名称、窗口标题均设置为"数据显示"。

（2）双击"数据显示"窗口，进行动画组态。

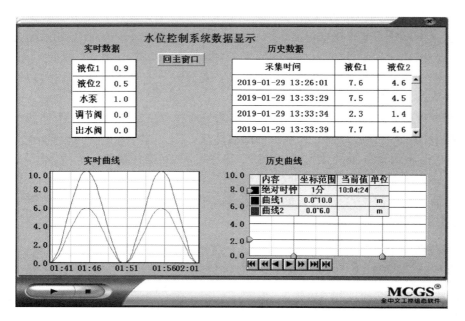

图 10-17　样例工程"数据显示"用户窗口

（3）按照效果图，使用标签构件，制作一个标题——水位控制系统数据显示，两个注释——实时数据、历史数据。

10.4.2　实时报表的建立

实时报表是对瞬时量的反映，通常用于将当前时间的数据变量按一定报告格式（用户组态）显示和打印出来。实时报表可以通过 MCGS 嵌入版系统的自由表格构件来组态显示实时数据报表。具体制作步骤如下。

（1）选取绘图工具箱中的自由表格构件按钮 ▦ ，在桌面适当位置，绘制一个表格。

（2）双击表格进入编辑状态。改变单元格大小的方法同微软的 Excel 表格，即把鼠标指针移到 A 与 B 或 1 与 2 之间，当鼠标指针呈分隔线形状时，拖动鼠标至所需大小即可。

（3）保持编辑状态，单击鼠标右键，从弹出的下拉菜单中选择"删除一列"命令，连续操作两次，删除两列；再选择"增加一行"命令，在表格中增加一行。

（4）在 A 列的五个单元格中分别输入"液位1""液位2""水泵""调节阀""出水阀"；在 B 列的五个单元格中均输入"1|0"，表示输出的数据有 1 位小数，无空格。

（5）在 B 列中，选中液位 1 对应的单元格，单击鼠标右键。从弹出的下拉菜单（见图 10-18）中选择"连接"命令。

（6）再次单击鼠标右键，弹出"变量选择"窗口，双击数据对象"液位1"，B 列 1 行单元格所显示的数值即为液位 1 的数据。

（7）按照上述操作，将 B 列的 2、3、4、5 行分别与数据对象液位 2、水泵、调节阀、出水阀建立连接，如图 10-19 所示。

（8）进入"水位控制"窗口，增加一个名为"数据显示"的按钮，在"操作属性"页选中"打开用户窗口"，从下拉菜单中选中"数据显示"。

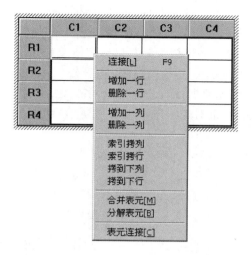

图 10-18　液位 1 的单元格的下拉菜单

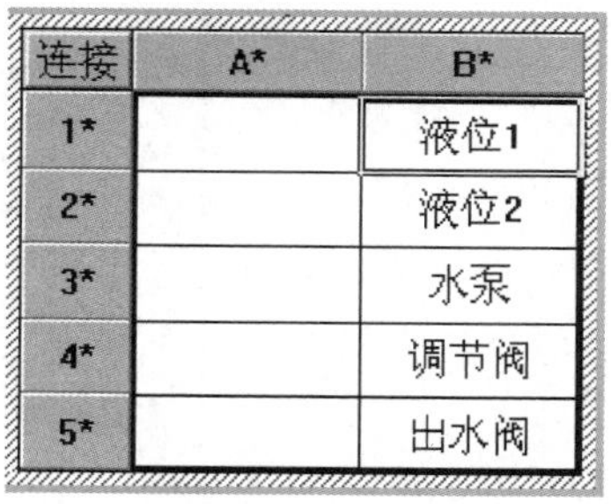

图 10-19　样例工程数据连接结果

按"F5"键进入运行环境后,单击"数据显示"按钮,即可打开"数据显示"窗口。

10.4.3　历史报表的建立

历史报表通常用于从历史数据库中提取数据记录,并以一定的格式显示历史数据。实现历史报表有两种方式,一种是用动画构件中的历史表格构件,另一种是利用动画构件中的存盘数据浏览构件。在本样例工程中仅介绍前一种方式。

历史表格构件是基于"Windows 下的窗口"和"所见即所得"机制的,用户可以在窗口上利用历史表格构件强大的格式编辑功能配合 MCGS 嵌入版的画图功能做出各种精美的报表。具体操作步骤如下。

(1) 在"数据显示"组态窗口中,选取绘图工具箱中的历史表格构件按钮▦,在适当位置绘制一个历史表格。

(2) 双击历史表格进入编辑状态。使用右键菜单中的"增加一行"命令、"删除一行"命令,或者单击按钮▯,使用编辑条中的▤、➡、❜、❙编辑表格,制作一个 5 行 3 列的表格。

参照实时报表部分相关内容设置列表头和数值输出格式。列表头分别设为"采集时间""液位 1""液位 2",数值输出格式设为"1|0"。

（3）选中 R2、R3、R4、R5，单击鼠标右键，选择"连接"命令。

（4）单击菜单栏中的"表格"菜单，选择"合并表元"命令，所选区域会出现斜线。

（5）双击该区域，弹出"数据库连接设置"窗口，具体设置如下。

在"基本属性"页中，"连接方式"选择"在指定的表格单元内，显示满足条件的数据记录"，选择"按照从上到下的方式填充数据行"，选择"显示多页记录"，如图 10-20 所示。

在"数据来源"页中，选择"组对象对应的存盘数据"，"组对象名"为"液位组"，如图 10-21 所示。

在"显示属性"页（见图 10-22）中，单击"复位"按钮。

在"时间条件"页中，"排序列名"设为"MCGS_Time"，选择按"升序"排列，"时间列名"设为"MCGS_Time"，并选择"所有存盘数据"，如图 10-23 所示。

按"F5"键进入运行环境后，可以看到实时数据报表和历史数据报表输出。

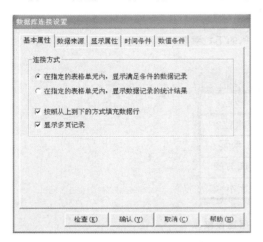

图 10-20　样例工程历史报表基本属性设置

图 10-21　样例工程历史报表数据来源设置

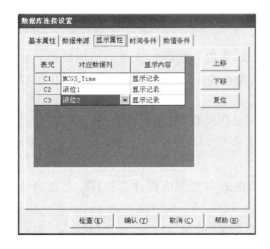

图 10-22　样例工程历史报表"数据库连接设置"窗口"显示属性"页

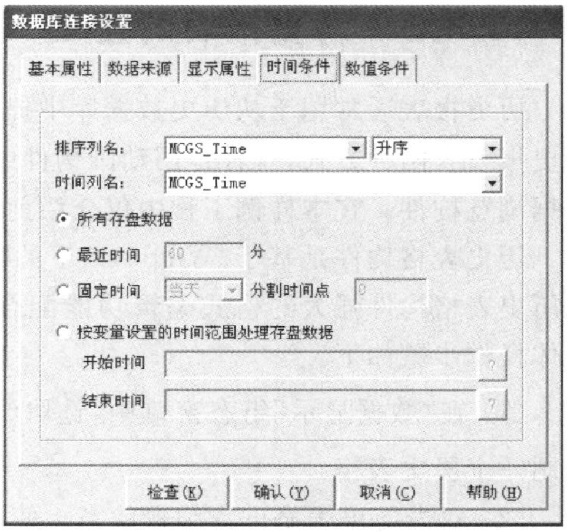

图 10-23　样例工程历史报表时间条件设置

第 11 章

MCGS 嵌入版组态软件的曲线显示

在实际生产过程中，对实时数据、历史数据的查看、分析是不可缺少的工作，但对大量数据仅做定量的分析远远不够，必须根据大量的数据信息绘制出趋势曲线，从趋势曲线的变化中发现数据的变化规律。因此，趋势曲线处理在工控系统中是一个非常重要的部分。

MCGS 嵌入版组态软件为用户提供强大的趋势曲线功能。通过众多功能各异的曲线构件，包括历史曲线构件、实时曲线构件，用户能够组态出各种类型的趋势曲线，从而满足不同工程项目的各种需求。

◀ 11.1 趋势曲线机制 ▶

MCGS 嵌入版共提供了两种用于趋势曲线绘制的构件，即历史曲线构件和实时曲线构件。

历史曲线构件将历史存盘数据从数据库中读出，以时间为 X 轴，以数据值为 Y 轴进行曲线绘制。同时，历史曲线构件也可以实现实时刷新的效果。历史曲线构件主要用于事后查看数据分布和状态变化趋势以及总结信号变化规律。

实时曲线构件在 MCGS 嵌入版系统运行时，从 MCGS 嵌入版实时数据库中读取数据，同时，以时间为 X 轴进行曲线绘制。对于 X 轴，可以按照用户组态要求，显示绝对时间或相对时间。

◀ 11.2 曲线操作 ▶

虽然每种曲线构件分别实现了不同的功能，但 MCGS 嵌入版提供的曲线构件也有很多相似之处。对于 MCGS 嵌入版组态软件中的每一种曲线构件，都包括数据源、曲线坐标轴、曲线网格以及曲线参数。

11.2.1 定义曲线数据源

趋势曲线以曲线的形式形象地反映生产现场实时数据信息或历史数据信息。无论是何种曲线，都需要为其定义显示数据的来源。

数据源一般分为历史数据源和实时数据源两类。历史数据源一般使用自建的管理数据存储文件的系统，不可以使用普通的 Access 数据库、ODBC 数据库。

实时数据源使用 MCGS 嵌入版实时数据库。组态时，将曲线与 MCGS 嵌入版实时数据库中的数据对象相连接。运行时,曲线构件即定时地从 MCGS 嵌入版实时数据库中读取相关数据对象的值,从而实现实时刷新曲线的功能。

MCGS 嵌入版提供的曲线构件数据源的使用如表 11-1 所示。

表 11-1　MCGS 嵌入版提供的曲线构件数据源的使用

曲 线 构 件	使用历史数据源	使用实时数据源
历史曲线构件	可以	可以
实时曲线构件	不可以	可以

11.2.2　定义曲线坐标轴

在 MCGS 嵌入版提供的每一个曲线构件中,都需要设置曲线 X 方向和 Y 方向的坐标轴和标注属性。

MCGS 嵌入版曲线构件的 X 轴大致可分为时间型和数值型两种类型。对于时间型 X 轴,通常需要设置其对应的时间字段、长度、时间单位、时间显示格式、标注间隔以及 X 轴标注的颜色和字体等属性。其中:时间字段标明了 X 轴数据的数据来源;长度和时间单位确定了 X 轴的总长度,如 X 轴长度设置为 10,X 轴时间单位设置为"分",则 X 轴总长度为 10 分钟;时间显示格式、标注间隔以及 X 轴标注的颜色和字体设定 X 轴的标注属性。

对于数值型 X 轴,通常需要设置 X 轴对应的数据变量名或字段名、最大值、最小值、小数位数、标注间隔以及标注的颜色和字体等属性。

不同的趋势曲线构件可使用的 X 轴类型如表 11-2 所示。

表 11-2　不同的趋势曲线构件可使用的 X 轴类型

曲 线 构 件	使用时间型 X 轴	使用数值型 X 轴
历史曲线构件	可以	不可以
实时曲线构件	可以	不可以

在 MCGS 嵌入版的曲线构件中,Y 轴只允许连接类型为开关型或数值型的数据源。曲线的 Y 轴数据通常可能连接很多个数据源,用于在一个坐标系内显示多条曲线。对于每一个数据源,可以设置的属性包括数据源对应的数据对象名或字段名、最大值、最小值、小数位数据、标注间隔以及 Y 轴标注的颜色和字体等属性。

11.2.3　定义曲线网格

为了使趋势曲线的显示更准确,MCGS 嵌入版提供的所有曲线构件都可以自由地设置曲线网格的属性。

曲线网格线分为与 X 轴垂直的划分线和与 Y 轴垂直的划分线。每个方向上的划分线又分为主划分线和次划分线。其中,主划分线用于划分整个曲线区域。例如:主划分线数目设置为 4,则整个曲线区域即被主划分线划分为大小相同的 4 个区域。次划分线在主划分线的基础上,将主划分线划分好的每一个小区域,划分成若干个相同大小的区域。例如,若主划分线数目为 4,次划分线数目为 2,则曲线区域共被划分为 8 个(4×2 个)。

此外,X 轴及 Y 轴的标注也依赖于各个方向的主划分线。通常,坐标轴的标注文字都只在相应的主划分线下,按照用户设定的标注间隔依次标注。

在图 11-1 所示的实时曲线构件中,X、Y 轴主划分线数目为 4,次划分线数目为 2;X 轴标注间隔为 2,Y 轴标注间隔为 1。

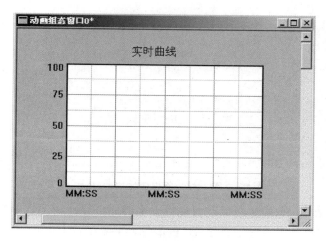

图 11-1 实时曲线的网格设置

11.2.4 设置曲线参数

MCGS 嵌入版提供的趋势曲线构件通常还可以设置曲线显示、刷新等属性。例如,历史曲线构件在组态时可以设置是否显示曲线翻页按钮、是否显示曲线放大按钮等选项;对于历史曲线,可以设置是否显示网格、边框以及是否显示 X 轴标注或 Y 轴标注等。

在下一节中,将以 MCGS 嵌入版历史曲线构件为例,说明 MCGS 嵌入版趋势曲线具体的使用方法。

◀ 11.3 历史曲线的实现 ▶

历史曲线,顾名思义,就是将历史存盘数据从数据库中读出,以时间为 X 轴,以记录值为 Y 轴绘制的曲线。历史曲线主要用于事后查看数据分布和状态变化趋势以及总结信号变化规律。

11.3.1 创建历史曲线

在绘图工具箱中单击历史曲线构件按钮,鼠标会变成"十"字光标形状,在窗口上的任意位置按下鼠标左键并移动鼠标,在适当的位置松开鼠标左键,历史曲线构件就绘制在用户的窗口上了,如图 11-2 所示。在用户窗口上的历史曲线可以任意地移动和缩放。

在绘制的历史曲线构件上存在一个显示网格的区域,类似一张坐标纸,曲线将绘制在这个区域以内。在历史曲线矩形框的下方有一排按钮,这排按钮为前进按钮、后退按钮、快进按钮、

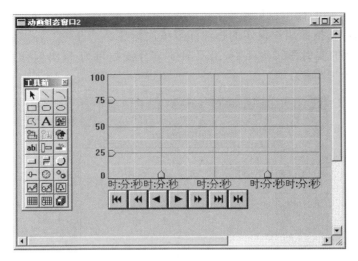

图 11-2　历史曲线构件

快退按钮、到最后按钮、到最前按钮以及曲线设置和时间设置按钮。这些按钮是历史曲线操作的默认按钮。网格左方和下方分别是 Y 轴（数值轴）和 X 轴（时间轴）的坐标标注。可以使用一般组态工具条上的按钮来对曲线进行组态。边线颜色是曲线区域边框的颜色。填充颜色改变的是曲线区域内填充的颜色。至于坐标和按钮区域，都使用透明底色。

11.3.2　历史曲线组态

绘制了历史曲线构件后，在历史曲线上双击鼠标左键，将弹出"历史曲线构件属性设置"窗口。"历史曲线构件属性设置"窗口由六个属性页——"基本属性"页、"存盘数据"页、"标注设置"页、"曲线标识"页、"输出信息"页、"高级属性"页组成。下面来详细介绍历史曲线的组态。

1. "基本属性"页

"基本属性"页用于设置历史曲线的名称、网格显示与否、网格的密度、历史曲线背景颜色以及边线的颜色和线型，如图 11-3 所示。在此页可以组态的项目如下。

（1）曲线名称。曲线名称是用户窗口中所组态的历史趋势曲线的唯一标识。历史趋势曲线属性和方法的调用都必须引用此曲线名称。

（2）曲线网格。曲线网格中罗列了 X 轴和 Y 轴主划分线和次划分线的分度间隔、线色和线型。主划分线是指曲线的网格中颜色较深的几条划分线，用于把整个坐标轴区域划分为相等的几个部分。次划分线通常指颜色比较浅的几条划分线，用于把主划分线划出的区域再等分为相等的几个部分。数目项的组态决定了把区域划分为几个部分。例如：X 主划线分数目为 4，则在历史趋势曲线中纵向划出 3 根主划分线，把整个 X 轴等分为 4 个部分；X 次划分线数目为 2，则每个主划分线区域被一根次划分线等分为 2 个部分。

（3）曲线背景。在曲线背景中，用户可以更改背景的颜色、边线的颜色、边线的线型。"不显示网格线"和"显示透明曲线"分别表示在历史曲线中不绘制曲线网格和不填充背景颜色。在比较小的趋势曲线中，通常选择不绘制网格，以免显得过于紧促。"显示透明曲线"通常用于把曲线层叠于其图形之上进行显示的情况下。

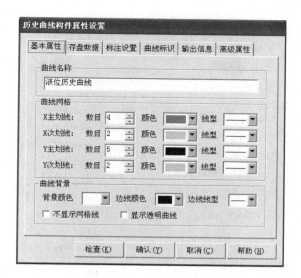

图 11-3 "历史曲线构件属性设置"窗口"基本属性"页

2. "存盘数据"页

"存盘数据"页(见图 11-4)用于组态历史趋势曲线的数据源。数据源只可以选择使用 MCGS 的存盘组对象产生的数据,不可以选择 Access 数据库和 ODBC 数据库中产生的数据。

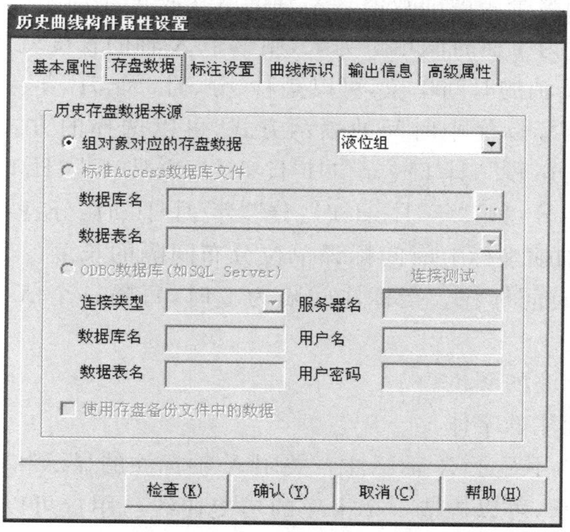

图 11-4 "历史曲线构件属性设置"窗口"存盘数据"页

在此页中,对于"组对象对应的存盘数据",可以在下拉框中选择一个具有存盘属性的组对象。MCGS 嵌入版自动在下拉框中列出了所有的具有存盘属性的组对象。

3. "标注设置"页

在"标注设置"页(见图 11-5)中,用户可以对历史趋势曲线的 X 坐标(时间轴)进行组态设置。在"曲线起始点"选项框中,用户可以根据需要确定曲线显示的起始时间和位置。

(1) X 轴标识设置。在"X 轴标识设置"框中,可以对 X 轴的属性进行设置。在"X 轴标识设置"框可以组态的项目如下。

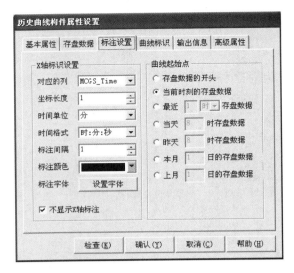

图 11-5　"历史曲线构件属性设置"窗口"标注设置"页

①对应的列：组态历史趋势曲线横坐标（时间轴）连接的数据列，必须使用"存盘数据"页中组态好的数据源的数据表中的时间列。在这一项的下拉框中列出了所有可用的时间列。因为使用 MCGS 的存盘数据组对象，所以对应的数据列应该选择 MCGS_TIME。

②坐标长度：X 轴的整个长度的数值。X 轴的真实长度是由坐标长度和时间单位共同决定的。例如，当坐标长度为 1 而时间单位为天，则整个 X 轴的长度就是一天。

③时间单位：设置 X 轴的时间单位，可以是秒、分、时、天、月、年。

④时间格式：X 轴坐标标注中时间的表示方式，可以选择的方式有"分：秒""时：分""日时""月-日""年-月""时：分：秒""日 时：分""月-日 时：分""年-月-日""日 时：分：秒""月-日 时：分""年-月-日 时：分""月-日 时：分：秒""年-月-日 时：分""年-月-日 时：分：秒"。

⑤标注间隔：在 X 轴横坐标上时间标识单位分布间隔的长度。当标注间隔为 1 时，每个 X 轴主划分线都有一个时间标注。当标注间隔为 2 时，每隔一个 X 轴主划分线有一个时间标注。

⑥标注颜色：X 轴标注的颜色。

⑦标注字体：X 轴标注的字体。

⑧不显示 X 轴标注：不显示 X 轴标注。关闭 X 轴标注的显示和 Y 轴标注的显示，并关闭历史曲线操作按钮的显示，可以构造一个干净的历史曲线。用户可以自己制作标注和操作按钮，进行个性化定制。

（2）曲线起始点。曲线起始点组态是指设置历史曲线绘制的起始时间位置。通过改变历史曲线绘制的起始时间位置，可以帮助用户迅速定位到需要的时间上，了解趋势的变化。曲线起始点可以组态的内容如下。

①存盘数据的开头：表示历史曲线以数据源中时间列里最早的时间作为起始点来绘制曲线。也就是说，以数据源中最早的时间作为 X 轴坐标的起点，把 X 轴长度内记录的数值绘制在历史曲线的显示网格中。

②当前时刻的存盘数据：表示历史趋势曲线以当前时刻作为 X 轴的结束点，X 轴的起始点是从结束点向前倒推 X 轴长度。

③最近时间段存盘数据:这个选项比较灵活,通过改变不同的时间单位设置和不同数值设置,可以得到时间跨度很大的历史曲线。例如选择最近 6 小时,则以当前时刻为 X 轴结束点,以 6 小时为 X 轴时间长度,以当前时刻倒推 6 小时作为 X 轴起始点。

④当天 C 时存盘数据:X 轴起始点定为当天 C 时。这种用法通常用于观察一天内的生产曲线。例如,选择当天 6 时、长度是 8 小时,就是查看当天头一班生产的生产曲线。

⑤昨天 C 时存盘数据:同上,但是时间起始从昨天 C 时开始。

⑥本月 C 日的存盘数据:同上,但是时间起始从本月 C 日开始。

⑦上月 C 日的存盘数据:同上,但是时间起始从上月 C 日开始。

4.“曲线标识”页

MCGS 嵌入版组态软件的历史曲线构件能进行总共 16 条曲线的组态。同时显示 16 条曲线,会导致曲线显示过密,无法查看,因此一般只同时显示 1~4 条曲线。通过在脚本程序中调用历史曲线的方法,用户可以在运行时决定显示哪条曲线,以方便进行 16 条曲线之间的比较。在“曲线标识”页(见图 11-6)中,左上部分是曲线列表。在曲线列表中,要使用一条曲线,必须在这条曲线左边的复选框中给这条曲线打钩,此时右上部分曲线组态项目就可以使用了。通过对曲线组态项的组态,可以使得这条曲线以合适的方式显示出来。为了组态曲线,可以在曲线列表中选择曲线,此时正在组态的曲线信息将被保存,而选中曲线的信息将被装载到曲线组态项目的各个组态项中。曲线的组态有以下几项。

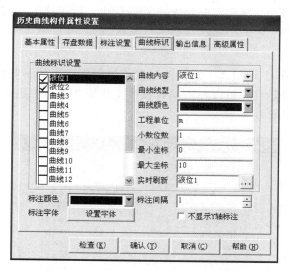

图 11-6 “历史曲线构件属性设置”窗口“曲线标识”页

(1)曲线内容:每一条曲线的组态都必须组态曲线内容,曲线内容的组态决定了数据源中哪个数据列的数据将被作为趋势曲线的数值用于绘制趋势曲线。在曲线内容组态的下拉框中,列出了所有可以使用的数据列。

(2)曲线线型:不同的趋势曲线在用户的眼中有不同的意义,设定独特的曲线线形,可以区分不同的趋势曲线。

(3)曲线颜色:同上,有助于区分不同的曲线。

(4)工程单位:曲线连接的数据列的工程单位。在运行时,工程单位将显示在曲线信息窗口中。如果不使用曲线信息窗口,则不需要进行工程单位的组态。

(5) 小数位数:在曲线信息窗口中,显示游标指示数值时使用的小数位数。用户可以在考虑到实际需要和显示效果后折中选择。如果不使用曲线信息窗口,则不需要进行小数位数的组态。

(6) 最小坐标、最大坐标:设定了曲线的最小值、最大值。Y 轴标注的绘制,也由这个组态项目决定。当使用多条曲线时,MCGS 嵌入版使用第一条曲线的最大值、最小值来进行 Y 轴的标注。Y 轴以第一条曲线的最小值作为 Y 坐标原点起始值,以第一条曲线的最大值作为 Y 坐标最大值。最小值可以大于最大值,此时 Y 轴方向是数值减少的方向。使用多条曲线时,每条曲线都按照自己的最大值和最小值的组态映射到整个 Y 轴坐标上。因此,多条曲线可以使用不同的比例结合到同一个趋势曲线中显示。

(7) 实时刷新:在"高级属性"页中选择了使用实时刷新功能后,组态的每条曲线都必须组态实时刷新项。实时刷新功能只针对以存盘组对象作为数据源的情况。在这种情况下,每条曲线连接的数据列在实时数据库中都有一个对应的数据对象,在本组态项中连接对应的数据对象,MCGS 嵌入版就可以在运行时动态地从实时数据库中获取数据对象的值,动态绘制趋势曲线,刷新曲线内容,而不需要用户通过手工操作来获得最新的趋势变化情况。

(8) 标注颜色、标注间隔、标注字体:这些都是对历史曲线 Y 轴上的标识字符的属性的设置,可以参见 X 轴标注的相关解释。

(9) 不显示 Y 轴坐标:不显示历史曲线的 Y 轴标注。使用这个选项,通常是因为用户需要自己定制 Y 轴标注。

5."输出信息"页

"输出信息"页(见图 11-7)组态了历史曲线操作过程中产生的一些信息的输出办法。通过在对应的项目上连接数据对象,可以在数据对象中实时地获取历史趋势曲线产生的值。在"输出属性"页可以组态的项目如下。

图 11-7 "历史曲线构件属性设置"窗口"输出信息"页

(1) X 轴起始时间:可以连接一个字符型变量,在每次 X 轴起始时间改变包括翻页和重新设置起始时间等时,输出 X 轴的起始时间。

(2) X 轴时间长度:可以连接一个数值型变量,在 X 轴长度改变时,输出 X 轴长度的值。

(3) X 轴时间单位:可以连接一个字符型变量,在 X 轴单位改变时,输出 X 轴单位的值。它可能的值包括秒、分、时、天、周、月、年等。

(4) 曲线 1~曲线 16:可以连接一个数值型变量,当用户的鼠标在曲线区域内移动时,会使光标移动。此时,光标指定的时刻每条曲线的值会通过这个数值型变量输出。通过这个连接,用户可以自己构造一个曲线数值显示区,用以显示曲线光标指定的时刻各个趋势曲线的精确值。

6. "高级属性"页

在"高级属性"页(见图 11-8)中主要是对历史曲线在运行的各种属性进行组态设置。在"高级属性"页中可以选择的组态项目如下。

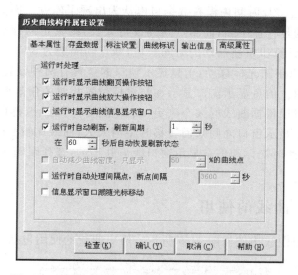

图 11-8 "历史曲线构件属性设置"窗口"高级属性"页

(1) 运行时显示曲线翻页操作按钮:不勾选这个选项时,历史趋势曲线将不会显示翻页操作按钮。这里的翻页操作按钮包括曲线下方的所有按钮,如曲线设置和时间设置按钮等。因此,不勾选这个选项后,曲线下方将没有任何按钮。

(2) 运行时显示曲线放大操作按钮:不勾选这个选项时,历史趋势曲线将不会显示放大操作按钮。这里的放大操作按钮是指位于 X 轴和 Y 轴上的两个放大游标。

(3) 运行时显示曲线信息显示窗口:不勾选这个选项时,历史趋势曲线将不会显示曲线信息窗口,但是仍然可以在运行时通过使用脚本程序调用历史趋势曲线的方法来打开和关闭曲线信息窗口的显示。

(4) 运行时自动刷新:勾选这个选项时,历史曲线将会自动刷新。需要注意的是,这个选项只在使用存盘组对象作为数据源时有效,而且在进行曲线的组态时,需要对每条曲线指定一个对应的数据对象,以便趋势曲线进行动态刷新。

(5) 刷新周期:设置动态刷新时,多长时间往趋势曲线上增加一个数据点。刷新周期太短,CPU 占用率太大;刷新周期太长,曲线粗糙。刷新周期通常选择 $10\sim60$ 秒比较合适。

（6）X 秒后自动恢复刷新状态：当用户进行历史趋势浏览操作时，MCGS 嵌入版停止了历史趋势的刷新操作，以免妨碍用户的操作。当用户在 X 秒内不再进行翻页等操作后，MCGS 嵌入版自动开始历史趋势的刷新操作。通常选择在 60～120 秒后自动恢复刷新状态比较合适。

（7）自动减少曲线的密度：在 MCGS 嵌入版中此功能无效。

（8）运行时自动处理间隔点：由于不可避免的原因，如计算机停止运行等，数据在存储时会出现不连续的现象。在绘制曲线时，对于没有数据的时间段，MCGS 嵌入版会使用一条直线来连接这个时间段之前的最后一条记录和这个时间段之后的第一条记录，这样会导致一条长直线出现，影响用户对趋势的判断。为了防止类似的现象影响对数据的分析，选择"运行时自动处理间隔点"，可以使 MCGS 嵌入版忽略缺少数据记录的时间段，在这个时间段内，不绘制任何曲线，这样处理有助于用户正确地理解趋势曲线的含义。

（9）断点间隔：组态多长时间内没有数据可以认为出现了停顿。断点间隔选得太短，则正常的存盘间隔会被认为是存盘中断；而断点间隔设得太长，则真正的存盘记录中断会被忽略。在通常情况下，考虑到计算机重新启动的时间长短，断点间隔选为 300～3 600 秒比较合适。

（10）信息显示窗口跟随光标移动：信息显示窗口的位置有两种设置方式。一种是固定显示在曲线区域的四个角。信息显示窗口显示在与鼠标位置相对的角落里。另一种是跟随鼠标移动。使用哪种方式可以根据曲线的大小决定：曲线很大时，可以选择跟随光标移动，以免用户的目光在光标和信息显示窗口之间来回转移时距离太大；曲线比较小时，可以选择固定显示在曲线区域的四个角，此时光标和信息显示窗口距离并不远，选择跟随光标移动反而影响用户观察数据。

11.3.3　历史曲线的使用

运行环境中的历史曲线构件如图 11-9 所示。历史曲线的使用包括以下内容。

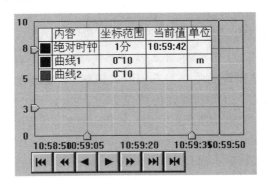

图 11-9　运行环境中的历史曲线构件

1. 操作按钮

操作按钮包含了对历史曲线的一些基本操作。

（1）：翻到最前面，使得 X 轴的起始位置移动到所有数据的最前面。

（2）：向前翻动一页，以当前 X 轴起始时间为 X 轴结束时间，以当前 X 轴起始时间倒推 X 轴长度为 X 轴起始时间。

（3）◀：向前翻动一个主划线的时间，用于小量向前翻动曲线的显示。

（4）▶：向后翻动一个主划线的时间，用于小量向后翻动曲线的显示。

（5）⏩：向后翻动一页，以当前 X 轴结束时间为 X 轴起始时间，以当前 X 轴结束时间加上 X 轴长度为 X 轴结束时间。

（6）⏭：翻到最后面，使得 X 轴的结束位置移动到所有数据的最后面。

（7）⏮：设置 X 轴起始点。单击此按钮，弹出时间设置窗口。这个窗口也可以用历史曲线的方法来打开。

2. 游标

游标是 X 轴和 Y 轴坐标线上的四个小图标🏠。通过这个小图标，可以进行曲线的放大和缩小以及平移操作。

通过对 X 轴上的两个小图标的操作，可以进行曲线水平平移和放大操作，将鼠标放在两个箭头图标之间，鼠标呈双头光标样，按下鼠标，水平拖曳，可以拖动整个 X 轴的时间范围。将鼠标放在左边光标的左边，鼠标呈左向箭头样，按下鼠标拖拽，此时 X 轴起始时间将改变，而结束时间不变，使得 X 轴长度变化。将鼠标放在右边光标的右边，鼠标呈现右向箭头样，按下鼠标拖拽，此时 Y 轴结束时间将改变，而开始时间不变，使得 X 轴时间长度变化。

通过对 Y 轴上的两个小图标的操作，可以进行曲线上下平移和放大操作。操作类似于 X 轴游标的操作。

3. 光标

光标是曲线区域中的一根线，随着鼠标移动，信息显示窗口显示光标当前指向的时间，以及此刻这些趋势点的值。

11.3.4　历史曲线构件的属性和方法

历史曲线构件具备动画构件的属性和方法。通过在组态时对历史曲线构件的属性和方法进行适当的设置，能组态出个性化的历史曲线。

1. 属性

（1）Name：字符型，历史曲线的名字，运行状态下只读。

（2）Left：数值型，相对于用户窗口的 X 坐标。运行时可以通过改变 Left 的值来移动历史趋势曲线。

（3）Top：数值型，相对于用户窗口的 Y 坐标。运行时可以通过改变 Top 的值来移动历史趋势曲线。

（4）Width：数值型，趋势曲线的宽度。运行时可以通过改变 Width 的值来改变曲线的宽度。

（5）Height：数值型，曲线的高度。运行时可以通过改变 Height 来改变曲线的高度。

（6）Visible：数值型，在运行环境中可以改变 Visible 的值来显示或隐藏历史曲线。

2. 方法

历史曲线构件的方法如表 11-3 所示。

表 11-3 历史构件的方法

方 法 名 称	方 法 说 明
SetXStart(字符型)	设设置 X 轴起始时间
GetXStart( )	返返回 X 轴起始时间字符串数据
SetXLength(数值型)	设置 X 轴长度
GetXLength( )	获取 X 轴长度
SetXUnit(字符型)	设置 X 轴单位
GetXUnit( )	获取 X 轴单位
SetXZoomFactor(数值型)	设置 X 轴放大倍数
GetXZoomFactor( )	获取 X 轴放大倍数
SetYZoomFactor(数值型)	设置 Y 轴放大倍数
GetYZoomFactor( )	获取 Y 轴放大倍数
SetInfoWndVisible(数值型)	设置信息框的可见度
GetInfoWndVisible( )	获取信息框的可见度
SetZoomCursorVisible(数值型)	设置放大游标的显示状态
GetZoomCursorVisible( )	获取放大游标的显示状态
SetTrendVisible(数值型,数值型)	设置每条曲线的可见度
GetTrendVisible(数值型)	获取每条曲线的可见度
SetTrendRange(数值型,数值型,数值型)	设置每条曲线 Y 轴的最大坐标值和最小坐标值
GetTrendRange(数值型,数值型,数值型)	获取每条曲线 Y 轴的最大坐标值和最小坐标值
ShowTrendDialog( )	显示曲线选择对话框
ShowTimeDialog( )	显示曲线起始时间对话框
XmovePrev( )	X 轴坐标向前移动
XmoveNext( )	X 轴坐标向后移动
XPageUp( )	X 轴坐标向前移动一页
XpageDown( )	X 轴坐标向后移动一页
XMoveToBegin( )	X 轴移动到最前面
XMoveToEnd( )	X 轴移动到最后面
YMoveUp( )	Y 轴向上移动
YMoveDown(·)	Y 轴向下移动

方　法　名　称	方　法　说　明
YPageUp( )	Y 轴坐标向前移动一页
YpageDown( )	Y 轴坐标向后移动一页
SetAutoRefresh(数值型)	设置曲线自动刷新状态
GetAutoRefresh( )	获取曲线自动刷新状态

11.3.5　历史曲线扩展功能的实现和效果

首先在用户窗口的界面中添加一些控制按钮,用以实现对历史曲线特定的操作。工程中的按钮如图 11-10 所示。

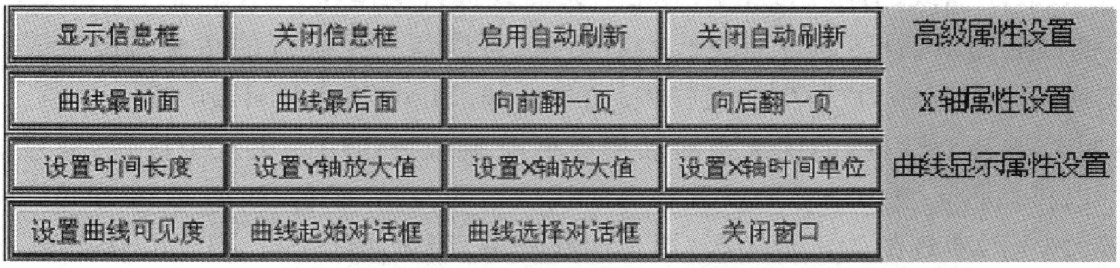

图 11-10　工程中的按钮图

单击相应按钮,MCGS 嵌入版就产生相应的操作。第一行"显示信息框""关闭信息框""启用自动刷新""关闭自动刷新"都是属于对高级属性的操作,这些功能归类到高级属性设置中。第二行"曲线最前面""曲线最后面""向前翻一页""向后翻一页"都是对历史曲线页 X 轴的操作,归类到 X 轴属性设置中去。剩下的"设置时间长度""设置 Y 轴放大值""设置 X 轴放大值""设置 X 轴时间单位""设置曲线可见度""曲线起始对话框"都是对历史曲线显示属性的设置,这些操作归类到曲线显示属性设置中。

下面来详细介绍这些功能的实现。

(1) 显示信息框:使用脚本程序"历史曲线样例.历史曲线.SetInfoWndVisible(1)"。

(2) 关闭信息框:使用脚本程序"历史曲线样例.历史曲线.SetInfoWndVisible(0)"。

(3) 启用自动刷新:使用脚本程序"历史曲线样例.历史曲线.SetAutoRefresh(1)"。

(4) 关闭自动刷新:使用脚本程序"历史曲线样例.历史曲线.SetAutoRefresh(0)"。

(5) 曲线最前面:使用脚本程序"历史曲线样例.历史曲线.XMoveToBegin( )"。

(6) 曲线最后面:使用脚本程序"历史曲线样例.历史曲线.XMoveToEnd( )"。

(7) 向前翻一页:使用脚本程序"历史曲线样例.历史曲线.XPageUp( )"。

(8) 向后翻一页:使用脚本程序"历史曲线样例.历史曲线.XPageDown( )"。

(9) 设置时间长度:在进行历史曲线的趋势分析时,用户经常要求改变 X 轴的长度;通过设定时间长度的方法,可以允许用户任意地调整 X 轴的时间长度;可通过一个输入框,输入一个时间长度的数值量,通过输入的这个数值量,运用适当的方法把这个数值量"交给"MCGS 嵌入版,从而实现对历史曲线的操作;实现的脚本程序为"历史曲线样例.历史曲线.

SetXLength(时间长度)"。

(10) 设置 X 轴放大值:通过改变 X 轴的放大值,可以对重点时间段的曲线进行细致的分析;实现的脚本程序为"历史曲线样例. 历史曲线. SetXZoomFactor(X 轴放大值)"。

(11) 设置 Y 轴放大值:通过改变 Y 轴的放大值,可以对重点数值区间的曲线进行细致的分析;实现的脚本程序实现为"历史曲线样例. 历史曲线. SetYZoomFactor(Y 轴放大值)"。

(12) 设置 X 轴时间单位:对历史曲线进行分析,不仅需要对大的时间跨度进行分析,而且需要对细微的时间段中的数据进行比较分析;通过改变 X 轴的时间单位,可以很方便地完成从大时间跨度到小时间间隔的转变;实现的脚本程序为"历史曲线样例. 历史曲线. SetXUnit(单位字符)"。

(13) 设置曲线可见:在对曲线分析的工程中,不仅需要对曲线横向进行比较,而且需要对曲线间纵向进行比较;这就需要在适当的时候只显示一条曲线,以对曲线变化的全过程有个清晰的认识;实现的脚本程序为"历史曲线样例. 历史曲线. SetTrendVisible(1,0)"。其中括号内的第一个参数表示曲线的序号,1 表示对第一条曲线进行操作,0 表示让曲线不可见。

(14) 曲线起始对话框:通过曲线起始对话框,可以从一个宏观的角度来改变时间轴的起始位置;实现的脚本程序为"历史曲线样例. 历史曲线. ShowTimeDialog( )"。

(15) 曲线选择对话框:曲线选择对话框类似于默认按钮中的第八个按钮,通过这个对话框,用户可以在运行环境中动态地设置各个曲线表示的变量、线色、线型、工程单位、小数位、最小坐标、最大坐标,实现的脚本程序为"历史曲线样例. 历史曲线. ShowTrendDialog( )"。

◀ 11.4　样例工程中的曲线显示 ▶

11.4.1　实时曲线

实时曲线构件用曲线显示一个或多个数据对象数值的动画图形,像笔绘记录仪一样实时记录数据对象值的变化情况。

绘制实时曲线的具体步骤如下。

(1) 双击进入数据显示窗口。在实时报表的下方,使用标签构件制作一个标签,输入文字"实时曲线"。

(2) 单击绘图工具箱中的实时曲线构件按钮 📈 ,在标签下方绘制一个实时曲线,调整其大小。

(3) 双击实时曲线图形,弹出图形"实时曲线构件属性设置"窗口。在该窗口进行以下设置。

①在"基本属性"页中,将 Y 轴主划分线设为"5",其他不变。

②在"标注属性"页中,将时间单位设为"秒钟",将小数位数设为"1",将最大坐标设为"10",其他不变。

③在"画笔属性"页中,将曲线 1 对应的表达式设为"液位 1",将颜色设为"蓝色";将曲线 2 对应的表达式设为"液位 2",将颜色设为"红色"。

（4）单击"确认"按钮即可。

这时，在运行环境中单击"数据显示"按钮，就可看到实时曲线。

11.4.2　历史曲线

历史曲线构件实现了历史数据的曲线浏览功能。运行时，历史曲线构件能够根据需要画出相应历史数据的趋势效果图。历史曲线主要用于事后查看数据和状态变化趋势和总结规律。

绘制历史曲线的具体步骤如下。

（1）在数据显示窗口中，使用标签构件在历史报表下方制作一个标签，输入文字"历史曲线"。

（2）在标签下方，使用绘图工具箱中的历史曲线构件按钮 ，绘制一个一定大小的历史曲线图形。

（3）双击该曲线图形，弹出"历史曲线构件属性设置"窗口。在该窗口进行以下设置。

①在"基本属性"页中，将曲线名称设为"液位历史曲线"，将 Y 轴主划分线设为"5"，将背景颜色设为"白色"。

②在"存盘数据"页中，存盘数据来源选择组对象对应的存盘数据，并在下拉菜单中选择"液位组"。

③在"曲线标识"页中，选中"曲线 1"，"曲线内容"设为"液位 1"，"曲线颜色"设为"蓝色"，"工程单位"设为"m"，"小数位数"设为"1"，"最大坐标"设为"10"，"实时刷新"设为"液位 1"，其他不变，如图 11-11 所示；选中"曲线 2"，"曲线内容"设为"液位 2"，"曲线颜色"设为"红色"，"小数位数"设为"1"，"最大坐标"设为"6"，"实时刷新"设为"液位 2"。

图 11-11　样例工程的历史曲线设置

（4）在"高级属性"页中，选中"运行时显示曲线翻页操作按钮""运行时显示曲线放大操作按钮""运行时显示曲线信息显示窗口""运行时自动刷新"，将"刷新周期"设为 1 秒，并选择在60 秒后自动恢复刷新状态，如图 11-12 所示。

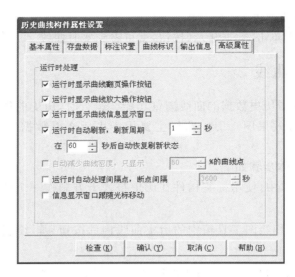

图 11-12　样例工程历史曲线高级属性设置

进入运行环境,单击"数据显示"按钮,打开数据显示 窗口,就可以看到实时报表、历史报表、实时曲线、历史曲线了,如图 11-13 所示。

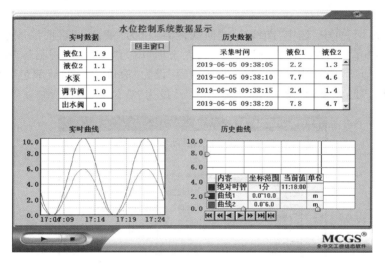

图 11-13　样例工程的数据显示窗口

第 12 章

MCGS 嵌入版组态软件的主控窗口和安全机制

MCGS 嵌入版组态软件的主控窗口是组态工程的主框架,展现了组态工程的整体外观。

MCGS 嵌入版组态软件提供了一套完善的安全机制,用户能够自由组态控制按钮和退出系统的操作权限,只允许有操作权限的操作员对某些功能进行操作。MCGS 嵌入版组态软件还提供了工程密码功能,可保护使用 MCGS 嵌入版组态软件开发所得的成果,开发者可利用这些功能保护自己的合法权益。

◀ 12.1 主控窗口概述 ▶

MCGS 嵌入版的主控窗口是组态工程的主窗口,是所有设备窗口和用户窗口的父窗口。它相当于一个大的容器,可以放置一个设备窗口和多个用户窗口,负责这些窗口的管理和调度,并调度用户策略的运行。同时,主控窗口又是组态工程的主框架,用户可在主控窗口内设置组态工程的运行流程及特征参数,这方便了用户的操作。

在 MCGS 嵌入版中,一个应用系统只允许有一个主控窗口,主控窗口是作为一个独立的对象存在的,它强大的功能和复杂的操作都被封装在对象的内部,组态时只需对主控窗口的属性进行正确地设置即可。

◀ 12.2 主控窗口的属性设置 ▶

主控窗口是应用系统的父窗口和主框架,它的基本职责是调度与管理运行系统,反映出应用工程的总体概貌,这决定了主控窗口的属性内容包括基本属性、启动属性、内存属性、系统参数和存盘参数。

选中主控窗口图标,按工具条中的"属性"按钮▣,或执行"编辑"菜单中的"属性"命令,或右键单击主控窗口图标,选择"属性"命令,弹出"主控窗口属性设置"窗口。"主控窗口属性设置"窗口包括五个属性设置窗口页,如图 12-1 所示。

12.2.1 基本属性

组态工程在运行时的总体概貌和外观完全由主控窗口的基本属性决定。选择"基本属性"标签,即进入"基本属性"页。

(1)窗口标题:设置组态工程运行窗口的标题。

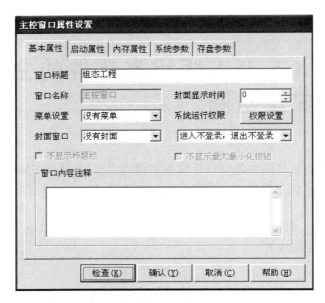

图 12-1　"主控窗口属性设置"窗口

（2）窗口名称：主控窗口的名称，默认时为"主控窗口"并灰显，不可更改。

（3）菜单设置：设置组态工程是否有菜单。

（4）封面窗口：确定组态工程运行时是否有封面，可在下拉菜单中选择相应的窗口作为封面窗口。

（5）封面显示时间：设置封面持续显示的时间，以秒为单位。运行时，鼠标单击窗口任何位置，封面自动消失。当封面显示时间设置为 0 时，封面将一直显示，直到鼠标单击窗口任何位置时，封面才消失。

（6）系统运行权限：设置系统运行权限。单击"权限设置"按钮，进入"用户权限设置"窗口，如图 12-2 所示。

（7）可将进入或退出组态工程的权限赋予某个用户组，无此权限的用户组中的用户不能进入或退出该组态工程。当选择"所有用户"时，相当于无限制。权限设置措施对防止无关人员的误操作、提高系统的安全性起到重要的作用。可在"系统运行权限"下面的下拉菜单中选择进入或退出时是否登录。该下拉菜单中的选项包括："进入不登录，退出登录"，即用户退出 MCGS 嵌入版运行环境时需登录；"进入登录，退出不登录"，即用户启动 MCGS 嵌入版运行环境时需登录，退出时不必登录；"进入不登录，退出不登录"，即用户进入或退出 MCGS 嵌入版运行环境时都不必登录；"进入登录，退出登录"，即用户进入或退出 MCGS 嵌入版运行环境时都需要登录。

（8）窗口内容注释：起到说明和备忘的作用，对组态工程运行时的外观不产生任何影响。

12.2.2　启动属性

组态工程启动时，主控窗口应自动打开一些用户窗口，以即时显示某些图形动画，如反映工程特征的封面图形，主控窗口的这一特性就称为启动属性。选择"启动属性"标签，进入"启动属性"页，如图 12-3 所示。

图 12-2 "用户权限设置"窗口(一)

图 12-3 "主控窗口属性设置"窗口"启动属性"页

图 12-3 中左侧为用户窗口列表,列出了所有定义的用户窗口名称;右侧为启动时自动打开的用户窗口列表,利用"增加"按钮和"删除"按钮可以调整自动启动的用户窗口。按"增加"按钮或用鼠标双击左侧列表内指定的用户窗口,可以把该窗口选到右侧,成为系统启动时自动运行的用户窗口。按"删除"按钮或用鼠标双击右侧列表内指定的用户窗口,可以将该用户窗口从自动运行窗口列表中删除。

启动时,一次打开的用户窗口个数没有限制,但由于受计算机内存的限制,一般只把最需要的用户窗口选为启动窗口。启动窗口过多会影响组态工程的启动速度。

12.2.3 内存属性

在组态工程运行过程中,当需要打开一个用户窗口时,组态工程首先把窗口的特征数据从磁盘调入内存,然后执行用户窗口打开的指令,这样一个打开用户窗口的过程可能比较缓慢,满足不了组态工程的需要。为了加快用户窗口的打开速度,MCGS 嵌入版提供了一种直接从内存中打开用户窗口的机制,即把用户窗口装入内存。把用户窗口装入内存节省了磁盘操作的开销时间。将位于主控窗口内的某些用户窗口定义为内存窗口,称为主控窗口的内存属性。

利用主控窗口的内存属性,可以设置运行过程中始终位于内存中的用户窗口,不管该用户窗口是处于打开状态还是处于关闭状态。由于用户窗口存在于内存之中,打开时不需要从硬盘上读取,因而能提高打开用户窗口的速度。MCGS 嵌入版最多可允许选择 20 个用户窗口在运行时装入内存。受计算机内存大小的限制,一般只把需要经常打开和关闭的用户窗口在运行时装入内存。预先装入内存的用户窗口过多,也会影响组态工程装载的速度。选择"内存属性"标签,进入"内存属性"页,如图 12-4 所示。

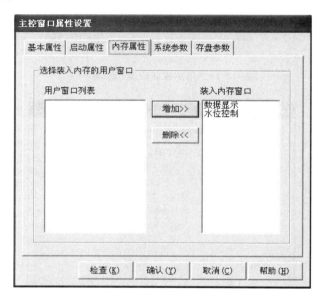

图 12-4 "主控窗口属性设置"窗口"内存属性"页

在图 12-4 中,左侧为所有定义的用户窗口列表,右侧为启动时装入内存中的用户窗口列表,利用"增加"按钮和"删除"按钮,可以调整装入内存中的用户窗口。按"增加"按钮或用鼠标双击左侧列表内指定的用户窗口,可以把该窗口选到右侧,使其成为始终位于内存中的用户窗口。按"删除"按钮或用鼠标双击右侧列表内指定的用户窗口,可以将该用户窗口从装入内存用户窗口列表中删除。MSGS 嵌入版的内存窗口具有指定功能,使内存窗口的选择不能自动排序,而由用户指定顺序,从而可以在内存有限的情况下优先缓存前面的用户窗口。

12.2.4 系统参数

该项属性主要包括与动画显示有关的时间参数,如动画界面刷新的时间周期、图形闪烁动作的周期时间等。选中"系统参数"标签,进入"系统参数"页,如图 12-5 所示。

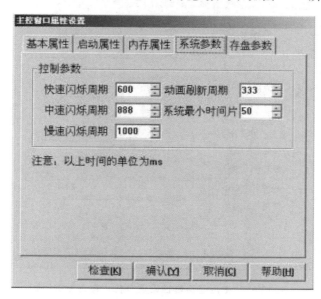

图 12-5 "主控窗口属性设置"窗口"系统参数"页

(1) 系统最小时间片:运行时系统最小的调度时间,其值在 20~100 ms(毫秒)范围内,一般设置为 50 ms,当设置的某个周期的值小于 50 ms 时,该功能将启动,默认该值的单位为时间片。例如,动画刷新周期为 1,系统认为是指 1 个时间片,即 50 ms。此项功能用于防止用户的误操作。

(2) 快速闪烁周期:其值在 100~1 000 ms 范围内。中速闪烁周期:其值在 200~2 000 ms 范围内。慢速闪烁周期:其值在 150~2 000 ms 范围内。当它们的值超出所规定的范围时,系统将强制转换。

MCGS 嵌入版中由系统定义的默认值能满足大多数应用工程的需要,除非有特殊需要,建议一般不要修改这些默认值。

12.2.5 存盘参数

在"存盘参数"页(见图 12-6)中可以进行工程文件配置和特大数据存储设置。在通常情况下,不必对此部分进行设置,保留默认值即可。

1. 工程文件配置

(1) 数据块大小和数据块个数:决定了存盘数据库文件(McgsE. dat)的大小。存盘数据库文件的大小不可改变,指定大小为 8 MB。

(2) 扩充信息大小:外部存储文件的大小。该文件保存了外部存储变量的信息。

2. 特大数据存储设置

(1) 存储文件位置:系统默认的路径为\HardDisk\MCGSBIN\Data。

(2) 刷新时间:向存储文件中写入新数据的时间周期。

(3) 预留空间:直到存储空间大小为零时,以前的存储文件被自动删除,此部分不可设置。

(4) 文件大小:单个文件的大小。

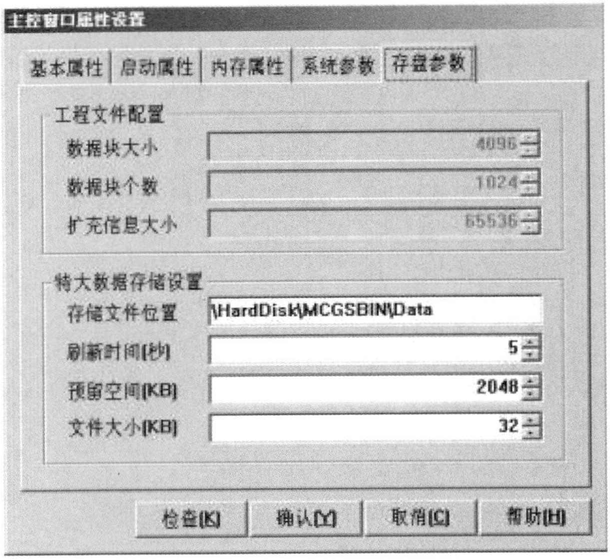

图 12-6 "主控窗口属性设置"窗口"存盘参数"页

◀ 12.3 安全机制概述 ▶

MCGS 嵌入版系统的操作权限机制和 Windows NT 操作系统类似,采用用户组和用户的概念来进行操作权限的控制。在 MCGS 嵌入版中可以定义多个用户组,每个用户组中可以包含多个用户,同一个用户可以隶属于多个用户组。操作权限的分配是以用户组为单位进行的,即对某种功能的操作哪些用户组有权限,而某个用户能否对这个功能进行操作取决于该用户所在的用户组是否具备对应的操作权限。

MCGS 嵌入版系统按用户组来分配操作权限的机制,使用户能方便地建立各种多层次的安全机制。例如,实际应用中的安全机制一般要划分为操作员组、技术员组、负责人组,操作员组的成员一般只能进行简单的日常操作,技术员组负责工艺参数等功能的设置,负责人组能对重要的数据进行统计分析。各组的权限各自独立,但某用户可能因工作需要要求能进行所有操作,此时只需把该用户同时设为隶属于三个用户组即可。

特别需要注意的是,在 MCGS 嵌入版中,操作权限的分配是对用户组来进行的,某个用户具有什么样的操作权限由该用户所隶属的用户组来确定。

◀ 12.4 定义用户和用户组 ▶

在 MCGS 嵌入版组态环境中,选取"工具"菜单中的"用户权限管理"命令,弹出图 12-7 所示的"用户管理器"窗口。

在 MCGS 嵌入版中,固定有一个名为"管理员组"的用户组和一个名为"负责人"的用户,

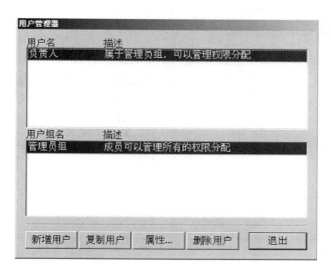

图 12-7 "用户管理器"窗口

它们的名称不能修改。管理员组中的用户有权利在运行时管理所有的权限分配工作,管理员组的这个特性是由 MCGS 嵌入版系统决定的,其他所有用户组都没有这个权利。

在"用户管理器"窗口中,上半部分为已建用户的用户名列表,下半部分为已建用户组的列表。当用鼠标激活用户名列表时,在窗口底部显示的按钮是"新增用户"按钮、"复制用户"按钮、"删除用户"按钮等对用户进行操作的按钮;当用鼠标激活用户组名列表时,在窗口底部显示的按钮是"新增用户组"按钮、"删除用户组"按钮等对用户组进行操作的按钮。单击"新增用户"按钮,弹出"用户属性设置"窗口。在该窗口中,用户密码要输入两遍,用户所隶属的用户组在下面的列表框中选择(注意:一个用户可以隶属于多个用户组)。当在"用户管理器"窗口中单击"属性"按钮时,弹出同样的窗口。在采用此方式弹出的"用户属性设置"窗口中可以修改用户密码和所隶属的用户组,但不能够修改用户名。

单击"新增用户"按钮,可以添加新的用户名,选中一个用户时,单击"属性"按钮或双击该用户,会出现"用户属性设置"窗口,如图 12-8 所示。在该窗口中,可以选择该用户隶属于哪个用户组。

单击"新增用户组"按钮,可以添加新的用户组,选中一个用户组时,单击"属性"按钮或双击该用户组,会出现用户组属性设置窗口,如图 12-9 所示。在该窗口中,可以选择该用户组包括哪些用户。

在图 12-9 所示的窗口中,单击"登录时间"按钮,会出现"登录时间设置"窗口,如图 12-10 所示。

在 MCGS 嵌入版系统中,对于登录时间的设置,最小时间间隔是 1 小时。组态时可以指定某个用户组的系统登录时间,如图 12-10 所示,从星期天到星期六,每天 24 小时,指定某用户组在某一小时内可以登录系统则在某一时间段打上"√",否则在该时间段该用户组不允许登录系统。同时,MCGS 嵌入版系统可以指定某个特殊日期的时间段,设置该时间段内用户组的登录权限。在图 12-10 中,"指定特殊日期"选择某年某月某天,按"添加指定日期"按钮,则可把选择的日期添加到图 12-10 中左边的列表中,然后就可以设置该天的时间段的登录权限了。

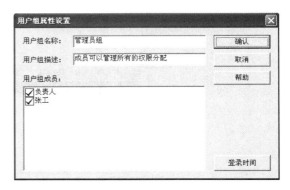

图 12-8 "用户属性设置"窗口   图 12-9 "用户组属性设置"窗口

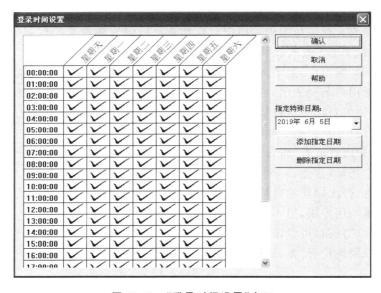

图 12-10 "登录时间设置"窗口

◄ 12.5 系统权限设置 ►

为了更好地保证组态工程运行的安全、稳定、可靠,防止与组态工程无关的人员进入或退出组态工程,MCGS 嵌入版系统提供了对组态工程运行时进入和退出组态工程的权限管理。

打开 MCGS 嵌入版组态环境,在 MCGS 嵌入版主控窗口中设置系统属性。具体操作如下。

打开图 12-1 所示的"主控窗口属性设置"窗口。单击"权限设置"按钮,设置组态工程的运行权限,同时设置组态工程进入和退出时是否需要用户登录。组态工程进入或退出时是否需要用户登录的设置共有四种选项,即"进入不登录,退出登录""进入登录,退出不登录""进入不登录,退出不登录""进入登录,退出登录"。在通常情况下,退出 MCGS 嵌入版系统时,系统会弹出确认窗口。MCGS 嵌入版系统提供了两个脚本函数在运行时控制退出时是否需要用户登录和弹出确认窗口,即! EnableExitLogon( )和! EnableExitPrompt( )。这两个脚本函数的使用说明如下。

（1）! EnableExitLogon(FLAG)：FLAG＝1,组态工程退出时需要用户登录成功后才能退出组态工程,否则拒绝用户退出的请求；FLAG＝0,组态工程退出时不需要用户登录即可退出,此时不管组态工程是否设置了退出时需要用户登录,均不登录。

（2）! EnableExitPrompt(FLAG)：FLAG＝1,组态工程退出时弹出确认窗口；FLAG＝0,组态工程退出时不弹出确认窗口。

为了使上面两个脚本函数有效,必须在组态时在脚本程序中加上这两个函数,在脚本工程运行时调用一次函数运行。

◀ 12.6 操作权限设置 ▶

MCGS 嵌入版操作权限的组态非常简单。当对应的动画元件可以设置操作权限时,在属性设置窗口页中都有对应的"权限"按钮,单击该按钮后弹出如图 12-11 所示的用户权限设置窗口。

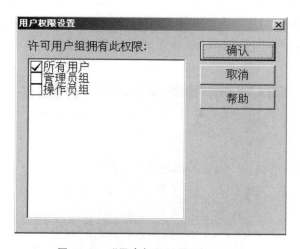

图 12-11 "用户权限设置"窗口(二)

默认设置时,能对某项功能进行操作的为所有用户,即如果不进行权限组态,则权限机制不起作用,所有用户都能对其进行操作。在"用户权限设置"窗口中,把对应的用户组选中(方框内打钩表示选中),则该组内的所有用户都能对该项工作进行操作。需要注意的是,一个操作权限可以配置多个用户组。

在 MCGS 嵌入版中,能进行操作权限组态设置的有以下内容。

（1）退出系统：在"主控窗口属性设置"窗口中有"权限设置"按钮,通过该按钮可进行权限设置。

（2）动画组态：在对普通图形对象进行动画组态时，按钮输入和按钮动作两个动画功能可以进行权限设置。运行时，只有有操作权限的用户登录，鼠标在图形对象的上面才变成手状，响应鼠标的按键动作。

（3）标准按钮：在属性设置窗口中可以进行权限设置。

（4）动画按钮：在属性设置窗口中可以进行权限设置。

（5）旋钮输入器：在属性设置窗口中可以进行权限设置。

（6）滑动输入器：在属性设置窗口中可以进行权限设置。

◀ 12.7 运行时改变操作权限 ▶

MCGS 嵌入版的用户操作权限在运行时才体现出来。某个用户在进行操作之前首先要进行登录工作，登录成功后该用户才能进行所需的操作。完成操作后，用户应退出登录，使操作权限失效。用户登录、退出登录、运行时修改用户密码和用户管理等功能都需要在组态环境中进行一定的组态工作。在脚本程序使用中 MCGS 嵌入版提供的四个内部函数可以完成上述工作。

12.7.1 进入登录函数！LogOn（）

在脚本程序中执行该函数，弹出图 12-12 所示的 MCGS 嵌入版"用户登录"窗口。从"用户名"下拉框中选取要登录的用户名，在"密码"输入框中输入与用户对应的密码，按"Enter"键或"确认"按钮，如输入正确则登录成功，否则会出现对应的提示信息。按"取消"按钮停止登录。

图 12-12 "用户登录"窗口

12.7.2 退出登录函数！LogOff（）

在脚本程序中执行该函数，弹出提示框提示是否要退出登录，单击"是"按钮退出，单"否"按钮不退出。

12.7.3 修改密码函数！ChangePassword()

在脚本程序中执行该函数弹出图 12-13 所示的"改变用户密码"窗口。

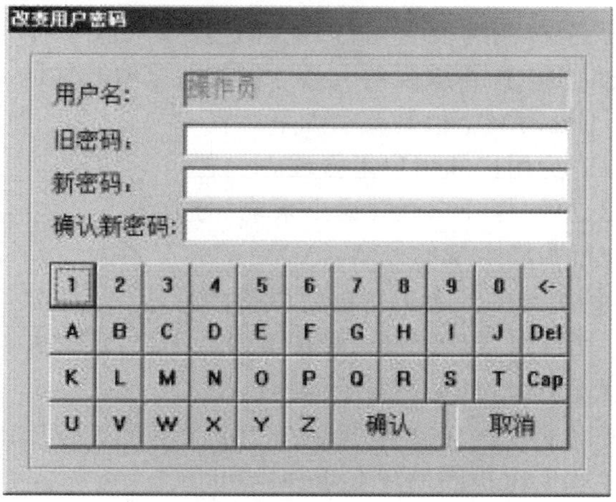

图 12-13 "改变用户密码"窗口

先输入旧的密码,再输入两遍新密码,按"确认"按钮,即可完成当前登录用户的密码修改工作。

12.7.4 用户管理函数！Editusers()

在脚本程序中执行该函数,弹出"用户管理器"窗口,允许在运行时增加用户、删除用户或修改用户的密码和所隶属的用户组。需要注意的是,只有在当前登录的用户属于管理员组时,本功能才有效。运行时不能增加用户组、删除用户组和修改用户组的属性。

在实际应用中,当需要进行操作权限控制时,一般都在用户窗口中增加四个按钮,即"登录用户"按钮、"退出登录"按钮、"修改密码"按钮、"用户管理"按钮,在每个按钮属性设置窗口的脚本程序属性页中分别输入四个函数！LogOn()、！LogOff()、！ChangePassword()、！Editusers()。这样,运行时就可以通过这些按钮来进行登录等操作了。

◀ 12.8 工程安全管理 ▶

使用 MCGS 嵌入版"工具"菜单中"工程安全管理"菜单项的功能可以实现对工程(组态所得的结果)进行各种保护工作。该菜单项包括"工程密码设置"命令。

给正在组态或已完成的工程设置密码,可以保护该工程不被其他人打开使用或修改。当使用 MCGS 嵌入版来打开工程时,首先弹出输入框要求输入工程的密码,如密码不正确则不能打开该工程,从而起到保护劳动成果的作用。

◀ 12.9 样例工程的安全管理 ▶

MCGS嵌入版建立安全机制的要点是：严格规定操作权限，不同类别的操作由具有不同权限的人员负责，只有获得相应操作权限的人员才能进行某些功能的操作。

以样例工程为例，该工程的安全机制要求如下。

（1）只有负责人才能进行用户和用户组管理。

（2）只有负责人才能进行"打开工程""退出系统"的操作。

（3）普通操作员能进行水罐水量的控制。

根据上述要求，对样例工程的安全机制进行以下分析。

（1）用户及用户组。用户组：管理员组、操作员组。用户：负责人、张工。

（2）负责人隶属于管理员组，张工隶属于操作员组。

（3）管理员组成员可以进行所有操作，操作员组成员只能进行按钮操作。

下面开始介绍样例工程安全机制的建立步骤。

12.9.1 定义用户和用户组

（1）选择"工具"菜单中的"用户权限管理"命令，打开"用户管理器"窗口，默认定义的用户、用户组分别为负责人、管理员组。

（2）单击用户组列表域，进入用户组编辑状态。

（3）单击"新增用户组"按钮，弹出"用户组属性设置"窗口。在该窗口进行以下设置。

①用户组名称：操作员组。

②用户组描述：成员仅能进行操作。

（4）单击"确认"按钮，回到"用户管理器"窗口。

（5）单击用户列表域，单击"新增用户"按钮，弹出"用户属性设置"窗口。在该窗口进行以下设置。

①用户名称：张工。

②用户描述：操作员。

③用户密码：123。

④确认密码：123。

⑤隶属用户组：操作员组。

（6）单击"确认"按钮，回到"用户管理器"窗口。

（7）再次进入用户组编辑状态，双击"操作员组"，在用户组成员中选择"张工"。

（8）单击"确认"按钮，回到"用户管理器"窗口，单击"退出"按钮，退出"用户管理器"窗口。

说明：为方便操作，这里"负责人"未设密码，"负责人"密码的设置方法同操作员"张工"密码的设置方法。

12.9.2 系统权限管理

（1）进入主控窗口，选中"主控窗口"标签，单击"系统属性"按钮，进入"主控窗口属性设置"窗口。

（2）在"基本属性"页中，单击"权限设置"按钮，弹出"用户权限设置"窗口，在"许可用户组拥有此权限"列表中选择"操作员组"，单击"确认"按钮，返回"主控窗口属性设置"窗口。

（3）在"系统运行权限"下面的选择框中选择"进入登录，退出不登录"，单击"确认"按钮，系统权限设置完毕。

12.9.3　操作权限管理

（1）进入水位控制窗口，双击水罐 1 对应的滑动输入器，进入"滑动输入器构件属性设置"窗口。

（2）单击下部的"权限"按钮，进入"用户权限设置"窗口。

（3）选中"操作员组"，单击"确认"按钮，退出。

水罐 2 对应的滑动输入器设置同上。

按"F5"键运行工程，弹出"用户登录"窗口，如图 12-14 所示。

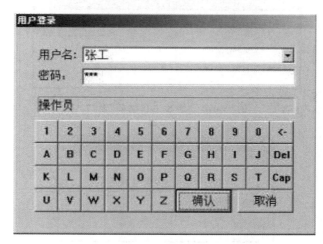

图 12-14　样例工程"用户登录"窗口

用户名选择"张工"，密码"123"，单击"确认"按钮，样例工程开始运行。

12.9.4　保护工程文件

为了保护工程开发人员的劳动成果和利益，MCGS 嵌入版组态软件提供了工程运行安全性保护措施。它包括工程密码设置。具体操作步骤如下。

回到 MCGSE 工作台，选择"工具"菜单"工程安全管理"菜单项中的"工程密码设置"命令，如图 12-15 所示。

这时将弹出"修改工程密码"窗口，如图 12-16 所示。

在"新密码""确认新密码"输入框内均输入"123"，单击"确认"按钮，工程密码设置完毕。

完成用户权限和工程密码设置后，可以测试一下 MCGS 的安全管理。首先关闭当前工程，重新打开工程"水位控制系统"，此时弹出一个如图 12-17 所示的窗口。

在这里输入工程密码"123"，然后单击"确认"按钮，打开工程。

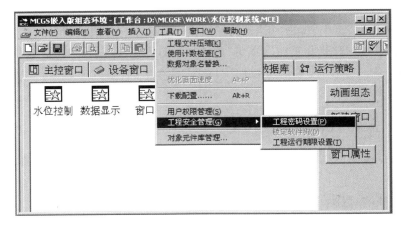

图 12-15　选择"工程密码设置"命令

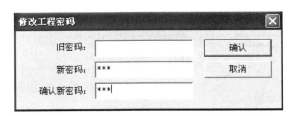

图 12-16　"修改工程密码"窗口

图 12-17　输入工程密码窗口

至此,整个样例工程全部制作完毕。

第2篇

触摸屏基本应用

第13章

触摸屏基础知识

触摸屏是一种智能化操作部件,是极富吸引力的全新多媒体交互设备。用户只要用手指轻轻地触摸触摸屏上的图符或文字,就能实现对设备的操作,显示设备运行状况和运行参数。另外,通过触摸屏,用户还可以随时修改设备运行模式、设定运行参数。触摸屏的出现和广泛应用证明了它可以取代过去设备的操作面板和指示仪表。

◀ 13.1 触摸屏的主要特性 ▶

触摸屏(touch panel)又称为触控屏、触控面板,是一种可接收触头等输入信号的感应式液晶显示装置。当触摸了屏幕上的图形按钮时,屏幕上的触觉反馈系统可根据预先编程的程式驱动各种连接装置。触摸屏可取代机械式的按钮面板,并借由液晶显示画面制造出生动的影音效果。作为一种最新的计算机输入设备,触摸屏成为目前最简单、方便、自然的一种人机交互设备。它赋予了多媒体以崭新的面貌,是极富吸引力的全新多媒体交互设备。触摸屏主要应用于公共信息的查询、领导办公、工业控制、军事指挥、电子游戏、点歌点菜、多媒体教学、房地产预售等场合。

13.1.1 触摸屏的第一个特性

透明直接影响触摸屏的视觉效果。透明有透明的程度问题,红外线式触摸屏和表面声波式触摸屏只隔了一层纯玻璃,在透明方面可算佼佼者。在触摸屏行业里,透明只是一个非常泛泛的概念,很多触摸屏采用多层的复合薄膜,仅用透明来概括它们的视觉效果是不够的。这些触摸屏的视觉效果应该至少包括四个特性,即透明度、色彩失真度、反光性和清晰度,还能再细分,如反光性包括镜面反光性和衍射反光性,只不过触摸屏表面衍射反光还没到达 CD 盘的程度,对于用户而言,采用这四个特性度量基本足够了。

由于透光性与波长曲线图的存在,通过触摸屏看到的图像与原图像相比不可避免地产生了色彩失真,静态的图像感觉还只是色彩的失真,动态的多媒体图像感觉就不是很舒服了,色彩失真度也就是图中的最大色彩失真度自然是越小越好。平常所说的透明度即图像的平均透明度,当然是越高越好。

反光性主要是指由于镜面反射造成图像上重叠身后的光影,如人影、窗户、灯光等。反光是触摸屏带来的负面效果,反光越少越好,它影响用户的浏览速度,严重时用户无法辨认图像字符。反光性强的触摸屏的使用环境受到限制,现场的灯光布置也被迫需要调整。大多数存在反光问题的触摸屏都提供另外一种经过表面处理的型号——磨砂面触摸屏。磨砂面触摸屏也叫防眩型触摸屏,它的价格略高一些,反光性明显下降,适用于采光非常充足的大厅或展览场所。不过,防眩型触摸屏的透明度和清晰度有较大幅度的下降。有些触摸屏加装磨砂面之后,字迹模糊,图像细节模糊,整个屏幕显得模模糊糊,看不太清楚,这就是清晰度太差。清晰度的问题主要出现在采用多层薄膜结构的触摸屏中,是由薄膜层之间光反复与反射折射而造成的。防眩型触摸屏由于表面磨砂也造成清晰度下降。清晰度不好,眼睛容易疲劳,对眼睛也有一定的伤害,选购触摸屏时要注意这一点。

13.1.2　触摸屏的第二个特性

触摸屏是绝对坐标定位系统,要选哪儿就直接点哪儿。与鼠标这类相对坐标定位系统的本质区别是,触摸屏具有一次到位的直观性。绝对坐标定位系统的特点是每一次定位坐标与上一次定位坐标没有关系,触摸屏在物理上是一套独立的坐标定位系统,每次触摸的数据通过校准数据转为屏幕上的坐标,就要求触摸屏不管在什么情况下,同一点的输出数据是稳定的,如果不稳定,那么触摸屏就不能保证绝对坐标定位。点不准即漂移,是触摸屏最致命的问题。凡是不能保证同一点触摸每一次采样数据相同的触摸屏,都有漂移这个问题。目前有漂移现象的触摸屏只有电容式触摸屏。

13.1.3　触摸屏的第三个特性

各种触摸屏技术都是依靠各自的传感器来工作的,甚至有的触摸屏本身就是一套传感器。各自的定位原理和各自所用的传感器决定了触摸屏的反应速度、可靠性、稳定性和寿命。

◀ 13.2　触摸屏界面与其他用户界面的异同点 ▶

13.2.1　触摸屏界面与其他用户界面的相同点

除了触摸屏界面外,用户界面还包括网页界面、软件界面、游戏界面和手机界面等。触摸屏界面和它们有很多相似之处。首先,触摸屏和这些用户界面一样,都是交互式系统,都属于软件设计范畴而不是物理设计范畴。其次,无论是触摸屏界面还是其他用户界面等,都属于图形用户界面,也就是说,它们都有图形用户界面所共有的属性,如视窗、图标、菜单、指点设备。只是在某些特殊的情况下,以上这些组成元素会发生相应的改变。再次,触摸屏界面设计和其他用户界面设计在色彩心理学和平面设计学这两方面所涉及的知识内容几乎是相同的。最后,触摸屏界面的设计理念和其他用户界面的设计理念是一致的,都是"以人为本",让用户在首次接触了这个界面后就觉得一目了然,不需要多少培训就可以方便地上手使用,第一次操作就获得快乐感受。

13.2.2　触摸屏界面与其他用户界面的不同点

在除触摸屏界面外的用户界面中,网页界面和手机界面可以说是两个典型的代表。要叙述触摸屏界面和其他用户界面之间的不同点,就要将触摸屏界面分别和两个典型的界面代表进行比较,然后得出结论。

1. 网页界面和触摸屏界面的不同点

二者的不同首先体现在用户导航方面。在网页界面上，用户从根本上控制了他自己使用网页界面的行为。用户可以抄小路而不受设计人员的任何影响。例如，用户可以通过搜索引擎直接进入网站内部，而不必经过首页；用户可以在不同的网站之间，不同的设计之间"跑来跑去"，具有相当的流动性。大体上说，设计人员必须放弃对网页界面的完全控制，让用户和他们的客户端来决定一部分。在触摸屏界面设计中，设计人员可以控制用户什么时候可以去哪儿。设计人员不想让某个菜单项工作，可以将它变灰。设计人员可以扔出一个对话框中止计算机的运行，直到用户回答了相应的问题。其次，二者在设备显示方面也存在差异。在访问网站方面，用户可以通过一台传统的计算机访问网站，也可以用笔点击手持式设备访问网站，任何一个网站设计在不同的设备上看起来都大不一样。在触摸屏界面设计里，设计人员能够控制每一个像素，设计人员制作一个对话框的时候，可以确定它在用户屏幕上的真实尺寸，设计人员知道最终的显示器尺寸有多大。再次，二者在指点设备方面也存在差异。在传统的网页界面上，用户是通过鼠标箭头来完成操作的；而在触摸屏界面上，指点设备不再是鼠标箭头而是人的手指，这势必在按钮方面产生变化。最后，二者的使用环境不同。触摸屏的使用大多在室外，如娱乐场所点歌点菜系统、业务查询机、自动售票机等；而网页的浏览使用大多在室内进行，除了偶尔用手提计算机在公共场所无线上网外。

2. 手机界面和触摸屏界面的不同点

对于手机界面，虽然界面的最终显示设备多种多样，但是在尺寸上都大同小异，即不会超过一个成人的手掌大小，于是就决定了在如此范围内安排多少信息、字体大小如何等相关问题。对于触摸屏界面，最终显示屏的尺寸同样固定、可以预知，但尺寸一般大于手机屏幕，并且对于不同的设备、不同的操作，显示屏的大小会相差很大，于是在布局、导航、文字等方面都会产生变化。在指点设备方面，手机界面一般运用文本型标示、光亮显示或笔点等，而触摸屏界面的指点设备就是人们的手指，于是二者在所需要的按钮大小方面存在着明显的不同。

◀ 13.3　触摸屏的应用领域 ▶

从技术原理角度来讲，触摸屏是一套透明的绝对坐标定位系统。首先，它必须保证是透明的，因此它必须通过材料科技来解决透明问题，像数字化仪、写字板、电梯开关，它们都不是触摸屏。其次，它是绝对坐标定位系统，手指摸哪儿就是哪儿，不需要第二个动作，不像鼠标，是相对坐标定位的一套系统。我们可以注意到，触摸屏都不需要光标，有光标反倒影响用户的注意力，因为光标是给相对坐标定位的设备用的，相对坐标定位的设备要移动到一个地方首先要知道身在何处，往哪个方向去，每时每刻还需要不停地给用户反馈当前的位置才不至于出现偏差。最后，触摸屏能检测手指的触摸动作并判断手指的位置。各类触摸屏技术就是围绕"检测手指触摸"而"八仙过海，各显神通"的。

随着多媒体信息查询设备的与日俱增，人们越来越多地谈到触摸屏，因为触摸屏不仅适用于多媒体信息查询，而且具有坚固耐用、反应速度快、节省空间、易于交流等许多优点。利用触摸屏技术，用户只要用手指轻轻地碰计算机显示屏上的图符或文字就能实现对主机的操作，人机交互更为直截了当。触摸屏技术大大方便了那些不懂计算机操作的用户。

触摸屏在我国的应用范围非常广阔。在我国,触摸屏主要用于公共信息的查询,如电信局、税务局、银行、电力部门等的业务查询,城市街头的信息查询。此外,触摸屏还应用于领导办公、工业控制、军事指挥、电子游戏、点歌点菜、多媒体教学、房地产预售等场合。将来,触摸屏还要走入家庭。

随着使用计算机作为信息来源的需求与日俱增,触摸屏以其易于使用、坚固耐用、反应速度快、节省空间等优点,使得系统设计师们越来越觉得使用触摸屏的确具有相当大的优越性。触摸屏从出现在中国市场上至今时间不长,这个新的多媒体交互设备还没有为许多人所接触和了解,包括一些正打算使用触摸屏的系统设计师,有一些仍然把触摸屏当作可有可无的设备。从发达国家触摸屏的普及历程和我国多媒体信息业正处在的阶段来看,触摸屏是一种可有可无的设备这种观念还具有一定的普遍性。事实上,触摸屏赋予多媒体系统以崭新的面貌,是极富吸引力的全新多媒体交互设备。发达国家的系统设计师们和我国率先使用触摸屏的系统设计师们已经清楚地知道,触摸屏对于各种应用领域的计算机来说已经不再是可有可无的东西,而是必不可少的设备。它极大地简化了计算机的使用,即使是对计算机一无所知的人,也照样能够信手拈来,使计算机展现出更大的魅力,解决了公共信息市场上计算机所无法解决的问题。

◀ 13.4 触摸屏的主要类型 ▶

按照技术原理,触摸屏可分为五类,即矢量压力传感技术触摸屏、电阻技术触摸屏、电容技术触摸屏、红外线技术触摸屏、表面声波技术触摸屏。其中矢量压力传感技术触摸屏已退出市场;电阻技术触摸屏的定位准确,但价格颇高,且怕刮易损;电容技术触摸屏设计构思合理,但其图像失真问题很难得到根本解决;红外线技术触摸屏价格低廉,但外框易碎,容易产生光干扰,在曲面情况下易失真;表面声波技术触摸屏克服了以往触摸屏的各种缺陷,且不容易被损坏,适用于各种场合,但是屏幕表面如果有水滴和尘土会使触摸屏变得迟钝,甚至不工作。

按照工作原理和传输信息的介质,触摸屏可分为五种,即电阻式触摸屏、电容式触摸屏、压电式触摸屏、红外线式触摸屏以及表面声波式触摸屏。每一类触摸屏都有其各自的优缺点,要了解哪种触摸屏适用于哪种场合,关键就在于要懂得每一类触摸屏的工作原理和特点。

13.4.1 电阻式触摸屏

电阻式触摸屏利用压力感应进行控制。电阻式触摸屏的主要部分是一块与显示器表面非常配合的电阻薄膜屏。它是一种多层的复合薄膜,以一层玻璃或硬塑料平板作为基层,表面涂有一层透明氧化金属(透明的导电电阻)导电层,上面再盖有一层外表面经过硬化处理、光滑防擦的塑料层。塑料层的内表面也涂有一层导电层,在两层导电层之间有许多细小的透明隔离点,这些透明隔离点把两层导电层隔开绝缘。当手指触摸屏幕时,两层导电层在触摸点位置就有了接触,电阻发生变化,在 X 和 Y 两个方向上产生信号,然后信号被送触摸屏控制器。控制器侦测到这一接触并计算出 (X, Y) 的位置,再根据模拟鼠标的方式运作。这就是电阻式触摸屏最基本的工作原理。电阻式触摸屏可用较硬物体操作。电阻式触摸屏的关键在于材料科技,常用的导电层材料有 ITO(氧化铟)和镍金涂层材料。

ITO 导电层的厚度以透光率达到 80％为宜,再薄下去透光率反而下降,薄到 300 埃厚度时透光率又上升到 80％。ITO 是所有电阻技术触摸屏及电容技术触摸屏用到的主要材料,实际上电阻技术触摸屏和电容技术触摸屏的工作面就是 ITO 导电层。

五线电阻式触摸屏的外层导电层使用的是延展性好的镍金涂层材料。外导电层被频繁触摸,使用延展性好的镍金涂层材料,能够延长使用寿命,只是工艺成本较为高昂。镍金导电层虽然延展性好,但是只能作透明导体,不适合作为电阻式触摸屏的工作面,因为它的导电率高,而且金属不易做到厚度非常均匀,不宜作电压分布层,只能作为探层。

1. 四线电阻式触摸屏

四线电阻技术的两层透明氧化金属导电层工作时每层均采用 5 V 恒定电压,一层竖直方向,一层水平方向,总共需四根电缆。四线电阻式触摸屏解析度高,传输反应高速,表面经过了硬度处理,减少了擦伤、刮伤现象,稳定性高,永不漂移。

2. 五线电阻式触摸屏

五线电阻式触摸屏的基层把两个方向的电压场通过精密电阻网络加在玻璃的导电工作面上,我们可以简单地理解为两个方向的电压场分时工作加在同一工作面上,而外层镍金导电层只仅仅用来当作纯导体,有触摸后分时检测内层 ITO 导电层接触点 X 轴和 Y 轴电压值,从而得到触摸点的位置。五线电阻式触摸屏内 ITO 导电层需 4 根引线;外 ITO 导电层只作导体,仅需 1 根引线。五线电阻式触摸屏的引出线共有 5 条。

五线电阻式触摸屏解析度高,传输反应高速,表面硬度高,减少了擦伤、刮伤现象,同点接触 3000 万次尚可使用。另外,导电玻璃为其基材的介质,一次校正,稳定性高,永不漂移。但五线电阻式触摸屏高价位,对环境要求高。

3. 电阻式触摸屏的性能特点

(1) 工作环境对外界完全隔离,不怕灰尘、水汽和油污。

(2) 可以用任何物体来触摸,可以用来写字画画。这是电阻式触摸屏比较大的优势。

(3) 电阻式触摸屏的精度只取决于 A/D 转换的精度,因此都能轻松达到 4 096×4 096。比较而言,五线电阻式触摸屏比四线电阻式触摸屏在保证分辨率精度上还要优越,但是成本代价更大,因此售价非常高。

4. 电阻式触摸屏的局限

不管是四线电阻式触摸屏还是五线电阻式触摸屏,都在对外界完全隔离的环境中工作,不怕灰尘和水汽,可以用任何物体来触摸,可以用来写字画画,比较适合工业控制领域及办公室内有限人的使用。电阻式触摸屏的缺点是因为复合薄膜的外层采用塑胶材料,不知道的人太用力或使用锐器触摸可能划伤整个触摸屏而导致报废。不过,在限度之内,划伤只会伤及外导电层,外导电层的划伤对于五线电阻式触摸屏来说不致命,而对四线电阻式触摸屏来说是致命的。

13.4.2　电容式触摸屏

电容式触摸屏利用人体的电流感应工作。电容式触摸屏是一块四层复合玻璃屏,玻璃屏的内表面和夹层各涂有一层 ITO,最外层是一薄层矽土玻璃保护层,ITO 夹层作为工作面,四个角上引出四个电极;内 ITO 涂层为屏蔽层,用以保证良好的工作环境。当手指触摸金属层时,由于人体电场,用户和触摸屏表面形成以一个耦合电容,对于高频电流来说,电容是直接导体,于是手指从接触点吸走一个很小的电流。这个电流分别从触摸屏四角的电极中流出,并且流经这四个电极的电流与手指到四角的距离成正比,控制器通过对这四个电流比例的精确计算,得出触摸点的位置。

电容式触摸屏的透明度和清晰度优于四线电阻式触摸屏,当然还不能和表面声波式触摸屏和五线电阻式触摸屏相比。电容式触摸屏反光严重,而且由于四层复合玻璃屏对各波长光的透光率不均匀,存在色彩失真的问题。另外,光线在各层间反射,还造成图像字符的模糊。电容式触摸屏在原理上把人体当作一个电容器元件的一个电极使用,当有导体靠近并与夹层ITO工作面之间耦合出足够量容值的电容时,流走的电流就足够引起电容式触摸屏的误动作。我们知道,电容值虽然与极间距离成反比,却与相对面积成正比,并且还与介质的绝缘系数有关。因此,较大面积的手掌或手持的导体物靠近电容式触摸屏而不是触摸,就能引起电容式触摸屏的误动作。在潮湿的天气,这种情况尤为严重。手扶住显示器、手掌靠近显示器7厘米以内或身体靠近显示器15厘米以内,就能引起电容式触摸屏的误动作。电容式触摸屏的另一个缺点用戴手套的手或手持不导电的物体触摸时没有反应,这是因为增加了更为绝缘的介质。

电容式触摸屏更主要的缺点是漂移。环境温度、湿度改变,环境电场发生改变,都会导致电容式触摸屏的漂移,造成不准确。例如,开机后显示器温度上升会造成漂移,用户触摸屏幕的同时另一只手或身体一侧靠近显示器会漂移,电容式触摸屏附近较大的物体搬移后会引起漂移,触摸时如果有人围过来观看也会导致漂移。电容式触摸屏的漂移属于技术上的先天不足,环境电势面(包括用户的身体)虽然与电容触摸屏离得较远,却比手指头面积大得多,这直接影响了触摸位置的测定。此外,理论上许多应该线性的关系实际上却是非线性的,如体重不同或者手指湿润程度不同的人吸走的总电流量是不同的,而总电流量的变化和四个分电流量的变化是非线性的关系,电容式触摸屏采用的这种四个角的自定义极坐标系统还没有坐标上的原点,漂移后控制器不能察觉和恢复,而且4个A/D完成后,由四个分流量的值到触摸点在直角坐标系上的X、Y坐标值的计算过程复杂。由于没有原点,电容式触摸屏的漂移是累积的,在工作现场经常需要校准。电容式触摸屏最外面的矽土玻璃保护层防刮擦性很好,但是怕指甲或硬物的敲击,敲出一个小洞就会伤及ITO夹层,不管是伤及ITO夹层还是安装运输过程中伤及内ITO涂层,电容式触摸屏都不能正常工作了。

13.4.3　压电式触摸屏

电阻式触摸屏设计简单,成本低,但触控受制于其物理局限性,如透明度较低、高线数的大侦测面积造成处理器负担、其应用特性导致其易老化从而影响使用寿命。电容式触摸屏支持多点触控功能,拥有更高的透明度、更低的整体功耗,接触面硬度高,无须按压,使用寿命较长,但精准度不足,不支持手写笔操控。于是压电式触摸屏应运而生。

压电式触控技术介于电阻式触控技术与电容式触控技术之间。压电式触控屏同电容式触控屏一样支持多点触控功能,而且支持任何物体触控,不像电容式触摸屏只支持类皮肤的材质触控。这样,压电式触控屏可以同时具有电容式触摸屏的多点触控触感,又具有电阻式触摸屏的精准。

压电式触摸屏在耗电特性上更接近电容式触摸屏,即没有触摸的动作,就不产生耗电,而电阻式触摸屏时刻产生耗电。在接口支持上,压电式触摸屏同样支持串口、I2C 接口和 USB 接口。从工艺成本上看,电阻式触控制程转到压电式触控制程需要变更生产线设备,而与电容式的 ITO 和掩模结合的制程相比,压电式触控制程成本在其 80%～90% 范围内。

压电式触摸屏的工作原理相当于 TFT,制造工艺部分像电容式触摸屏,物理结构又像电阻式触摸屏,是三种成熟技术的糅合。所以采用新技术的压电式触摸屏集合并增强了电阻式触摸屏和电容式触摸屏的优点,又避免了二者的缺点。压电式触摸屏一般为硬塑料平板(或有机玻璃)底材多层复合膜,硬塑料平板(或有机玻璃)作为基层,表面涂有一层透明的导电层,上面再盖有一层外表面经过硬化处理、光滑防刮的塑料层,塑料层的内表面也涂有一层透明的导电层,在两层导电层之间有许多细小的透明隔离点。屏体的透光度略低于玻璃。

压电式触摸屏的代表作是智器 Ten(即 T10)压电式 IPS 硬屏。它近乎达到了 iPad 同级的显示效果和触控体验,同时成本更低,表现非常不错。

13.4.4 红外线式触摸屏

在早期观念里,红外线式触摸屏存在分辨率低、触摸方式受限制和易受环境干扰而误动作等技术上的局限,因而一度淡出过市场。此后第二代红外线式触摸屏部分解决了抗光干扰的问题,第三代红外线式触摸屏和第四代红外线式触摸屏在提升分辨率和稳定性能上有所改进,但都没有在关键指标或综合性能上有质的飞跃。了解触摸屏技术的人都知道,红外线式触摸屏不受电流、电压和静电干扰,可在恶劣的环境条件下工作,红外线技术是触摸屏产品最终的发展趋势。采用声学和其他材料学技术的触摸屏都有其难以逾越的屏障,如单一传感器的受损、老化,触摸屏界面怕污染、破坏性使用,维护繁杂等问题。红外线式触摸屏只要真正实现了高稳定性能和高分辨率,必将替代其他技术产品而成为触摸屏市场主流。

过去的红外线式触摸屏的分辨率由框架中的红外对管数目决定,因此分辨率较低,市场上主要国内产品为 32×32、40×32。另外,红外线式触摸屏对光照环境因素比较敏感,在光照变化较大时会误判甚至死机。这些正是国外非红外线式触摸屏的国内代理商销售宣传的红外线式触摸屏的弱点。采用最新技术的第五代红外线式触摸屏的分辨率取决于红外对管数目、扫描频率以及差值算法,它的分辨率已经达到了 1 000×720。至于说红外线式触摸屏在光照条件下不稳定,从第二代红外线式触摸屏开始,就已经较好地克服了抗光干扰这个弱点。

第五代红外线式触摸屏是全新一代的智能技术产品,它具有 1 000×720 高分辨率、多层次自调节能力、自恢复的硬件适应能力和高度智能化的判别能力,可长时间在各种恶劣环境下任意使用,并且可针对用户定制扩充功能,如网络控制、声感应、人体接近感应、用户软件加密保护、红外数据传输等。原来媒体宣传的红外线式触摸屏另外一个主要缺点是抗暴性差,其实红外线式触摸屏完全可以选用任何客户认为满意的防暴玻璃而不会增加太多的成本和影响使用性能,这是其他的触摸屏所无法效仿的。

13.4.5 表面声波式触摸屏

表面声波是超声波的一种,是指在介质(如玻璃或金属等刚性材料)表面浅层传播的机械能量波。通过楔形三角基座(根据表面声波的波长严格设计),可以做到定向、小角度的表面声波能量发射。表面声波性能稳定、易于分析,并且在横波传递过程中具有非常尖锐的频率特性，2013 年间在无损探伤、造影和退波器方向发展很快，表面声波相关的理论研究、半导体技术、声导技术、检测技术等都已经相当成熟。表面声波式触摸屏的屏幕部分可以是一块平面、球面或柱面的玻璃屏，安装在 CRT、LED、LCD 或等离子显示器屏幕的前面。玻璃屏的左上角和右下角各固定了竖直和水平的超声波发射换能器，右上角固定了两个相应的超声波接收换能器。玻璃屏的四个周边刻有 45° 由疏到密间隔非常精密的反射条纹。

表面声波式触摸屏的工作原理以右下角的 X-轴超声波发射换能器为例说明。X-轴超声波发射换能器把控制器通过触摸屏电缆送来的电信号转化为声波能量向左方表面传递，然后由玻璃屏下边的一组精密反射条纹把声波能量反射成向上的均匀面传递，声波能量经过屏体表面，再由上边的反射条纹聚成向右的线传播给 X-轴超声波接收换能器，X-轴超声波接收换能器将返回的表面声波能量变为电信号。

当 X-轴超声波发射换能器发射一个窄脉冲后，声波能量历经不同途径到达 X-轴超声波接收换能器，走最右边的最早到达，走最左边的最晚到达，早到达的和晚到达的这些声波能量叠加成一个较宽的波形信号，不难看出，接收信号集合了所有在 X 轴方向历经长短不同路径回归的声波能量，它们在 Y 轴走过的路程是相同的，但在 X 轴上，最远的比最近的多走了两倍 X 轴最大距离。因此，这个波形信号的时间轴反映各原始波形叠加前的位置，也就是 X 轴坐标。

发射信号的波形与接收信号的波形在没有触摸的时候，接收信号的波形与参照波形完全一样。当手指或其他能够吸收或阻挡声波能量的物体触摸屏幕时，X 轴途经手指部位向上走的声波能量被部分吸收，反应在接收波形上即某一时刻位置上波形有一个衰减缺口。接收波形对应手指挡住部位的信号衰减了一个缺口，计算缺口位置即得触摸点的坐标。控制器分析到接收信号的衰减并由缺口的位置判定 X 坐标。之后 Y 轴采用同样的过程判定出触摸点的 Y 坐标。除了响应一般触摸屏都能响应的 X、Y 坐标外，表面声波式触摸屏还响应第三轴 Z 轴坐标，也就是能感知用户触摸压力大小值。该值通过计算接收信号衰减处的衰减量得到。三轴一旦确定，控制器就把它们传给主机。

表面声波式触摸屏清晰度较高，透光率好，高度耐久，抗刮伤性良好（与电阻式触摸屏、电容式触摸屏等相比，有表面镀膜），反应灵敏，不受温度、湿度等环境因素影响，分辨率高，寿命长（在维护良好的情况下 5 000 万次），透明度高（92%），能保持清晰透亮的图像质量，没有漂移，只需安装时一次校正，有第三轴（即压力轴）响应，在公共场所使用较多。表面声波式触摸屏需要经常维护，因为灰尘、油污甚至饮料的液体沾污在触摸屏的表面，会阻塞触摸屏表面的导波槽，使波不能正常发射，或使波形改变而控制器无法正常识别，从而影响触摸屏的正常使用。使用表面声波式触摸屏时，用户需严格注意环境卫生，必须经常擦抹触摸屏的表面以保持触摸屏表面的光洁，并定期做一次全面彻底擦除。

◀ 13.5　触摸屏的日常维护 ▶

由于技术上的局限性和环境适应能力较差，尤其是表面声波式触摸屏，屏幕上会由于水滴、灰尘等污染而无法正常使用，所以触摸屏也同普通机器一样需要定期保养维护。另外，由于触摸屏是多种电气设备高度集成的触控一体机，所以在使用和维护触摸屏时应注意以下问题。

（1）每天在开机之前，用干布擦拭屏幕。

（2）水滴或饮料落在屏幕上，会使软件停止反应，这是由于水滴和手指具有相似的特性，需把水滴擦去。

（3）触摸屏控制器能自动判断灰尘，但积尘太多会降低触摸屏的敏感性，需用干布把屏幕擦拭干净。

（4）应用玻璃清洁剂清洗触摸屏上的脏指印和油污。

（5）严格按规程开、关电源，即开启电源的顺序是显示器、音响、主机，关闭电源以相反的顺序进行。

（6）硬盘上产生大量临时文件，如果经常断点或者不退出 Windows 操作系统就直接关机，很快就会导致硬盘错误。因此，需要定期运行 ScanDisk 扫描硬盘错误，应用程序中最好能设置以秘密方式退出应用程序和 Windows 操作系统后再断电，如四角按规定次序点一下。

（7）纯净的触摸屏程序是不需要鼠标光标的，鼠标光标只会使用户注意力不集中。

（8）应选择足够应用程序使用的最简单的防鼠标模式，因为复杂的防鼠标模式需要牺牲延时功能和系统资源。

（9）在 Windows 操作系统中，启动较慢的应用程序时，用户有机会进入其他系统。解决的办法是修改 SYSTEM. INI 文件，将 shell ＝ progman. exe（Windows3. x 下）或 shell ＝ Explorer. exe（Windows 95 上）直接改为. exe 文件，但应用程序应能够直接退出 Windows 操作系统，否则系统无法退出。

（10）视环境恶劣情况，定期打开机头清洁表面声波式触摸屏的反射条纹和内表面。具体的方法是：在机内两侧打开盖板，可以找到松开扣住机头前部锁舌的机关，打开机关即可松开锁舌；抬起机头前部，可以看到触摸屏控制卡，拔下触摸屏电缆，向后退机头可卸下机头和触摸屏；仔细看清楚固定触摸屏的方法后，卸下触摸屏清洗，注意不要使用硬纸或硬布，不要划伤反射条纹；最后，按相反顺序和原结构将机头复原。

第 14 章

MCGS 常用触摸屏简介与应用

　　T 系列触摸屏是深圳昆仑通态科技有限责任公司生产的面向工业自动化领域的众多 mcgsTpc 触摸屏中的主流产品,而 MCGS 嵌入式组态软件是专门针对 mcgsTpc 触摸屏来组态使用的一款组态软件。在 T 系列触摸屏中,目前在企业中得到广泛应用的主要是 TPC7062TX 和 TPC1061Ti 这两款。TPC7062TX 型触摸屏的屏幕为 7 英寸(1 英寸=2.54 厘米),TPC1061Ti 型触摸屏的屏幕为 10.2 英寸。本章主要介绍 mcgsTpc 系列触摸屏的这两款主流产品,使大家了解 TPC7062TX 型触摸屏和 TPC1061Ti 型触摸屏总体的结构框架,学会使用 TPC7062TX 型触摸屏和 TPC1061Ti 型触摸屏。

◀ 14.1　TPC7062TX 型触摸屏和 TPC1061Ti 型触摸屏概述 ▶

14.1.1　产品优势

TPC7062TX 型触摸屏和 TPC1061Ti 型触摸屏应用比较广泛,它们的主要优势如下。
(1) 高清真彩:高分辨率,65535 色数字真彩,用户可享受顶级视觉盛宴。
(2) 配置优良:Cortex-A8 内核,128 MB 内存,128 MB 存储空间。
(3) 稳定可靠:抗干扰性能达工业Ⅲ级,LED 背光寿命长。
(4) 时尚环保:宽屏、超轻、超薄设计,引领时尚;低功耗,发展绿色工业。
(5) 全能软件:MCGS 全功能组态软件,支持 U 盘备份恢复,功能更强大。
(6) 贴心服务:本土化、全方位贴心服务。

14.1.2　产品外观

TPC7062TX 型触摸屏的外观如图 14-1 所示,TPC1061Ti 型触摸屏的外观如图 14-2 所示。

图 14-1　TPC7062TX 型触摸屏的外观

图 14-2 TPC1061Ti 型触摸屏的外观

TPC7062TX 型触摸屏和 TPC1061Ti 型触摸屏除屏幕尺寸有差别外，在外观上基本类似。

14.1.3 外部接口

TPC7062TX 型触摸屏和 TPC1061Ti 型触摸屏的外部接口说明图分别如图 14-3 和图 14-4所示。

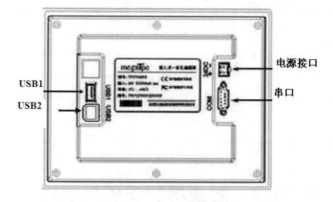

图 14-3 TPC7062TX 型触摸屏的外部接口说明图

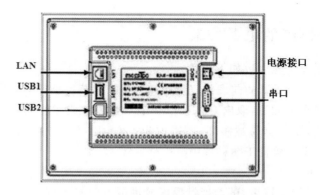

图 14-4 TPC1061Ti 型触摸屏的外部接口说明图

TPC7062TX 型触摸屏和 TPC1061Ti 型触摸屏的外部接口说明如表 14-1 所示。

表 14-1　TPC7062TX 型触摸屏和 TPC1061Ti 型触摸屏的外部接口表说明

接口	TPC7062TX	TPC1061Ti
LAN(RJ45)	无	有
串口(DB9)	1×RS-232,1×RS-485	
USB1	主口,与 USB2 兼容	
USB2	从口,用于下载工程	
电源接口	DC:(24±4.8) V	

其中,串口(DB9)如图 14-5 所示,串口的引脚定义如表 14-2 所示。

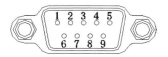

图 14-5　TPC7062TX 型触摸屏和 TPC1061Ti 型触摸屏的串口(DB9)

表 14-2　TPC7062TX 型触摸屏和 TPC1061Ti 型触摸屏串口(DB9)的引脚定义

串　口	PIN	引　脚　定　义
COM1	2	RS-232 RXD
	3	RS-232 TXD
	5	GND
COM2	7	RS-485(＋)
	8	RS-485(－)

◀ 14.2　触摸屏的安装与接线 ▶

14.2.1　触摸屏的电源安装

普通触摸屏的安装步骤大致如下所述。

(1) 拆卸触摸屏,使 CRT 的前表面完全袒露并取下触摸屏前罩,以便安装触摸屏。

拆卸触摸屏注意事项如下:取出 CRT 时,一定不要抓拿或碰撞 CRT 的管颈及电子枪,因为电子枪是玻璃结构,非常容易被碰坏,所以取出 CRT 后必须考虑到电子枪的安全,一般是 CRT 显示面朝上将 CRT 放置于塑料桶中。

(2) 修整触摸屏前罩。

拆下 CRT 和触摸屏前罩后,试着把触摸屏放进拆下的触摸屏前罩中,一般前罩内部设计了一些加强筋,这些加强筋主要在生产过程中脱模时有用,如果妨碍触摸屏的放入或者觉得长期使用可能会伤及触摸屏边上的导线,就应该用斜口钳将其削剪掉(削剪后最好将切口打磨圆滑,因为切口太锋利可能会伤及触摸屏边上的导线,如空间允许,可以用泡沫双面胶贴住切口)。

（3）粘贴防尘条。

在触摸屏前罩内贴上防尘条有两个作用。一是防止压坏换能器。某些触摸屏的前罩可视框，如 Philips 触摸屏的前罩可视框高度不够，如果不贴防尘条就装入触摸屏会造成换能器被压坏，从而导致触摸屏无法使用，这种现象在纯平显示器上犹为突出，贴上防尘条可以为换能器垫出空间，从而解决这一问题。二是防止外界灰尘进入触摸屏反射条纹区。触摸屏反射条纹上如果灰尘堆积太多会导致触摸反应迟钝、局部触摸失效等问题，贴上防尘条可以有效解决这一问题。

（4）粘贴双面胶。

在显像管的可视区外贴上双面胶，待粘贴触摸屏时再将双面胶外层胶纸撕去。

（5）修整触摸屏后盖。

为了观察控制盒的工作状态，建议将控制盒安装在显示器的外部。但为了美观，可以将控制盒用双面胶粘贴或想办法用螺丝固定在显示器的内部，同时用斜口钳在显示器后盖削出一个可以穿过屏线或串口线的小孔（注：控制盒和出线孔的位置不固定，以不影响显示器内部空间、不影响显示器重新安装为主）。

（6）清洁、粘贴触摸屏。

用玻璃清洁剂和麂皮彻底地清洁触摸屏的两个表面，同时清洁触摸屏的表面。清洁完毕后，把触摸屏认真居中对准屏幕粘上，在保证换能器安全的前提下尽量使触摸屏的反射条纹在显像管可视区之外，触摸屏有三个换能器的一边朝上，并立刻用耐高温的胶带封紧四边的缝隙，以保证夹缝内不进入灰尘。

（7）重新安装触摸屏。

因为原来的屏幕和前罩之间增加了触摸屏和双面胶的厚度，安装 CRT 时应适当增加一些橡胶垫圈，再将显像管放入触摸屏前罩，接好各连接线，引出屏线或串口线，重新将显示器安装、固定。

TPC7062TX 型触摸屏和 TPC1061Ti 型触摸屏的安装较为简单，它们的外部尺寸如图 14-6 所示，开孔尺寸如图 14-7 所示。

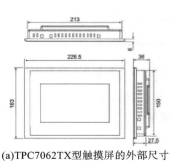
(a)TPC7062TX型触摸屏的外部尺寸

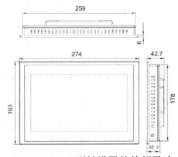
(b)TPC1061Ti型触摸屏的外部尺寸

图 14-6 TPC7062TX 型触摸屏和 TPC1061Ti 型触摸屏的外部尺寸

TPC7062TX 型触摸屏和 TPC1061Ti 型触摸屏的安装角度为 0°～30°，如图 14-8 所示。

TPC7062TX 型触摸屏和 TPC1061Ti 型触摸屏在安装时要注意先把触摸屏安放到开孔面板上，在反面使用与 mcgsTpc 触摸屏配套的挂钩和挂钩螺钉进行触摸屏的固定安装即可。TPC7062TX 型触摸屏和 TPC1061Ti 型触摸屏安装说明图如图 14-9 所示。需要注意的是，在安装前，挂钩螺钉前端需与挂钩边缘基本持平。

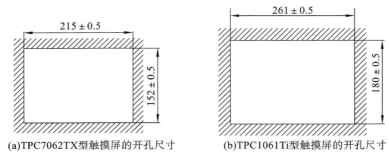

图 14-7　TPC7062TX 型触摸屏和 TPC1061Ti 型触摸屏的开孔尺寸

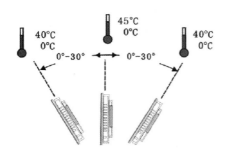

图 14-8　TPC7062TX 型触摸屏和 TPC1061Ti 型
触摸屏的安装角度

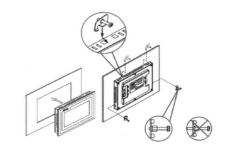

图 14-9　TPC7062TX 型触摸屏和 TPC1061Ti 型
触摸屏安装说明图

14.2.2　触摸屏的电源接线

TPC7062TX 型触摸屏和 TPC1061Ti 型触摸屏的电源只能使用 24 V 直流电源,且输出功率宜为 15 W。电源接头示意图及引脚定义如图 14-10 所示。

PIN	定义
1	+
2	−

图 14-10　TPC7062TX 型触摸屏和 TPC1061Ti 型触摸电源接头示意图及引脚定义

TPC7062TX 型触摸屏和 TPC1061Ti 型触摸屏电源接线步骤如下。
(1) 将 24 V 电源线剥线后插入电源插头接线端子中。
(2) 使用一字螺丝刀将电源插头螺钉锁紧。
(3) 将电源插头插入产品的电源插座。
建议采用直径为 1.02 mm(18 AWG)的电源线。

◀ 14.3　触摸屏的启动 ▶

使用 24 V 直流电源给 TPC 供电,开机启动后屏幕出现"正在启动"提示进度条,此时不需要任何操作系统,将自动进入工程运行界面,如图 14-11 所示。

图 14-11　触摸屏的启动画面和工程运行界面

◀ 14.4　触摸屏的维护和校准 ▶

14.4.1　触摸屏 TPC 系统设置

触摸屏 TPC 系统设置包含背光灯设置、蜂鸣器设置、触摸屏设置、日期/时间设置等。

TPC 开机启动后屏幕出现"正在启动"提示进度条时,单击任意位置,可进入"启动属性"窗口,单击"系统维护",进入"系统维护"窗口,单击"设置系统参数"即可进行 TPC 系统参数设置,如图 14-12 所示。

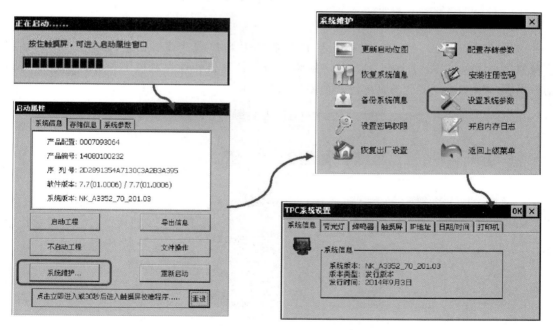

图 14-12　触摸屏 TPC 系统设置操作

14.4.2　电池的更换

电池的位置在 TPC 产品内部的电路板上,电池为 CR2032 3 V 锂锰电池。

14.4.3　触摸屏的校准

进入"启动属性"窗口后,等待 30 秒,系统将自动运行触摸屏校准程序。在图 14-13 所示的画面中,使用触摸笔或手指轻按十字光标中心点不放,当光标移动至下一点后抬起。重复该动作,直至提示"新校准设置已测定",轻点屏幕任意位置退出校准程序。

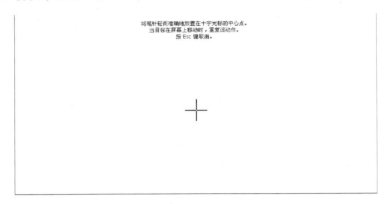

图 14-13　触摸屏校准画面

◀ 14.5　组态工程的下载 ▶

对于 TPC7062TX 型触摸屏来说,只能使用 USB 接口与计算机相连;而对于 TPC1061Ti 型触摸屏来说,可以通过 USB 接口或者网络接口与计算机相连。触摸屏与计算机连接后,启动触摸屏。组态工程下载的具体过程如图 14-14 所示。

图 14-14　组态工程下载的具体过程

◀ 14.6　触摸屏与西门子 PLC 的连接 ▶

14.6.1　触摸屏与西门子 S7-200 系列 PLC 设备的连接

（1）设备简介：本驱动构件用于 MCGS 软件读写西门子 S7-200 系列（CPU210、CPU212、CPU214、CPU215、CPU216、CPU221、CPU222、CPU224、CPU226 等型号）PLC 设备各种寄存器的数据，通信协议采用西门子 PPI 协议。西门子 S7-200 系列 PLC 设备地址表如表 14-3 所示。

表 14-3　西门子 S7-200 系列 PLC 设备地址表

寄存器类型	可操作范围	表 示 方 式	说　　明
I	0～015.7	DDD. O	输入映像寄存器
Q	0～015.7	DDD. O	输出映像寄存器
M	0～031.7	DDD. O	中间寄存器
V	0～5119.7	DDD. O	数据存储器

（2）通信连接方式：西门子 S7-200 系列 PLC 设备都可以通过 CPU 单元上的编程通信端口（PPI 端口）与触摸屏连接，其中 CPU224 和 CPU226 有 2 个通信端口，它们都可以用来连接触摸屏，但需要分别设定通信参数。通过 CPU 直连时需要注意软件中通信参数的设定。西门子 S7-200 系列 PLC 设备与昆仑通态 T 系列触摸屏的连接方式如图 14-15 所示。

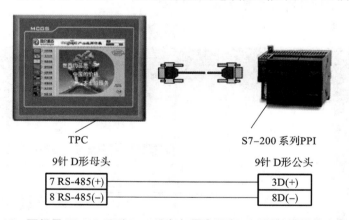

图 14-15　西门子 S7-200 系列 PLC 设备与昆仑通态 T 系列触摸屏的连接方式

14.6.2　连接西门子 S7-200 系列 PLC 设备实例

这里通过实例介绍在触摸屏中通过 MCGS 嵌入版组态软件建立与西门子 S7-200 系列 PLC 设备通信的详细步骤，实际操作地址是西门子 Q0.0、Q0.1、Q0.2、VW0 和 VW2。

1. 演示效果

工程建立好后，最终演示效果如图 14-16 所示。

图 14-16　工程最终演示效果

2. 设备组态

（1）新建工程，选择对应 TPC 产品型号，将工程另存为"西门子 200PPI 通信"。

（2）在"工作台"窗口中激活设备窗口，鼠标双击 [设备窗口]，进入设备组态画面，单击工具条中的 [✗] 打开设备工具箱。

（3）在设备工具箱中按先后顺序双击"通用串口父设备"和"西门子_S7200PPI"，将它们添加至组态画面，在提示"是否使用'西门子_S7200PPI'驱动的默认通讯参数设置串口父设备参数"的窗口（见图 14-17）中单击"是"按钮。

（4）双击打开西门子_S7200PPI 驱动，进入"设备编辑窗口"。

（5）单击"删除全部通道"按钮，将不需要的默认通道全部删除，其中"通讯状态"是内部通道，不可被删除，用于显示通信是否成功。

（6）添加设备通道。

图 14-17　添加"西门子_S7200PPI"设备

①Q0.0：单击"增加设备通道"按钮，弹出"添加设备通道"窗口，选择通道类型为"Q 寄存器"，通道地址为"0"，数据类型为"通道的第 00 位"，通道个数为"1"，设置完毕后单击"确认"按钮，返回到"设备编辑窗口"。具体过程如图 14-18 所示。

②Q0.1/0.2：与步骤①相同，通道地址填写"0"，数据类型为"通道的第 01 位"，通道个数

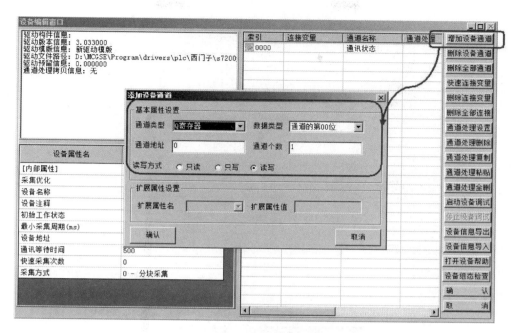

图 14-18　添加设备通道

为"2",可按索引连续添加地址。

③VW0:单击"增加设备通道"按钮,弹出"添加设备通道"窗口,选择通道类型为"V 寄存器",通道地址为"0",数据类型为"16 位无符号二进制",通道个数为"1",设置完毕后单击"确认"按钮,返回到"设备编辑窗口",如图 14-19 所示。VW2,通道地址为"2",数据类型为"16 位无符号二进制",通道个数为"1"。

(7)关联变量。

单击"快速连接变量"按钮,弹出"快速连接"窗口,选择默认变量连接,单击"确认"按钮,如图 14-20 所示。

这时可以看到,原本空白的连接变量列表中已经被关联上了变量,如图 14-21 所示。

单击右下角的"确认"按钮,弹出"添加数据对象"窗口,单击"全部添加"按钮即可,如图 14-21所示。

3. 窗口组态

(1)在"工作台"窗口中激活用户窗口,鼠标单击"新建窗口"按钮,建立新画面"窗口 0"。

(2)单击"窗口属性"按钮,弹出"用户窗口属性设置"窗口,在"基本属性"页将"窗口名称"修改为"西门子 200 控制画面",单击"确认"按钮进行保存。

(3)在用户窗口双击 ![图标],进入西门子 200 控制画面,单击 ![图标] 打开绘图工具箱,建立以下基本元件。

①按钮:从绘图工具箱中单击标准按钮构件按钮,在窗口编辑位置按住鼠标左键,拖放出一定大小后,松开鼠标左键,这样一个按钮构件就绘制在了窗口画面中。接下来双击该按钮打开"标准按钮构件属性设置"窗口,在"基本属性"页中将"文本"修改为 Q0.0,单击"确认"按钮保存。

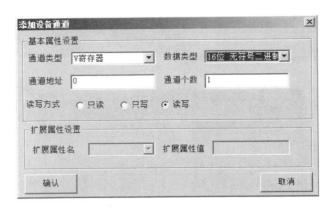

图 14-19　添加设备通道操作

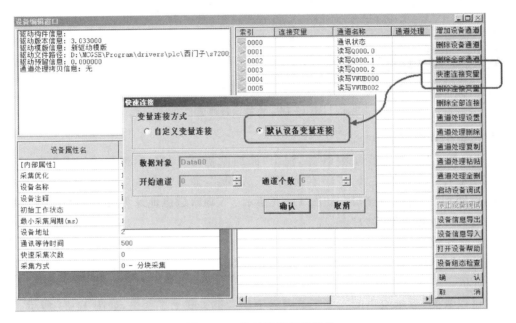

图 14-20　快速连接变量操作

　　按照同样的操作分别绘制另外两个按钮,文本修改为 Q0.1 和 Q0.2。按住鼠标左键,拖动鼠标,同时选中三个按钮,使用编辑条中的等高宽按钮、左(右)边界对齐按钮和纵向等间距对按钮进行排列对齐。

　　②指示灯:鼠标单击绘图工具箱中的插入元件按钮,打开"对象元件库管理"窗口,选中图形对象库指示灯类中的一款,单击"确认"按钮,将其添加到窗口画面中,并调整到合适大小,用同样的方法再添加两个指示灯,摆放在窗口中按钮旁边的位置。

　　③标签:单击绘图工具箱中的标签构件按钮,在窗口按住鼠标左键,拖放出一定大小的标签。双击该标签,弹出"标签动画组态属性设置"窗口,在"扩展属性"页"文本内容输入"中输入"VW0",单击"确认"按钮。用同样的方法再添加两个标签,文本内容分别输入"VW2"和"通讯状态",然后再添加一个标签,放在"通讯状态"标签旁边,文本内容为空白,如 14-22 所示。

　　④输入框:单击绘图工具箱中的输入框构件按钮,在窗口按住鼠标左键,拖放出两个一定

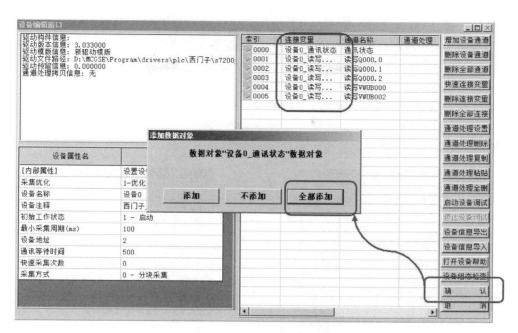

图 14-21　数据对象的添加操作

大小的输入框，分别摆放在 VW0、VW2 标签的旁边位置，如图 14-22 所示。

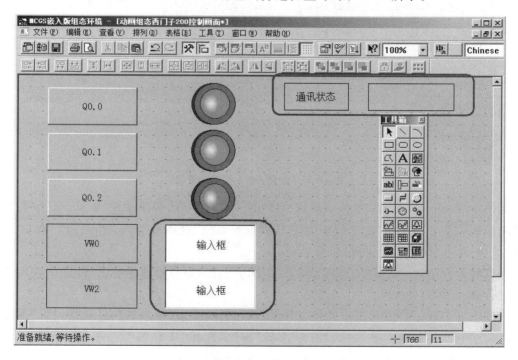

图 14-22　主页面

（4）建立数据链接

①按钮：双击 Q0.0 按钮，弹出"标准按钮构件属性设置"窗口，在"操作属性页"勾选"数据

对象值操作",选择"取反"操作,单击按钮 ⟨?⟩,弹出"变量选择"窗口,选择"从数据中心选择|自定义",如图 14-23 所示,选择 Q0.0 对应的变量"设备 0_读写 Q000_0",单击"确认"按钮,返回"标准按钮构件属性设置"窗口,设置完成后单击"确认"按钮,即在单击 Q0.0 按钮时,对西门子 200PLC 的 Q0.0 地址取反。

用同样的方法分别对 Q0.1 和 Q0.2 的按钮进行设置。

　a.Q0.1 按钮→"取反"→变量选择→设备 0_读写 Q000_1。

　b.Q0.2 按钮→"取反"→变量选择→设备 0_读写 Q000_2。

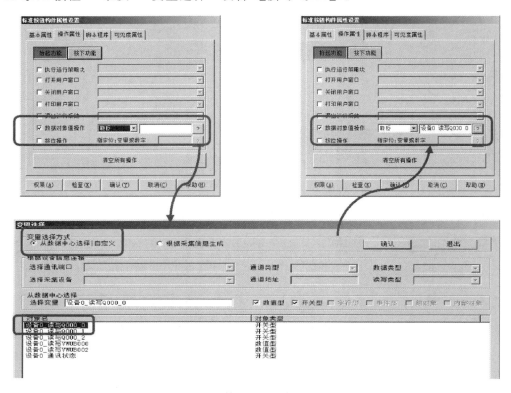

图 14-23　按钮 Q0.1 的数据连接

②指示灯:双击按钮 Q0.0 旁边的指示灯元件,弹出"单元属性设置"窗口,在"数据对象"页单击按钮 ⟨?⟩,在弹出的"变量选择"窗口选择数据对象"设备 0_读写 Q000_0",单击"确认"按钮,返回"单元属性设置"窗口,如图 14-24 所示。

用同样的方法将 Q0.1 按钮和 Q0.2 按钮旁边的指示灯分别连接变量"设备 0_读写 Q000_1"和"设备 0_读写 Q000_2"。

③输入框:双击 VW0 标签构件旁边的输入框构件,弹出"输入框构件属性设置"窗口,在"操作属性"页单击按钮 ⟨?⟩,进入"变量选择"窗口,选择"从数据中心选择|自定义",选择 VW0 对应的变量"设备 0_读写 VWUB0000",单击"确认"按钮,返回"输入框构件属性设置"窗口,完成后单击"确认"按钮保存。用同样的方法对 VW2 标签构件旁边的输入框构件进行设置,选择 VW2 对应的变量"设备 0_读写 VWUB0002",单击"确认"按钮。

④标签:双击"通讯状态"标签旁边的空白标签,弹出"标签动画组态属性设置"窗口,如

图 14-24　指示灯的动画连接

图 14-25所示,在"属性设置"页选择"显示输出"按钮,进入"显示输出"页,单击按钮 [?] ,选择数据对象"设备 0_通讯状态",输出值类型选择"数值量输出",如图 14-25 所示。

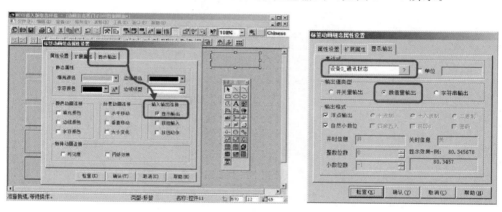

图 14-25　标签的设置

组态完成后,将本样例工程下载到 TPC 触摸屏的方法如前所述。

第**3**篇

MCGS嵌入版组态软件
与触摸屏综合应用实例

第 15 章

MCGS 动画组态实例

随着生活水平的提高,人们对美的要求越来越高,这在生活中如此,在工作中也不例外。人机界面产品的真彩时代已经到来,仅仅是颜色的绚丽远远满足不了客户的需求,客户最需要的是画面能够把设备的运行状态非常逼真地表现出来,整个产品再上升一个档次。昆仑通态的 mcgsTpc 产品凭借优质的硬件特性和强大的软件功能,致力于满足客户需要,能够提供完整的动画解决方案。

复杂动画是简单动画的结合运用,生活中的简单动画大都可理解为闪烁、移动、旋转、大小变化等。这几种简单的动画结合起来就可以把工业设备的动作表现得很生动、逼真了。这章我们主要来学习如何在 MCGS 嵌入版组态软件中实现这几种简单的动画。

◀ 15.1　动画组态原理 ▶

在开始组态之前,我们先来复习下 MCGS 嵌入版组态软件的大体框架和工作流程。

实时数据库是整个软件的核心,从外部硬件采集的数据被送到实时数据库,再由窗口来调用,通过用户窗口更改实时数据库的值,再由设备窗口将其输出到外部硬件。

用户窗口中的动画构件关联实时数据库中的数据对象,动画构件按照数据对象的值进行相应的变化,从而达到"动"起来的效果。

MCGS 嵌入版组态软件动画组态原理图如图 15-1 所示。

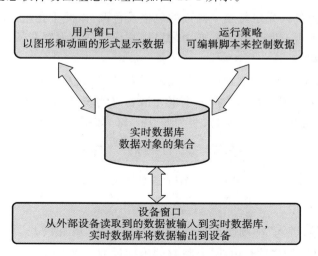

图 15-1　MCGS 嵌入版组态软件动画组态原理图

我们有一个简单动画样例,样例中包含了闪烁、移动、旋转和大小变化几种效果。这些效果只要在构件的属性窗口中做简单的设置就可以实现。图 15-2 所示是该样例在 TPC7062Ti 中的运行效果。我们给这几种效果分别赋予一个小的环境。

(1) 标题实现闪烁。

(2) 显示报错信息用水平移动实现,电机切割玻璃用垂直移动实现。

(3) 按钮控制风扇的旋转。

(4) 棒图的大小变化表示数据的增长和减少。

图 15-2　简单动画在 TPC7062Ti 中的运行效果

15.2　动画组态实例

新建一个工程开始组态吧。

MCGS 嵌入版组态软件提供了丰富的图形库,而且几乎所有的构件都可以设置动画属性。移动、大小变化、闪烁等效果只要在属性设置窗口进行相应的设置即可实现。

15.2.1　设置背景

在组态画面之前,建议先定好整个画面的风格及色调,以便于在组态时更好地设置其他构件的颜色,使画面更美观。我们按照样例中的风格来介绍如何设置背景。

1. 设置窗口背景

新建窗口并进入组态画面,添加一个位图图元对象,右键单击该位图图元对象,从弹出的快捷菜单中选择"装载位图"命令,选择一个事先准备好的位图,装载后选中该位图,在窗口右下方状态栏设置位图的坐标为(0,0)、大小为 800×480,如图 15-3 所示,背景就设置完成了。

图 15-3　位图的坐标和大小设置

2. 添加标题背景

添加矩形构件 ▭,进入"动画组态属性设置"窗口,在"属性设置"页,设置"填充颜色"为"白色",设置"边线颜色"为"没有边线"。将它的坐标设为(0,0)、大小设为 800×60,标题的背景就设置完成了。

下面我们开始组态动画效果。

15.2.2 动画效果一:闪烁

闪烁效果是通过设置标签构件的属性来实现的。我们首先介绍下标签构件的使用。

标签构件除了可以显示数据外,还可以用于文本显示,如显示一段公司介绍、注释信息、标题等。通过标签构件的属性设置窗口,还可以设置标签构件的动画效果。标签构件可谓是用处最多的动画构件之一。

添加标签构件,进入"标签动画组态属性设置"窗口,在"属性设置"页,设置"填充颜色"为"没有填充",设置"字符颜色"为"藏青色",设置字体为"宋体、粗体、小二",选中"闪烁效果"。

在"扩展属性"页,在"文本内容输入"框中输入"简单动画组态"。

在"闪烁效果"页,闪烁效果表达式填写"1",表示条件永远成立。选择"闪烁实现方式"为"用图元可见度变化实现闪烁",如图 15-4 所示,设置完成后单击"确认"按钮。将标签的坐标设为(230,10)、大小设为 320×40。组态效果图如图 15-5 所示。

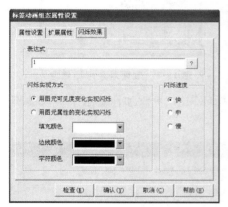

图 15-4　闪烁效果设置　　　　　　　　　图 15-5　标签构件闪烁效果图

注意:当所连接的数据对象(或者由数据对象构成的表达式)的值非 0 时,图形对象就以设定的速度开始闪烁;而当所连接的数据对象(或者由数据对象构成的表达式)的值为 0 时,图形对象就停止闪烁。

15.2.3 动画效果二:移动

1. 水平移动效果

水平移动效果还是用标签构件来实现,只需要设置标签构件的"水平移动"属性即可。

添加一个标签构件,进入"标签动画组态属性设置"窗口,在"属性设置"页设置"填充颜色"为"没有填充",设置"字符颜色"为"红色",设置字体为"宋体、粗体、四号",设置"边线颜色"为"没有边线",在"位置动画连接"部分选中"水平移动"。

在"扩展属性"页,在"文本内容输入"框中输入"显示报错信息"。

在"水平移动"页,在"表达式"一栏中要填写一个数据对象,在这里我们定义一个数据对象 i。设置"最小移动偏移量"为"0"、"最大移动偏移量"为"200",对应"表达式的值"分别设为"0""100",如图 15-6 所示。单击"确认"按钮时,弹出图 15-7 所示的提示窗口,单击"是"按钮,弹出"数据对象属性设置"窗口,选择 i 的对象类型为数值型,如图 15-8 所示,单击"确认"按钮,数据对象 i 就会被添加到实时数据库中。

　　注:以下书中快速添加变量的操作只做简要描写。

图 15-6　水平移动属性设置

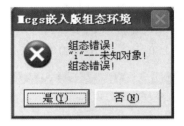

图 15-7　数据对象报错信息

　　双击窗口空白处,进入"用户窗口属性设置"窗口,在"循环脚本"页添加标签水平移动的脚本,循环时间改为"100",如图 15-9 所示。

图 15-8　添加水平移动数据对象

图 15-9　水平移动脚本设置

2. 垂直移动效果

我们用电机切割玻璃来表现垂直移动效果,设置玻璃的垂直移动属性即可。

电机:单击插入元件按钮 ⚙,在"对象元件库管理"窗口中添加"马达 13" 🔧 和"马达 14" 🔧 到窗口,设置其大小为 70×40,再复制 3 组马达,摆放如图 15-10 所示。

玻璃滑带:添加矩形构件,设置大小为 10×230,进入"动画组态属性设置"窗口,在"属性设置"页设置"填充颜色"为"红色"、"边线颜色"为"黑色"。再复制一个矩形,放在图 15-11 所示的位置上。

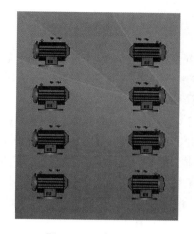

图 15-10　电机样图

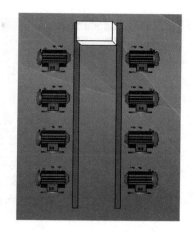

图 15-11　玻璃图

玻璃:单击绘图工具箱中的常用符号按钮 ,打开常用图符工具箱,选择立方体图符对象 ,将立方体图符对象添加到窗口,进入"动画组态属性设置"窗口,在"属性设置"页设置"填充颜色"为"白色",选中"垂直移动"。

在"垂直移动"页,定义"表达式"关联数值型数据对象 b,"最小移动偏移量"设为"0","最大移动偏移量"设为"200",对应的"表达式的值"分别设为"0""100",如图 15-12 所示。单击"确认"按钮,提示组态错误时,单击"是"按钮,添加数据对象 b。

打开"用户窗口属性设置"窗口,在"循环脚本"页添加玻璃垂直移动的脚本,如图 15-13 标注部分所示。

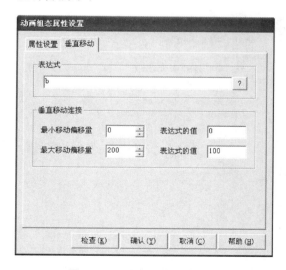

图 15-12　垂直移动属性设置

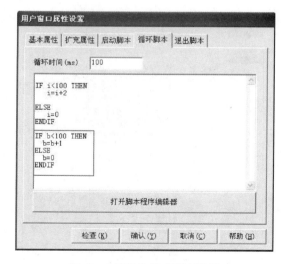

图 15-13　垂直移动脚本设置

注:偏移量以组态时图形对象所在的位置(初始位置)为基准,单位为像素点,向左为负方向,向右为正方向(对垂直移动,向下为正方向,向上为负方向);对于表达式和偏移量之间的关

系,以图 15-12 中的组态设置为例,当表达式 b 的值为 0 时,图形对象向下移动 0 个像素(即不动),当表达式 b 的值为 100 时,图形对象向下移动 200 个像素。

15.2.4　动画效果三:旋转

风扇的旋转效果可以用动画显示构件来实现。动画显示构件可以添加分段点,每个分段点可以添加图片,多个分段点可以有多个图片。多个不同状态的图片的交替显示就可以实现旋转效果。风扇的旋转效果就是用两个不同状态的图片交替显示实现的。

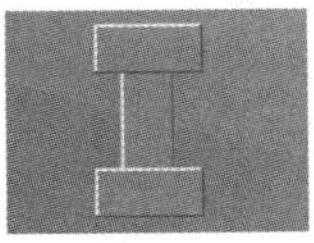

1. 制作风扇框架

从常见图符工具箱中添加凸平面,设置其大小为 30×90,进入"动画组态属性设置"窗口,设置"填充颜色"为"灰色",单击"确认"按钮保存。复制两个凸平面,调整大小为 70×30,将这两个凸平面分别摆放在原凸平面构件的上下方,如图 15-14 所示。风扇的框架就制作完成了。

图 15-14　风扇的框架

2. 设置风扇效果

添加动画显示构件,进入"动画显示构件属性设置"窗口,选择分段点"0",单击位图按钮加载图像,弹出"对象元件库管理"窗口。单击"装入"按钮,添加事先已经准备好的风扇图片。图片装载成功之后,选中刚添加的风扇位图 ⚙,单击"确认"按钮保存。分段点"0"成功插入位图,删除文本列表,设置"图像大小"为"充满按钮",如图 15-15 所示。采用同样的方法设置分段点"1",插入另一张风扇位图 ⚙。

在"显示属性"页,选择"显示变量"为"开关,数值型",关联数值型变量定义为"旋转可见度","动画显示的实现"选择"根据显示变量的值切换显示各幅图像",如图 15-16 所示。单击"确认"按钮,提示组态错误时,选择添加数据对象"旋转可见度"。

图 15-15　风扇设置

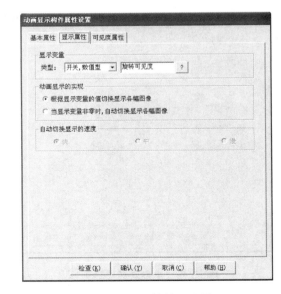

图 15-16　旋转效果设置

设置好之后,调整动画显示构件大小为 60×50,拖到风扇框架的左上方。再复制出 3 个风扇。分别放置在框架的右上、左下、右下方,如图 15-17 所示。

3. 添加脚本

打开"用户窗口属性设置"窗口,在"循环脚本"页添加使风扇旋转的脚本,如图 15-18 标注部分所示。

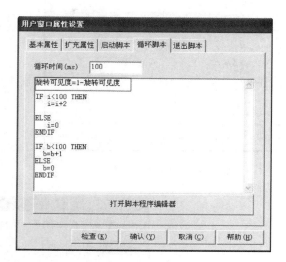

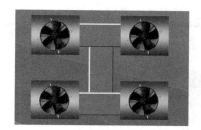

图 15-17　风扇组态效果

图 15-18　风扇旋转脚本

4. 风扇的按钮控制

添加两个标准按钮构件,设置按钮构件的标题分别为"启动"和"停止"。

1)启动

进入"启动"按钮的属性设置窗口,在"操作属性"页,设置"抬起功能":数据对象值操作"置1",定义数值型变量"旋转循环",如图 15-19 所示。"旋转循环"控制风扇旋转,当"旋转循环"为"1"时,风扇开始旋转。

在"用户窗口属性设置"窗口中,添加循环脚本"IF 旋转循环＝1 THEN 旋转可见度＝1－旋转可见度",如图 15-20 标注部分所示。

2)停止

进入"停止"按钮的属性设置窗口。在"操作属性"页,设置"抬起功能":数据对象值操作"清0",关联变量"旋转循环",如图 15-21 所示。"旋转循环"控制风扇旋转,当"旋转循环"为"0"时,风扇停止旋转。

风扇旋转控制组态完成,如图 15-22 所示。

15.2.5　动画效果四:棒图

用棒图来表示数据能更加直观地看出数据的变化。数据的增减用棒图的大小变化实现。

1. 添加坐标平面

添加一个矩形构件,进入"动画组态属性设置"窗口,在"属性设置"页设置"填充颜色"为"白色",设置"边线颜色"为"黑色",单击"确认"按钮保存。坐标平面制作完成。

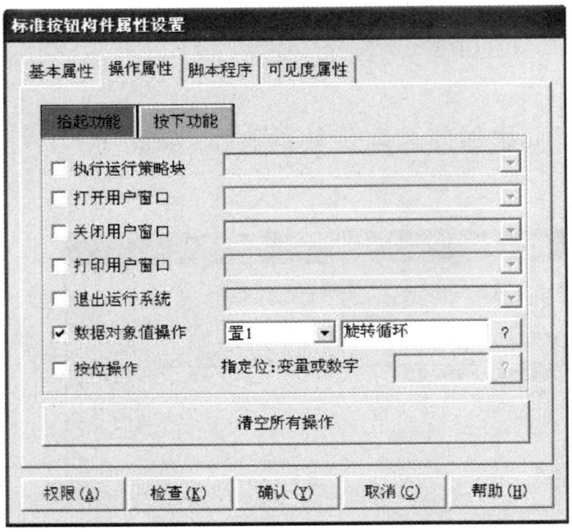

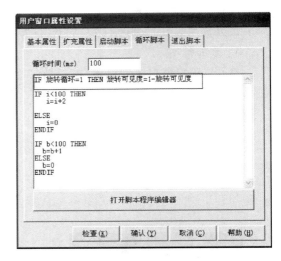

图 15-19　风扇启动控制

图 15-20　风扇旋转控制脚本

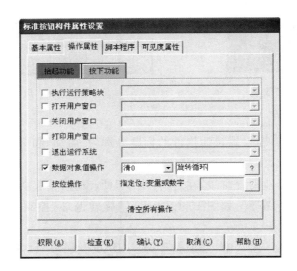

图 15-21　风扇停止控制

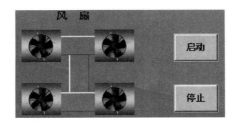

图 15-22　风扇控制效果图

2. 制作 Y 轴坐标

添加一个标签构件，进入"标签动画组态属性设置"窗口，在"属性设置"页设置"填充颜色"为"没有填充"，设置"边线颜色"为"没有边线"，设置"字符颜色"为"黑色"。

在"扩展属性"页的"文本内容输入"框中添加"120""90""60""30""0"(每个数字字符间隔 2 行输入),如图 15-23 所示。Y 轴坐标制作完成。

图 15-23　Y 轴坐标设置

3．制作棒图

从常用图符工具箱中添加竖管道图形对象,将其作为棒图。进入竖管道图形对象的"动画组态属性设置"窗口,在"属性设置"页设置"填充颜色"为"红色",选中"大小变化"。

在"大小变化"页,关联表达式定义为数值型数据对象 c,单击"变化方向"右侧图标按钮,选择大小变化方向为单向向上变化,变化方式为缩放,如图 15-24 所示。

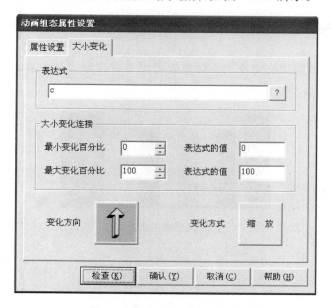

图 15-24　棒图大小变化设置

复制出另外两个棒图,分别设置"填充颜色"为"浅绿色"和"藏青色"。在"大小变化"页,设置"最大变化百分比"分别为 80 和 50,其他设置同第一个棒图。

注:当表达式的值大于或等于 100 时,最大变化百分比设为 100%,则图形对象的大小与初始大小相同;不管表达式的值如何变化,图形对象的大小都在最小变化百分比与最大变化百分比之间变化。

4．添加脚本

在"用户窗口属性设置"窗口中,在"循环脚本"页添加棒图变化的脚本,如图 15-25 标注部分所示。

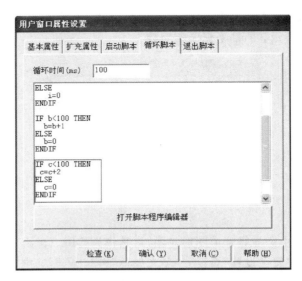

图 15-25 棒图脚本设置

5．添加注释

添加一个标签构件，将其拖放到棒图的右侧，设置文本内容为"棒图演示效果"，如图 15-26 所示。

四个简单的动画效果组态完成了。做完后可以下载到触摸屏中看一下运行效果，看是否跟样例中的一致。

图 15-26 棒图组态效果

第 16 章

MCGS 报警

在工作过程中，我们非常希望当设备运行出现故障时能够及时通知到工作人员，从而使工作人员能够及时地处理故障。查看报警产生的历史记录能够清楚地了解设备的运行情况，不同的现场作业需要不同的报警形式，报警已经成为工业现场必备的条件。MCGS 嵌入式组态软件根据客户需求，综合分析工业现场报警的多种需求，致力于为客户提供合适的报警方案。本章内容是昆仑通态在分析了众多客户的实际需求后，设计出的字报警、位报警、多状态报警、弹出窗口显示报警信息等几种报警形式的实现方案。

◀ 16.1 报警介绍 ▶

在进行报警组态之前，我们先来复习下在 MCGS 嵌入式组态软件中实现报警的流程。在第 9 章的学习中大家已经了解到，从 PLC 等外部设备读取的数据传送给实时数据库中对应的数据对象，进而判断数据对象的值是否满足报警的条件，如果满足则产生报警；保存数据对象的值即保存了报警的历史记录；在用户窗口显示对应数据对象（以下文中简称为变量）的值，也就是显示了当前 PLC 中的值，如图 16-1 所示。

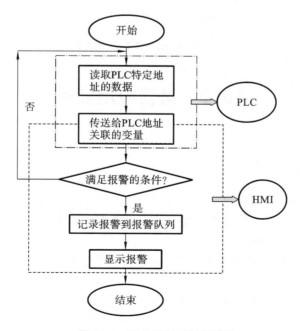

图 16-1 PLC 运行时数据流程

图 16-2 所示是实现报警的组态流程,首先要确定所用的硬件设备,如 PLC 的型号,在设备窗口添加正确的驱动构件,添加 PLC 所用到的地址(在 MCGS 嵌入版组态软件中叫作通道),并且关联变量;到实时数据库中设置报警属性,在用户窗口用报警构件显示。MCGS 嵌入版组态软件提供了报警条(走马灯)、报警显示构件、报警浏览构件等多个报警构件。

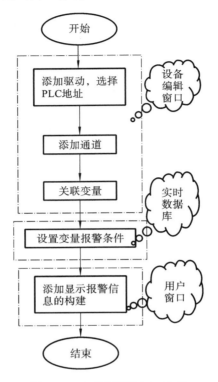

图 16-2　实现报警的组态流程

◀ **16.2　报警应用实例** ▶

16.2.1　报警需求

我们通过一个样例来学习报警的各种表现形式。图 16-3 所示是该样例的运行效果。

报警样例列举了常用的四种基本报警形式。首先我们来分析一下每种形式的报警需求。这里以西门子 S7-200PLC 为例。

(1)当 PLC"M 寄存器"的地址 12.3 的值为 1 时提示水满了,此报警信息在屏幕上滚动显示。

(2)当 PLC"V 寄存器"的地址 49 的值超出 10~30 的范围时提示温度太高或温度太低,以列表显示。

(3)当 PLC"V 寄存器"的地址 200 的值非 0 时表示不同的故障,在画面上进行对应的异常报警信息显示。各种故障信息如表 16-1 所示。

图 16-3　报警样例的运行效果

表 16-1　报警样例的故障信息

V200 的值	含　　义
0	正常
1	故障信息 1
2	故障信息 2
3	故障信息 3
4	故障信息 4

(4) 当 PLC"M 寄存器"的地址 12.3 发生报警后立即弹出一个小窗口,显示当前报警信息。

报警需求了解清楚后,下面我们就开始逐一分析并组态。如何添加设备在初级教程已经详细地介绍过,此处不再赘述。新建工程,在设备窗口添加通用串口父设备和西门子_S7200PPI 驱动。

16.2.2　位报警

第一个报警需求:当 PLC 中"M 寄存器"的地址 12.3 的值为 1 时提示水满了,并且滚动显示。

方案:地址 M12.3 报警内容固定,直接设置对应变量的报警属性,然后在用户窗口用报警条(走马灯)构件显示即可。

(1) 添加位通道。在设备窗口,双击西门_S7200PPI 驱动,进入"设备编辑窗口",如图 16-4 所示。单击"增加设备通道"按钮,弹出"添加设备通道"窗口,设置"通道类型"为"M 寄存器",设置"数据类型"为"通道的第 03 位",设置"通道地址"为"12",设置"通道个数"为"1",设置"读写方式"为"读写",如图 16-5 所示,设置完成后单击"确认"按钮。

(2) 通道关联变量。在"设备编辑窗口"单击"快速连接变量"按钮,进入"快速连接"窗口,选择"默认设备变量连接",单击"确认"按钮,回到"设备编辑窗口",自动生成变量名"设备 0_读写 M012_3"。在"设备编辑窗口"单击"确认"按钮,系统弹出"添加数据对象"提示窗口,单击"全部添加"按钮,所建立的变量会自动添加到实时数据库。

(3) 在实时数据库设置变量的报警属性。切换到"实时数据库",打开变量"设备 0_读写 M012_3"的属性设置窗口,在"报警属性"页,选择"允许进行报警处理",设置"开关量报警",设置"报警值"为"1",报警注释为"水满了",如图 16-6 所示。设置完成后单击"确认"按钮。

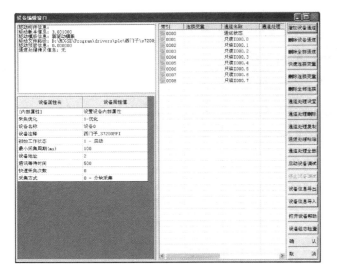

图 16-4　设备编辑窗口（二）

图 16-5　添加 M012_3 位通道

（4）设置报警条（走马灯）构件。新建"窗口 0"，在"窗口 0"属性设置窗口"基本属性"页中将"窗口背景"修改为"蓝色"，然后添加一个报警条（走马灯）构件，进入"走马灯报警属性设置"窗口，单击按钮 ? ，在弹出的"变量选择"窗口选择在设备窗口建立的变量"设备 0_读写 M012_3"，设置"前景色"为"黑色"，设置"背景色"为"浅粉色"，设置"滚动的字符数"为"3"，设置"滚动速度"为"200"，支持"闪烁"，如图 16-7 所示。

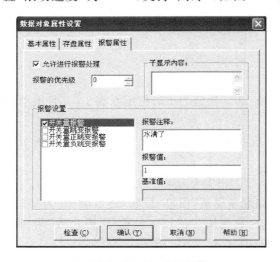

图 16-6　设置开关量报警

图 16-7　报警条属性设置

注：报警条（走马灯）构件不关联任何变量时，显示当前所有的实时报警信息。

（5）显示数据。添加一个标签构件，选择"显示输出"。在"显示输出"页，单击按钮 ? ，在弹出的"变量选择"窗口选择变量"设备 0_读写 M012_3"，以开关量输出。另外添加一个标签构件，输入"显示注水状态"，参照图 16-8 进行相应设置。

（6）查看效果。组态完成后，连接 PLC，下载运行查看效果。当 PLC 有报警产生时，报警信息显示。

图 16-8　位报警运行效果

16.2.3　字报警

第二个报警需求:当 PLC 中"V 寄存器"的地址 49 的值超出 10～30 的范围时,以列表形式显示温度太高或温度太低。

方案:设置"V 寄存器"的地址 49 对应变量的报警属性,在用户窗口用报警浏览构件显示。

(1)添加字通道。在设备窗口,双击西门子_S7200PPI 驱动,进入"设备编辑窗口",单击"增加设备通道"按钮,进入"添加设备通道"窗口,设置"通道类型"为"V 寄存器",设置"数据类型"为"16 位无符号二进制",设置"通道地址"为"49",设置"通道个数"为"1",设置"读写方式"为"读写",如图 16-9 所示。设置完成后,单击"确认"按钮。

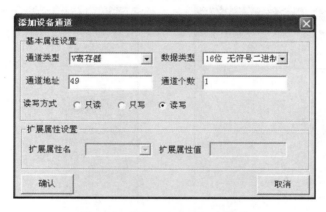

图 16-9　添加 VWUB049 字通道

(2)通道关联变量。在"设备编辑窗口"选择"快速连接变量"按钮,进入"快速连接"窗口,选择"默认设备变量连接",单击"确认"按钮,回到"设备编辑窗口",自动生成变量名"设备 0_读写 VWUB049",在"设备编辑窗口"单击"确认"按钮,系统提示添加变量,单击"全部添加"按钮,所建立的变量会自动添加到实时数据库。

(3)在实时数据库设置变量的报警属性。切换到实时数据库,打开变量"设备 0_读写 VWUB049"属性设置窗口,在"报警属性"页,选择"允许进行报警处理",设置"上限报警",设置"报警值"为"30",报警注释为"温度太高了",如图 16-10 所示。设置"下限报警",设置"报警值"为"10",报警注释为"温度太低了",如图 16-11 所示。设置完成后,单击"确认"按钮。

(4)设置报警显示构件。在"窗口 0"添加一个报警浏览构件,进入"报警浏览构件属性设置"窗口。在"基本属性"页,"显示模式"选择"实时报警数据",单击按钮 ? ,选择变量"设备 0_读写 VWUB049",如图 16-12 所示。在"显示格式"页,勾选"日期""时间""对象名""报警类型""当前值""报警描述"并设置合适的列宽,其他项采用默认设置,如图 16-13 所示。在"字体和颜色"页,将"背景颜色"设为"浅蓝色",将"字体"设为"宋体、粗体、小四、黑色",其他项采用

图 16-10　上限报警属性设置

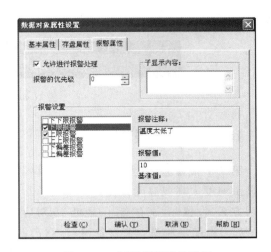

图 16-11　下限报警属性设置

默认设置，单击"确认"按钮保存。

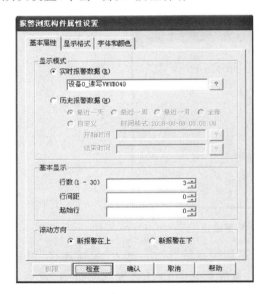

图 16-12　字报警基本属性设置

图 16-13　字报警显示格式设置

注：报警浏览构件不关联任何变量时，显示当前所有的实时报警信息。

（5）显示数据。添加一个标签构件，选择"显示输出"。在"显示输出"页，单击按钮 ? ，选择变量"设备 0_读写 VWUB049"，以数值量输出。再添加一个标签构件，在"扩展属性"页"文本内容输入框"中输入"显示当前温度"，参照图 16-14 进行相应设置。

（6）查看效果。组态完成后，连接 PLC，下载运行查看效果。当 PLC 有报警产生时，报警信息显示。

16.2.4　多状态报警

第三个报警需求：当 PLC 中"V 寄存器"的地址 200 输出的值不同时，提示不同的故障

日期	时间	对象名	报警类型	当前值	报警描述		
2015/03/01	14:24:45	设备0_读写VWUB049	下限报警	0.000	温度太低了	0	显示当前温度

图 16-14　字报警运行效果

信息。

方案:用动画显示构件可以设置多个分段点的特点来实现,每个非 0 分段点代表一个故障信息。

(1) 添加字通道。在设备窗口,双击西门子_S7200PPI 驱动,进入"设备编辑窗口",单击"增加设备通道"按钮,弹出"添加设备通道"窗口,设置"通道类型"为"V 寄存器",设置"数据类型"为"16 位无符号二进制",设置"通道地址"为"200",设置"通道个数"为"1",设置"读写方式"选择"读写",如图 16-15 所示。设置完成后,单击"确认"按钮。

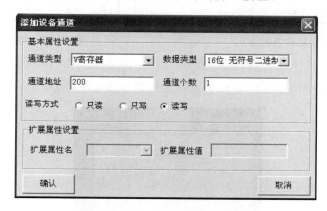

图 16-15　添加 VWUB200 字通道

(2) 通道关联变量。在"设备编辑窗口"单击"快速连接变量"按钮,进入"快速连接"窗口,选择"默认设备变量连接",单击"确认"按钮,回到"设备编辑窗口",自动生成变量名"设备 0_读写 VWUB200",在"设备编辑窗口"单击"确认"按钮,系统提示添加变量,单击"全部添加"按钮,所建立的变量会自动添加到实时数据库。

(3) 动画构件设置。在"窗口 0"添加一个动画显示构件,进入"动画显示构件属性设置"窗口。在"基本属性"页,设置分段点"0""1""2""3""4"。清空每个分段点的图像列表,"背景类型"均设为"粗框按钮:按下",文字设置按段点顺序依次为"正常""故障信息 1""故障信息 2""故障信息 3""故障信息 4",设置"前景色""背景色""3D 效果","字体"选择"宋体、粗体、小二",如图 16-16 所示。

在"显示属性"页,"显示变量"选择"开关,数值型",单击按钮 ? ,选择变量"设备 0_读写 VWUB200","动画显示的实现"选择"根据显示变量的值切换显示各幅图像",如图 16-17 所示,单击"确认"按钮保存。

(4) 数据显示。添加一个标签构件,选择"显示输出"。在"显示输出"页,单击按钮 ? ,选择变量"设备 0_读写 VWUB200",选择"数值量输出"。再添加一个标签构件到窗口,在"扩展属性"页"文本内容输入框"中输入"多状态报警"。参照图 16-18 进行相应设置。

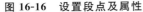

图 16-16　设置段点及属性

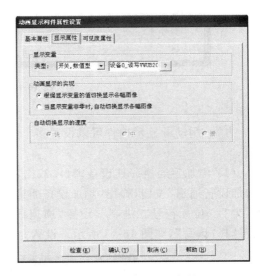

图 16-17　选择显示变量

（5）查看效果。

组态完成后，连接 PLC，当 PLC 对应的通道值发生变化时，动画显示构件显示不同信息。

图 16-18　多状态报警运行效果

16.2.5　弹出窗口方式报警

第四个报警需求：当 PLC"M 寄存器"的地址 M12.3 的值为 1 时，弹出一个小窗口提示水满了。

方案：用子窗口弹出来实现，运用报警策略来及时判断报警是否发生，并设置子窗口显示的大小和坐标。

（1）添加子窗口。在"工作台"窗口切换到用户窗口，新建"窗口 1"。

（2）设置显示信息。打开"窗口 1"，选中绘图工具箱中的常用符号按钮 ，打开常用图符工具箱。添加凸平面，设置坐标为（0,0）、大小为 310×140、"填充颜色"为"银色"、"边线颜色"为"没有边线"。然后添加一个矩形图符对象，设置坐标为（5,5）、大小为 300×130。

从"对象元件库管理"窗口插入"标志 24"，再添加一个标签构件，文本内容为"水满了！"，然后把这两个构件放到矩形图符对象上合适的位置，如图 16-19 所示。

（3）设置窗口弹出效果。在"工作台"窗口切换到运行策略窗口，单击"新建策略"按钮，在

图 16-19　位报警窗口信息

"选择策略的类型"窗口中选择"报警策略",单击"确定"按钮,回到运行策略窗口,双击新建的策略进入策略组态窗口,单击工具条中的"新增策略行"按钮,然后打开策略工具箱,选择"脚本程序",如图 16-20 所示。

双击 ▇▇▇▇,进入"策略属性设置"窗口,设置"策略名称"为"注水状态报警显示策略",单击按钮 ? ,选择变量"设备 0_读写 M012_3","对应报警状态"选择"报警产生时,执行一次",如图 16-21 所示,单击"确认"按钮保存。双击此策略的脚本程序图标 ▇▇▇,进入"脚本程序"窗口,输入"! OpenSubWnd(窗口 1,450,300,310,140,0)",单击"确定"按钮保存。

采用同样的方式新建"注水状态报警结束策略",对应的报警状态选择"报警结束时,执行一次",脚本程序为"! CloseSubWnd(窗口 1)"。

图 16-20　添加报警策略

图 16-21　位报警策略属性设置

(4) 查看效果。组态完成后,连接 PLC,当 PLC"M 寄存器"的地址 12.3 发生报警时,在窗口 0 就会弹出窗口显示报警信息。

注:如果工程启动时有报警产生,报警窗口不会弹出。

报警实例的功能完成,然后为"窗口 0"添加一个标签作为标题,文本内容为"报警",背景颜色为"白色"。为各报警分别添加注释"位报警""字报警""多状态报警"和"弹出窗口显示报警信息"。组态设置完成,运行查看效果是否实现了。

第 17 章

MCGS 配方功能

本章主要介绍 MCGS 嵌入版组态软件提供的配方解决方案,并通过具体实例,使用户尽快掌握配方的组态实现方法。

◀ 17.1 配方功能介绍 ▶

配方是同一类数据的集合,如机器参数或生产数据,配方功能所提供 HMI 让使用者可以查看、编辑数据。根据数据存储方式的不同,配方大致分为以下两种模式。

1. 配方数据存储于 PLC

配方数据存储于 PLC 中,可将需要的配方数据上传到 HMI 并显示。用户选取特定配方数据并修改,再下载到 PLC 中,将此配方作为当前配方。该方式常见于早期的系统中。因为早期的 HMI 本身不能存储配方,所以只能利用 PLC 的存储空间来存储配方。

2. 配方数据存储于 HMI

配方数据存储于 HMI 中,由 HMI 显示所有配方数据。用户选取特定配方数据下载到 PLC 中,将此配方作为当前配方。

本书我们以面包配方为例,介绍如何运用 MCGS 嵌入版组态软件实现这两种配方模式的应用。

假设面包配方中仅有面粉、水、糖三个参数,不同的比例混合可制成无糖面包、低糖面包和甜面包三种不同口味的面包,那么配方就有面粉、水、糖三个成员,按三个成员含量的不同形成三条配方记录。

本书没有提供配方的样例,两种模式下的配方的运行效果分别如图 17-1 和图 17-2 所示。

图 17-1 配方数据存储于 PLC 模式下的
配方的运行效果

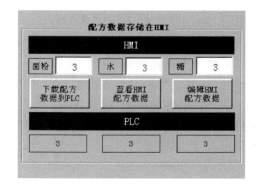

图 17-2 配方数据存储于 HMI 模式下的
配方的运行效果

17.2 配方数据存储于 PLC 中的用法

17.2.1 准备工作

此类应用将全部的配方数据存放在 PLC 中,因此 HMI 仅能进行以下几个操作。

(1) 浏览 PLC 中的配方数据。

(2) 选择修改一个配方项。

(3) 下载某一个配方项到特定区域使 PLC 正常运行。

1. 分析

(1) 面包配方的 3 个配方项均存储于西门子 S7-200 的 V 寄存器中,数据格式选择 16 位无符号二进制,所以每个配方成员占 2 个字节存储空间,每个配方项占 6 个字节,3 个配方项共占 18 个字节。设定 3 个配方项存于 V 寄存器 0～17 的 18 个字节连续的地址空间中,如图 17-3 所示。初始的数据可以通过 PLC 编程软件写入。

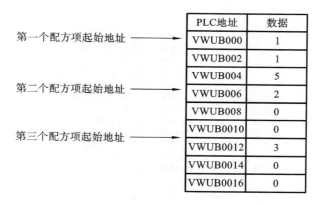

PLC地址	数据
VWUB000	1
VWUB002	1
VWUB004	5
VWUB006	2
VWUB008	0
VWUB0010	0
VWUB0012	3
VWUB0014	0
VWUB0016	0

第一个配方项起始地址 → VWUB000
第二个配方项起始地址 → VWUB006
第三个配方项起始地址 → VWUB0010

图 17-3 面包配方 3 个配方项的存储地址

(2) 使用西门子 S7-200 PLC 模拟面包生产机,接收面包配方的 3 个参数,接收内容存放在 V 寄存器 100～105 字节的地址中。PLC 地址值如表 17-1 所示。

表 17-1 PLC 地址值

PLC 地址	数　　据
VWUB100	1
VWUB102	1
VWUB104	5

2. 组态思路

根据以上需求,综合 MCGS 嵌入版组态软件的特点,给出一个如下的组态思路。

(1) 在 MCGS 嵌入版组态软件实时数据库中添加变量,用以稍后操作配方数据。

(2) 在 MCGS 嵌入版组态软件设备窗口添加 PLC 设备并进行设定。

（3）在 MCGS 嵌入版组态软件用户窗口添加若干标签构件、输入框构件和按钮构件，并编辑必要的脚本，用以显示与操作配方。

在组态环境中设定完毕后，即可下载工程到 HMI，在运行环境中操作配方。

17.2.2 配方组态

新建一个工程，我们开始组态吧。

1. 建立变量

（1）打开"工作台"窗口的实时数据库，新建 3 个数值型变量"面粉""水""糖"，其他属性保持默认值。此类变量用于实现配方数据的显示和修改。

（2）新建一个字符型变量"设备字符串"，其他属性保持默认值。此变量用于与设备进行信息传送。

（3）新建一个数值型变量"offset"，其他属性保持默认值。此变量用于存储 PLC 中配方数据的偏移地址。

（4）新建两个数值型变量"a""b"，其他属性保持默认值。此类变量用于解析"设备字符串"变量。

变量创建好后，可选择添加必要的备注。完成后实时数据库如图 17-4 所示。

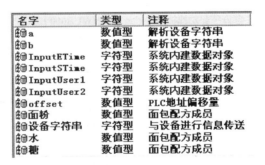

名字	类型	注释
a	数值型	解析设备字符串
b	数值型	解析设备字符串
InputETime	字符型	系统内建数据对象
InputSTime	字符型	系统内建数据对象
InputUser1	字符型	系统内建数据对象
InputUser2	字符型	系统内建数据对象
offset	数值型	PLC地址偏移量
面粉	数值型	面包配方成员
设备字符串	字符型	与设备进行信息传送
水	数值型	面包配方成员
糖	数值型	面包配方成员

图 17-4　面包配方实时数据库创建变量（一）

2. 添加设备

（1）切换到"工作台"窗口，打开设备窗口，使用设备工具箱添加"通用串口父设备"与"西门子_S7200PPI"驱动两个设备，将"西门子_S7200PPI"驱动作为"通用串口父设备"的子设备。

（2）双击"西门子_S7200PPI"驱动，进入"设备编辑窗口"，在"设备编辑窗口"的左上方查看"驱动模版信息"，确保此驱动模板是"新驱动模版"，如图 17-5 所示。

设备编辑窗口

驱动构件信息：
驱动版本信息：3.031000
驱动模版信息：新驱动模版
驱动文件路径：D:\MCGSE\6.8.1.2\Program\drivers\plc\西门子
驱动预留信息：0.000000
通道处理拷贝信息：无

图 17-5　设备窗口组态（一）

（3）为了方便实时查看 PLC 中的配方数据,在设备中添加这些数据的通道并连接变量,如图 17-6 所示。

注:建议在工程界面添加一个标签构件或者一个输入框构件,关联"设备 0_通讯状态"变量,用以显示 PLC 和 HMI 当前的"通讯状态",以保证工程正常运行。"通讯状态"为"0"表示 PLC 和 HMI 通信正常。

3. 创建动画构件,编写脚本程序

（1）切换回"工作台"窗口用户窗口,新建一个用户窗口,添加标签构件、输入框构件、按钮构件、自由表格构件等,创建如图 17-7 所示的窗口界面。

索引	连接变量	通道名称
0000	设备0_通讯状态	通讯状态
0001	设备0_读写VWUB000	读写VWUB000
0002	设备0_读写VWUB002	读写VWUB002
0003	设备0_读写VWUB004	读写VWUB004
0004	设备0_读写VWUB006	读写VWUB006
0005	设备0_读写VWUB008	读写VWUB008
0006	设备0_读写VWUB010	读写VWUB010
0007	设备0_读写VWUB012	读写VWUB012
0008	设备0_读写VWUB014	读写VWUB014
0009	设备0_读写VWUB016	读写VWUB016

图 17-6　通道连接变量

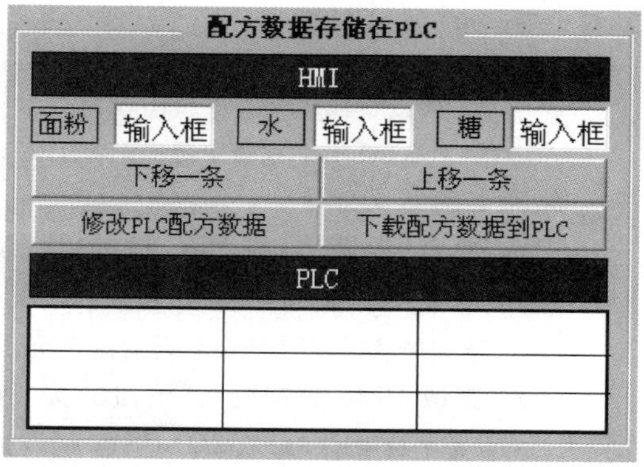

图 17-7　窗口组态界面（一）

（2）在图 17-7 所示的三个输入框属性设置窗口的"操作属性"页,分别关联数据中心变量"面粉""水""糖",用以配方数值的显示与修改。

（3）用鼠标双击"PLC"标签构件下面的自由表格构件,可激活自由表格构件,进入表格编辑模式。选择"表格"菜单的"连接"命令,会发现表格的行号和列号后面加星号（"＊"）显示,右键单击表格,在打开的"变量选择"窗口中采用"从数据中心选择|自定义"的方式,关联图 17-6 所示的通道连接变量,用以显示通道数据。

（4）"下移一条"按钮的按下脚本编辑如下。

```
if offset=12 the nexit
if (offset<12)then offset=offset+6
!SetDevice(设备 0,6,"ReadBlock(V,offset,[WUB][WUB][WUB],1,设备字符串)")
a=1
b=1
b=!InStr(a,设备字符串,",")
面粉=!Val(!Mid(设备字符串,a,(b-a)))
a=b+1
b=!InStr(a,设备字符串,",")
水=!Val(!Mid(设备字符串,a,(b-a)))
糖=!Val(!Mid(设备字符串,(b+1),(!Len(设备字符串)-b)))
```

此脚本的意义如下。

①在规定的范围内,将 PLC 地址以一组配方数据的长度为单位向后移动。

②读取 PLC 存储器中偏移量位置的配方数据。

③将得到的数据解析并赋值给配方成员,用以显示与修改。

(5)"上移一条"按钮的按下脚本编辑如下。

```
if offset=0 then exit
if (offset>=6)then offset=offset-6
!SetDevice(设备 0,6,"ReadBlock(V,offset,[WUB][WUB][WUB],1,设备字符串)")
a=1
b=1
b=!InStr(a,设备字符串,",")
面粉=!Val(!Mid(设备字符串,a,(b-a)))
a=b+1
b=!InStr(a,设备字符串,",")
水=!Val(!Mid(设备字符串,a,(b-a)))
糖=!Val(!Mid(设备字符串,(b+1),(!Len(设备字符串)-b)))
```

此脚本的意义如下。

①在规定的范围内,将 PLC 地址以一组配方数据的长度为单位向前移动。

②读取 PLC 存储器中偏移量位置的配方数据。

③将得到的数据解析并赋值给配方成员,用以显示与修改。

(6)"修改 PLC 配方数据"按钮的按下脚本编辑如下。

```
设备字符串=!StrFormat("%g,%g,%g",面粉,水,糖)
!SetDevice(设备 0,6,"WriteBlock(V,offset,[WUB][WUB][WUB],1,设备字符串)")
```

此脚本的意义为,将当前面粉、水、糖的数值按规定格式写入 PLC 配方数据存储区中,即修改配方。

(7)"下载配方数据到 PLC"按钮的按下脚本编辑如下。

```
设备字符串=!StrFormat("%g,%g,%g",面粉,水,糖)
!SetDevice(设备 0,6,"WriteBlock(V,100,[WUB][WUB][WUB],1,设备字符串)")
```

此脚本的意义为,将当前面粉、水、糖的数值按规定格式写入 PLC 特定的存储区中,特定的存储区存储选择使用的配方。

注:当与配方对应的实时数据库中的变量的名称有序时,可利用批量读写设备命令来实现数据操作,无须解析设备字符串。

例如:我们将 Data1、Data2、Data3 看作面包配方的面粉、水、糖三个变量,则可以用批量读写函数 ReadPV、WritePV 来查看和修改配方。

```
!SetDevice(设备 0,6,"ReadPV(V,offset,WUB,3,Data1,nReturn)")
```

此脚本的意义为,读取 V 寄存器从地址 offset 开始的 3 个 16 位无符号二进制数值,并放入以 MCGS 变量 Data1 为起始的连续 3 个变量(即 Data1、Data2、Data3)中,执行是否成功通过 nReturn 返回,0 表示执行成功,非 0 表示执行失败。这样可以控制读取上一条或者下一条配方数据到组态变量并显示出来。

```
!SetDevice(设备 0,6,"WritePV(V,offset,WUB,3,Data1,nReturn)")
```

此脚本的意义是,将以 MCGS 变量 Data1 为起始的连续 3 个变量的值(即 Data1,Data2,Data3),以 16 位无符号二进制形式写入 V 寄存器从地址 offset 起始的连续 3 个寄存器中,执行是否成功通过 nReturn 返回,0 表示执行成功,非 0 表示执行失败。这样可以控制将指定配方数据写入 PLC 指定位置,以达到修改或执行配方数据的目的。

17.2.3 使用配方

下载编辑好的配方工程至 HMI,并连接好 PLC 设备,运行 HMI,运行效果如图 17-8 所示。

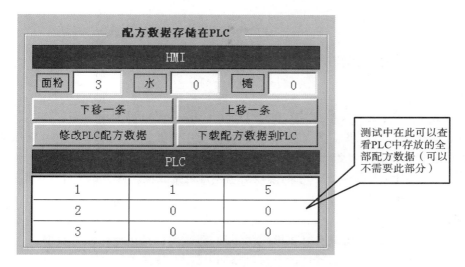

图 17-8 面包配方工程运行效果图(一)

(1) 单击"上移一条"按钮、"下移一条"按钮,可切换配方项。当前配方项数据显示在 HMI 标签构件下方的 3 个输入框构件中。

(2) 单击"修改 PLC 配方数据"按钮,可将 HMI 标签构件下方 3 个输入框构件中的数据 按规定格式写入 PLC 中,修改 PLC 中的当前配方数据。图 17-9 所示为配方数据的修改过程。

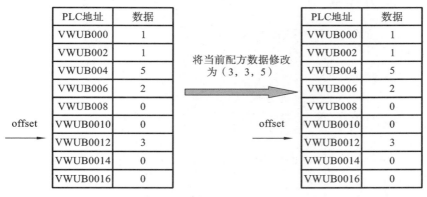

PLC地址	数据
VWUB000	1
VWUB002	1
VWUB004	5
VWUB006	2
VWUB008	0
VWUB0010	0
VWUB0012	3
VWUB0014	0
VWUB0016	0

将当前配方数据修改为(3,3,5)

PLC地址	数据
VWUB000	1
VWUB002	1
VWUB004	5
VWUB006	2
VWUB008	0
VWUB0010	0
VWUB0012	3
VWUB0014	0
VWUB0016	0

(a)配方数据存于PLC中的初始值   (b)修改PLC中的第三条配方数据

图 17-9 面包配方数据的修改过程

(3) 切换到要采用的配方数据时,单击"下载配方数据到 PLC"按钮,可将选择的配方数据 下载到 PLC 的特定区域,表示改为使用此配方数据。这里为 100,此地址随工程不同而不同, 一般为确定值。

(4) 最下方的自由表格构件关联了目标 PLC 中各地址的数据,可实时显示 PLC 中的全部配方数据。此部分非必需。

注:保证工程正常运行的前提是 PLC 和 HMI 通信正常。

◀ 17.3 配方数据存储于 HMI 中的用法 ▶

17.3.1 准备工作

1. 分析

在此模式下,所有的配方数据均存储于 HMI 中,运行时可以利用组态软件的配方功能方便地进行查看和修改。如果需要查看 PLC 中当前使用的数据,可将 PLC 中对应地址的数据通过通道读取出来并显示在组态中。

我们仍然使用西门子 S7-200 PLC 模拟面包生产机接收面包配方的三个参数,接收地址为 V 寄存器 100~105 字节。

2. 组态思路

(1) 在 MCGS 嵌入式组态实时数据库中添加变量,用以稍后操作配方数据。

(2) 在 MCGS 嵌入版组态软件设备窗口添加 PLC 设备并进行设定。

(3) 使用配方组态工具编辑配方成员、配方项和配方数据。

(4) 在 MCGS 嵌入版组态软件用户窗口添加若干标签构件、输入框构件和按钮构件,并编辑必要的脚本,用以显示与操作配方。

在组态环境中设定完毕后,即可下载工程到 HMI,在运行环境中操作配方。

17.3.2 配方组态

新建一个工程,下面我们开始组态吧。

1. 建立变量

(1) 打开"工作台"窗口的实时数据库,新建 3 个数值型变量"面粉""水""糖",其他属性保持默认值。此类变量用于关联显示配方数据。

(2) 新建数据组对象"原料组",将"面粉""水""糖"添加为组成员。此变量用于操作一组配方数据。

(3) 新建一个字符型变量"设备字符串",其他属性保持默认值。此变量用于与设备进行信息传送。

(4) 新建两个数值型变量"a""b",其他属性保持默认值。此类变量用于解析"设备字符串"变量。

创建完毕的实时数据库如图 17-10 所示。

2. 添加设备

(1) 切换到"工作台"窗口,打开设备窗口,使用设备工具箱添加"通用串口父设备"与"西门子_S7200PPI"驱动两个设备,将"西门子_S7200PPI"驱动作为"通用串口父设备"的子设备。

名字	类型	注释
a	数值型	解析设备字符串
b	数值型	解析设备字符串
InputETime	字符型	系统内建数据对象
InputSTime	字符型	系统内建数据对象
InputUser1	字符型	系统内建数据对象
InputUser2	字符型	系统内建数据对象
面粉	数值型	配方成员
设备字符串	字符型	与设备进行信息传送
水	数值型	配方成员
糖	数值型	配方成员
原料组	组对象	操作一组配方数据

图 17-10 面包配方实时数据库创建变量（二）

（2）双击"西门子_S7200PPI"驱动,进入"设备编辑窗口",在"设备编辑窗口"左上角查看"驱动模版信息",确保此驱动模版是"新驱动模版",如图 17-11 所示。

```
设备编辑窗口
驱动构件信息:
驱动版本信息: 3.031000
驱动模版信息: 新驱动模版
驱动文件路径: D:\MCGSE\6.8.1.2\Program\drivers\plc\西门子
驱动预留信息: 0.000000
通道处理拷贝信息: 无
```

图 17-11 设备窗口组态（二）

3. 设计配方

（1）单击 MCGS 嵌入版组态软件主菜单"工具"菜单项,选择"配方组态设计"命令,打开"配方组态设计"窗口。

（2）单击"文件"菜单项→"新增配方组"命令,或单击工具栏 □ 按钮,新建一个配方组（"配方组 0"）,在"配方组 0"上单击鼠标右键,选择"配方组改名"命令,将配方组重命名为"面包配方"。

（3）单击"格式"菜单项→"增加一行"命令,或单击工具栏 按钮,新建一个配方成员,在配方成员的变量名称处单击鼠标右键,在弹出的"变量选择"窗口中选择变量"面粉"。同理,再新建两个配方成员,分别连接变量"水"和"糖"。

（4）单击"使用变量名作列标题名"按钮,将配方成员分别命名为"面粉""水""糖"。创建好的配方成员如图 17-12 所示。

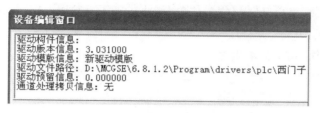

编号	变量名称	列标题	输出延时
0	面粉	面粉	0
1	水	水	0
2	糖	糖	0

图 17-12 创建好的面包配方成员

（5）单击"编辑"菜单项→"编辑配方"命令,或单击工具栏 按钮,打开"配方修改"窗口。在"配方修改"窗口中单击"增加"按钮,即可增加一个配方项,添加配方数据如图 17-13 所示。添加完成后保存并退出"配方修改"窗口。

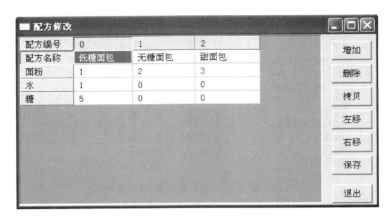

图 17-13　添加配方数据

（6）单击"文件"菜单项→"保存配方"命令，或单击工具栏 按钮，保存配方。保存后关闭配方组态设计工具。

4. 创建动画构件，编写脚本程序

（1）切换回"工作台"窗口用户窗口，新建一个用户窗口并打开。

（2）创建标签构件、按钮构件、输入框构件等动画构件，组态如图 17-14 所示。

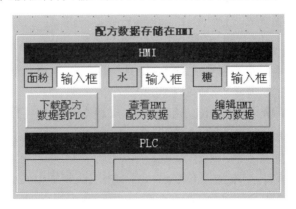

图 17-14　窗口组态界面（二）

（3）将两个较大的标签构件用作标题，分别命名为"HMI"和"PLC"；将三个输入框构件用于显示 HMI 配方数据值；将下面三个标签构件用于显示 PLC 设备上的数据值。

（4）将"HMI"标签构件下方的三个输入框构件分别关联数据中心变量"面粉""水""糖"，用以配方成员的显示与修改。

（5）将"PLC"标签构件下面的三个标签构件用于"显示输出"，即用于 PLC 中数据的显示。关联变量时，勾选"根据采集信息生成"，通信端口选择"通用串口父设备 0［通用串口父设备］"，采集设备选择"设备 0［西门子_S7200PPI］"，"通道类型"选择"V 寄存器"，"数据类型"选择"16 位无符号二进制"，"读写类型"选择"读写"。三个标签构件的通道地址依次填写"100""102""104"。三个标签构件均选择作为数值量输出。

（6）三个按钮构件的文本分别设为"下载配方数据到 PLC""查看 HMI 配方数据""编辑 HMI 配方数据"。

（7）"下载配方数据到 PLC"按钮的按下脚本编辑如下。

　　　设备字符串=!StrFormat("%g,%g,%g",面粉,水,糖)

　　　!SetDevice(设备 0,6,"WriteBlock(V,100,[WUB][WUB][WUB],1,设备字符串)")

此脚本的意义为,将当前配方数据面粉、水、糖的数值按规定格式写入 PLC 设备中。

（8）"查看 HMI 配方数据"按钮的按下脚本编辑如下。

　　　!RecipeLoadByDialog("面包配方","请选择一个面包配方")

此脚本的意义为,调出"配方查看"窗口,查看配方数据。

（9）"编辑 HMI 配方数据"按钮的按下脚本编辑如下。

　　　!RecipeModifyByDialog("面包配方")

此脚本的意义为,调出"配方修改"窗口,编辑指定的配方数据。

注:建议在工程界面添加一个标签构件或者一个输入框构件,关联一个表示 PLC"通讯状态"的开关型变量,用以显示 PLC 和 HMI 当前的"通讯状态",以保证工程正常运行。"通讯状态"为 0 表示 PLC 和 HMI 通信正常。

17.3.3　使用配方

下载编辑好的配方工程至 HMI,并连接好 PLC 设备,运行 HMI,运行效果如图 17-15 所示。

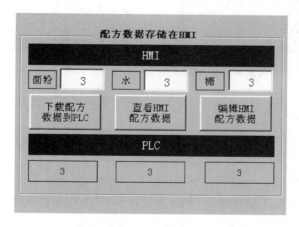

图 17-15　面包配方工程运行效果图(二)

（1）输入框构件中为数据对象初值 0,当选择指定配方项后,配方项数据显示在 HMI 下方的三个输入框构件中。

（2）单击"下载配方数据到 PLC"按钮,可将"HMI"下方三个输入框中的数据按规定格式写入 PLC 中。

（3）单击"查看 HMI 配方数据"按钮,可以调出"配方查看"窗口。

（4）单击"编辑 HMI 配方数据"按钮,可以调出"配方修改"窗口,编辑、修改配方数据。

第 18 章

多语言工程组态

随着工业领域国际化的发展,多语言显示效果已经成为众多国际化公司的基本需求。MCGS 嵌入版组态软件自带多语言功能,给用户提供多语言显示的方案。

我们提供一个多语言组态的样例,运行效果如图 18-1 和图 18-2 所示。

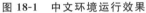

图 18-1　中文环境运行效果

图 18-2　英文环境运行效果

我们就以此为例来学习组态下和运行环境下多语言的设置和使用。

◀ 18.1　多语言组态介绍 ▶

MCGS 嵌入版组态软件是全中文的组态软件。针对大多数为中文用户这种情况以及 MCGS 嵌入版组态软件的特点,我们给出如下组态思路供大家参考。

1. 按照工程默认语言组态工程

工程初始默认语言为中文,先组态中文环境下的窗口内容,包括各构件属性及功能的设置等。

2. 设置工程语言并编辑工程多语言内容

设置工程语言为中英文两种,在多语言文本表中集中编辑窗口构件的多语言内容。

3. 设置工程在运行环境切换语言功能

组态设置两个按钮,功能分别为将环境切换到中文和将环境切换到英文,下载运行时即可动态切换语言环境。

按照以上三个步骤,即可轻松组态多语言运行工程。

◀ 18.2 多语言快速组态 ▶

新建一个工程,下面我们以标签和按钮为例,按照前一节介绍的组态步骤来实现一个简单多语言工程的快速组态。

18.2.1 按照工程默认语言组态工程

1. 界面组态

新建一个用户窗口,进入"用户窗口属性设置"窗口,在"基本属性"页设置"窗口背景"为蓝色。添加一个标签构件,用于此窗口的标题,设置坐标为(0,0)、大小为 800×50,设置"填充颜色"为白色,文本内容为"多语言组态"。然后添加两个圆角矩形构件。

2. 标签构件组态

添加两个标签构件,进入其属性设置窗口,设置文本内容分别为"标签 1"和"标签 2","字符颜色"和"边线颜色"都设为"黄色","填充颜色"均选择"没有填充"。

3. 按钮构件组态

添加两个按钮构件,进入第二个按钮属性设置窗口,取消"使用相同属性",设置"抬起"状态的文本改为"抬起","按下"状态的文本改为"按下",按钮的"背景色"设为"藏青色"。第一个按钮文本不做修改,保持默认状态。

这里初始语言环境为中文,所以此处设置的是标签构件和按钮构件的中文内容。

标签构件、按钮构件组态如图 18-3 所示。

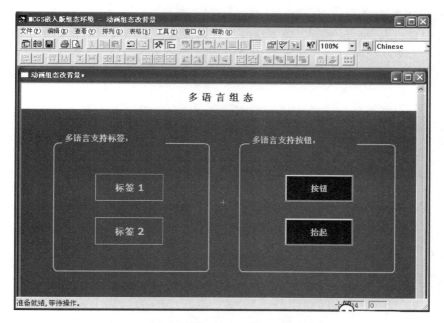

图 18-3 标签构件、按钮构件组态

18.2.2　工程多语言内容编辑

组态好窗口的构件后,接下来要编辑工程的多语言内容,首先要将工程语言设置为中文和英文,然后对各构件的多语言内容进行编辑。

1. 设置工程语言

单击工具栏中的"多语言配置"按钮 ,打开"多语言配置"窗口,如图 18-4 所示。在初始情况下,窗口中显示序号、Chinese(中文)列和引用列内容,引用列内容为多语言文本在组态窗口中的位置。序号、语言列和引用列合在一起统称为多语言配置文本表。

单击工具栏中的"打开语言选择对话框"按钮 ,进入"运行时语言选择"对话框,如图 18-5所示。勾选英文,此时工程设置为两种语言。左侧的下拉框用来设置工程的默认语言,即工程下载运行时的初始运行语言,默认选择为中文。单击"确定"按钮后回到"多语言配置"窗口,此时窗口中增加了 English 列。

图 18-4　"多语言配置"窗口　　　　　图 18-5　"运行时语言选择"对话框

2. 编辑多语言内容

多语言配置文本表显示当前工程支持的语言列内容。工程组态中相关文本内容改变时,多语言配置文本表会实时显示。如果要编辑当前界面的英文内容,只需在 English 列输入对应的英文内容。例如,"标签 1"的英文内容为"Label One",只需按照图 18-6 所示输入此内容即可。

图 18-6　多语言内容编辑

当某一语言列内容有重复时,可以使用工具栏上的"复制相同项"按钮 ,重复内容只需输入一次对应的多语言内容,其他项的多语言内容会自动填充。

另外,用户还可选择将多语言配置文本表的内容导出为"＊.csv"文件,在 Excel 中编辑多语言内容,再将编辑好的内容导入 MCGS 嵌入版组态软件。

18.2.3　工程的语言切换设置

工程的语言切换是通过脚本函数！SetCurrentLanguageIndex()来实现的。如果想要在运行时手动切换语言,可以通过添加两个语言切换按钮,在按钮的脚本中设置语言切换脚本来实现。

(1) 在窗口添加两个按钮构件,设置其属性,一个文本内容为"中文",另一个文本内容为"English",如图 18-7 所示。这里我们将按钮的背景颜色设置为"紫色"。

图 18-7　中英文切换按钮

(2) 进入"中文"按钮的属性设置窗口,在"脚本程序"页,在"抬起脚本"页,单击"打开脚本程序编辑器"按钮,进入"脚本程序"窗口,在窗口右侧的目录树中依次选择"系统函数"、"运行环境操作"函数、"！SetCurrentLanguageIndex()"。函数选择列表如图 18-8 所示。单击"确定"按钮,将函数添加到脚本中。回到"脚本程序"页,在函数括号中添加参数 0(0 代表设置为中文,1 代表设置为英文)。"English"按钮也同样设置,函数内的参数为 1,如图 18-9 所示。

图 18-8　函数选择列表

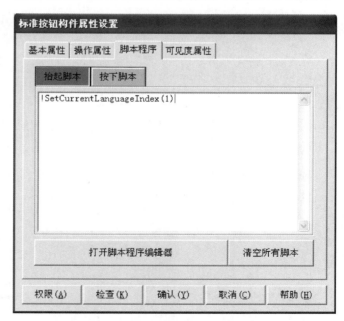

图 18-9　语言切换按钮脚本程序设置

◀ **18.3　多语言组态支持内容** ▶

本节主要介绍 MCGS 嵌入版组态软件中支持多语言的构件及内容。

1. 运行环境文本内容

工程下载运行时显示的文本内容大致分为三类，即软件内置文本、用户组态时可编辑部分、运行环境添加内容。下面是对三类内容多语言支持进行介绍。

（1）软件内置文本：如报警浏览构件的标题，这部分支持多语言，但用户不可编辑。

（2）用户组态时可编辑部分：如标签构件、按钮构件的文本内容，这部分支持多语言，且用户可编辑。

（3）运行环境添加内容：如运行时添加的用户信息，这部分是不支持多语言的。

2. 支持多语言的构件

（1）主要动画构件：标签构件、按钮构件、动画按钮构件及动画显示构件。

（2）数据显示构件：存盘数据浏览构件、自由表格构件、历史表格构件、组合框构件。

（3）报警相关构件：报警显示构件、报警浏览构件及报警条（走马灯）构件。

（4）显示输出、按钮输入中设置的开关等文本信息以及脚本中的参数。

第 19 章

MCGS 与 PLC 通信连接

本章主要介绍 MCGS 嵌入版组态软件与 PLC 通信连接,包括与三菱 FX 系列 PLC、欧姆龙 PLC、西门子 S7-1200 PLC 连接的组态过程。

◀ 19.1 连接三菱 FX 系列 PLC ▶

本节通过实例介绍在 MCGS 嵌入版组态软件中建立与三菱 FX 系列 PLC 通信的快捷步骤,实际操作地址是三菱 FX 系列 PLC 中的 Y0、Y1、Y2、D0 和 D2。

1. 演示效果

演示效果如图 19-1 示。

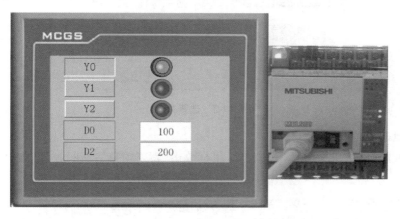

图 19-1 演示效果

2. 设备组态

新建工程,选择对应产品型号,将工程另存为"三菱 FX 系列 PLC 通讯"。

在"工作台"窗口中激活设备窗口,鼠标双击图标设备窗口,进入设备组态画面,单击工具条中的按钮,打开"设备工具箱",如图 19-2 所示。

在设备工具箱中,鼠标按顺序先后双击"通用串口父设备"和"三菱 FX 系列编程口",将它们添加至设备组态画面。

双击"三菱 FX 系列编程口"时,会弹出窗口,提示是否使用"三菱 FX 系列编程口"驱动的默认通讯参数设置串口父设备,如图 19-3 所示,单击"是"按钮。

所有操作完成后保存并关闭设备窗口,返回"工作台"窗口。

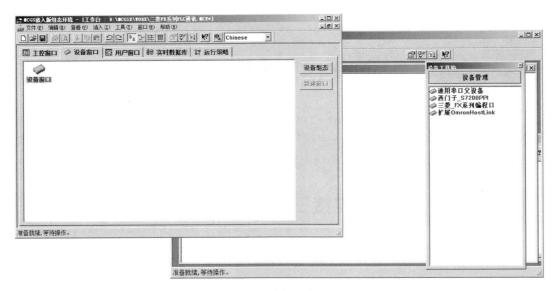

图 19-2 设备组态（一）

图 19-3 选择串口

3. 窗口组态

（1）在"工作台"窗口中激活用户窗口，鼠标单击"新建窗口"按钮，建立"窗口 0"，如图 19-4 所示。

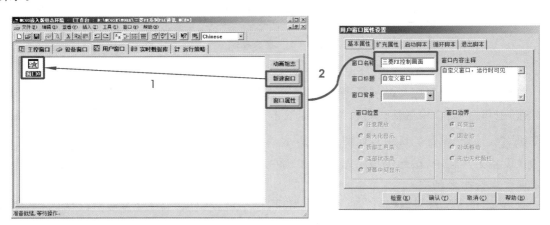

图 19-4 窗口设置

（2）单击"窗口属性"按钮，弹出"用户窗口属性设置"窗口，在"基本属性"页，将"窗口名称"修改为"三菱 FX 控制画面",如图 19-4 所示,单击"确认"按钮进行保存。

（3）在用户窗口双击 [图标]，进入窗口编辑界面，单击按钮 [图标]，打开绘图工具箱。

（4）建立基本元件。

①标准按钮构件:在绘图工具箱中单击标准按钮构件图标,在窗口编辑位置按住鼠标左键拖放出一定大小后,松开鼠标左键,这样一个标准按钮构件就绘制在窗口中,如图 19-5 所示。接下来双击该按钮构件,打开"标准按钮构件属性设置"窗口,在"基本属性"页中将"文本"修改为"Y0",如图 19-6 所示,单击"确认"按钮保存。

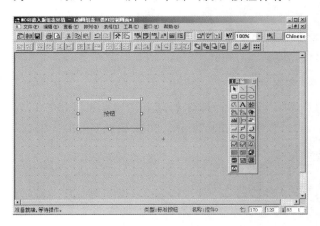

图 19-5 添加标准按钮构件（二）

图 19-6 标准按钮构件属性设置（一）

按照同样的操作分别绘制另外两个按钮,文本分别修改为"Y1"和"Y2",完成后如图 19-7 所示。

按住鼠标左键,拖动鼠标,同时选中三个标准按钮构件,使用编辑条中的"等高宽"按钮、"左(右)对齐"按钮和"纵向等间距"按钮,将这三个标准按钮构件排列对齐,如图 19-8 所示。

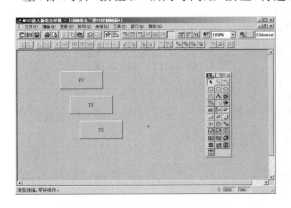

图 19-7 设置三个标准按钮构件

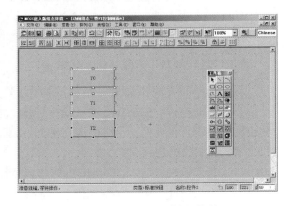

图 19-8 排列标准按钮构件

②指示灯构件:单击绘图工具箱中的插入元件按钮,打开"对象元件库管理"窗口,选中图形对象库指示灯类中的一款,单击"确定"按钮将其添加到窗口中,并调整到合适大小。采用同样的方法再添加两个指示灯构件,将这三个指示灯构件摆放在窗口中标准按钮构件旁边的位置,如图 19-9 所示。

③标签构件:单击绘图工具箱中的标签构件按钮,在窗口按住鼠标左键,拖放出一定大小

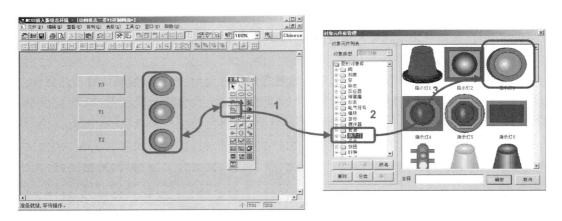

图 19-9　添加指示灯构件

的标签构件,如图 19-10 所示。然后双击该标签构件,弹出"标签动画组态属性设置"窗口,在"扩展属性"页中的"文本内容输入"框中输入"D0",如图 19-11 所示,单击"确认"按钮。

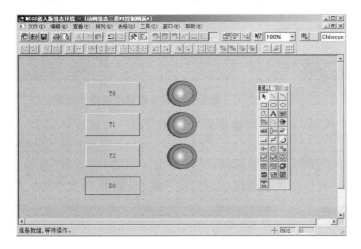

图 19-10　标签构件组态(一)

图 19-11　标签构件属性设置(一)

采用同样的方法添加另一个标签构件,文本内容输入"D2",如图 19-12 所示。

④输入框构件:单击绘图工具箱中的输入框构件按钮,在窗口按住鼠标左键,拖放出两个一定大小的输入框构件,分别摆放在 D0、D2 标签构件的旁边,如图 19-13 所示。

(5)建立数据连接。

①标准按钮构件:双击 Y0 按钮构件,弹出"标准按钮构件属性设置"窗口,在"操作属性"页,默认"抬起功能"按钮为按下状态,勾选"数据对象值操作",选择"清 0",单击 ? 按钮,弹出"变量选择"窗口,选择"根据采集信息生成","通道类型"选择"Y 输出寄存器","通道地址"设为"0","读写类型"选择"读写",如图 19-14 所示。设置完成后单击"确认"按钮,即在 Y0 按钮构件抬起时,对三菱 FX 系列 PLC 的 Y0 地址清 0。

采用同样的方法单击"按下功能"按钮,进行设置,勾选"数据对象值操作",选择"置 1",选择"设备 0_读写 Y0000",如图 19-15 所示。

分别对标准按钮构件 Y1 和 Y2 进行设置:Y1 按钮构件,"抬起功能"下"清 0","按下功

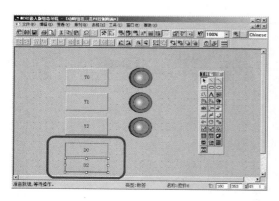

图 19-12 标签构件组设置

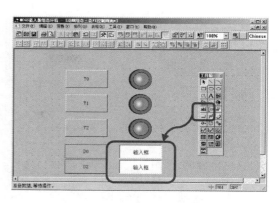

图 19-13 输入框构件设置

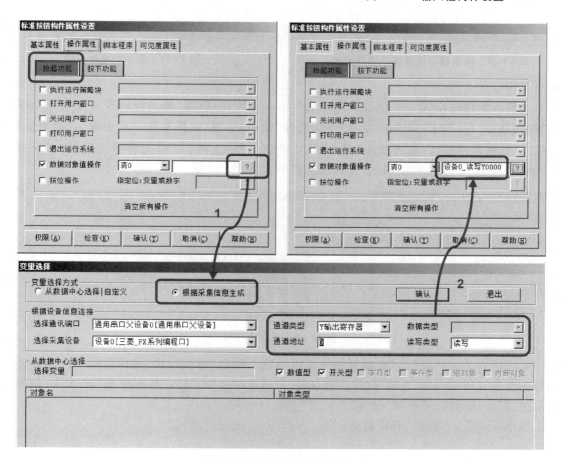

图 19-14 建立数据连接

能"下"置 1"→变量选择→"Y 输出寄存器",通道地址为"1";Y2 按钮构件,"抬起功能"下"清
0","按下功能"下"置 1"→变量选择→Y 输出寄存器,通道地址为"2"。

②指示灯构件:双击 Y0 按钮构件旁边的指示灯构件,弹出"单元属性设置"窗口,在"数据
对象"页单击 ? 按钮,选择数据对象"设备 0_读写 Y0000",如图 19-16 所示。采用同样的方法
将 Y1 按钮构件和 Y2 按钮构件旁边的指示灯分别连接变量"设备 0_读写 Y0001"和"设备 0_

图 19-15　标准按钮构件按下功能设置　　　　　图 19-16　指示灯连接变量

读写 Y0002"。

③输入框构件：双击 D0 标签构件旁边的输入框构件，弹出"输入框构件属性设置"窗口，在"操作属性"页，单击 ? 按钮，进入"变量选择"窗口，选择"根据采集信息生成"，"通道类型"选择"D 数据寄存器"，"通道地址"设为"0"，"数据类型"选择"16 位无符号二进制"，"读写类型"选择"读写"，如图 19-17 所示，设置完成后单击"确认"按钮。

图 19-17　读写寄存器

采用同样的方法，双击 D2 标签构件旁边的输入框进行设置，在"操作属性"页，选择对应的数据对象，"通道类型"选择"D 数据寄存器"，"通道地址"为"2"，"数据类型"选择"16 位无符号二进制"，"读写类型"选择"读写"。

组态完成后，下载到 HMI 运行。

◀ 19.2　连接欧姆龙 PLC ▶

本节通过实例介绍在 MCGS 嵌入版组态软件中建立与欧姆龙 PLC 通信的步骤，实际操作地址是欧姆龙 PLC 中的 IR100.0、IR100.1、IR100.2、DM0 和 DM2。

1. 设备组态

（1）在"工作台"窗口中激活设备窗口，鼠标双击 ![设备窗口]，进入设备组态窗口，单击 ![工具]按钮，如图 19-18 所示，打开"设备工具箱"。

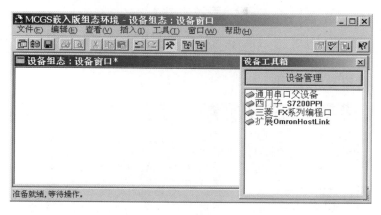

图 19-18 设备组态（二）

（2）在"设备工具箱"中，按顺序先后双击"通用串口父设备"和"扩展 OmronHostLink"，将它们添加至组态窗口，如图 19-19 所示。双击"扩展 OmronHostLink"时，会提示是否使用"扩展 OmronHostLink"驱动的默认通讯参数设置串口父设备，如图 19-20 所示，单击"是"按钮。

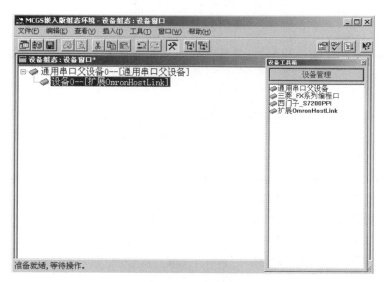

图 19-19 添加串口设备

所有操作完成后关闭设备窗口，返回"工作台"窗口。

2. 窗口组态

（1）在"工作台"窗口中激活用户窗口，鼠标单击"新建窗口"按钮，建立新画面"窗口 0"，如图 19-21 所示。

（2）单击"窗口属性"按钮，进入"用户窗口属性设置"窗口，在"基本属性"页，将"窗口名

图 19-20　使用扩展参数

称"修改为"欧姆龙控制画面",单击"确认"按钮进行保存。

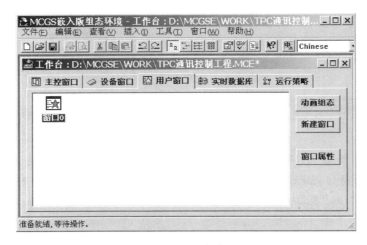

图 19-21　组态窗口

（3）在用户窗口双击 ，进入"动画组态欧姆龙控制画面"窗口，单击 按钮，打开绘图工具箱。

（4）建立基本元件。

①标准按钮构件：在绘图工具箱中单击标准按钮构件按钮，在窗口编辑位置按住鼠标左键拖放出一定大小后，松开鼠标左键，这样一个标准按钮构件就绘制在了窗口中，如图 19-22 所示。

接下来鼠标双击该标准按钮构件，弹出"标准按钮构件属性设置"窗口，在"基本属性"页中将"文本"修改为"IR100.0"，如图 19-23 所示，单击"确认"按钮保存。

按照同样的操作添加另外两个标准按钮构件，文本分别修改为"IR100.1"和"IR100.2"。

按住键盘的"Ctrl"键，然后单击鼠标左键，同时选中三个按钮，使用工具栏中的"等高宽"按钮、"左（右）对齐"按钮和"纵向等间距"按钮，将这三个标准按钮构件排列对齐。

②指示灯构件：单击绘图工具箱中的插入元件按钮，打开"对象元件库管理"窗口，选中图形对象库指示灯类中的一款，单击"确定"按钮，将其添加到窗口中，并调整到合适大小。采用同样的方法再添加两个指示灯构件，将这三个指示灯构件摆放在窗口中标准按钮构件旁边的位置，如图 19-24 所示。

③标签构件：单击绘图工具箱中的标签构件按钮，在窗口按住鼠标左键，拖放出一定大小的标签构件，如图 19-25 所示。双击该标签构件，弹出"标签动画组态属性设置"窗口，在"扩展属性"页，在"文本内容输入"框中输入"DM0"，如图 19-26 所示，单击"确认"按钮。

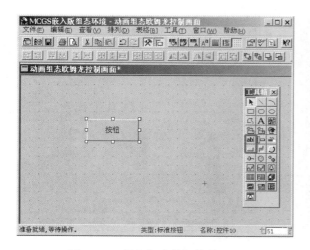

图 19-22　添加标准按钮构件(一)

图 19-23　标准按钮构件属性设置(二)

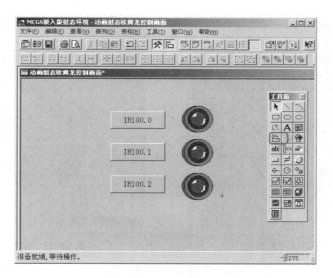

图 19-24　指示灯构件组态

采用同样的方法添加另一个标签构件,在"文本内容输入"框中输入"DM2",完成后如图 19-27 所示。

④输入框构件:单击绘图工具箱中的输入框构件按钮,在窗口按住鼠标左键,拖放出两个一定大小的输入框构件,将它们分别摆放在 DM0、DM2 标签构件的旁边,如图 19-28 所示。

(5)建立数据连接。

①标准按钮构件:双击 IR100.0 按钮构件,弹出"标准按钮构件属性设置"窗口,在"操作属性"页,默认"抬起功能"按钮为按下状态,勾选"数据对象值操作",选择"清 0",如图 19-29 所示,单击 ? 按钮,弹出"变量选择"窗口,选择"根据采集信息生成","通道类型"选择"IR/SR 区","通道地址"为"100","数据类型"选择"通道第 00 位","读写类型"选择"读写",如图 19-30 所示,设置完成后单击"确认"按钮,在 IR100.0 按钮抬起时,对欧姆龙的 IR100.0 地址"清 0"。标准按钮构件属性连接如图 19-31 所示。

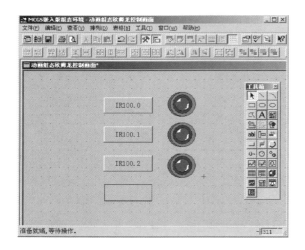

图 19-25　标签构件组态（二）

图 19-26　标签构件属性设置（二）

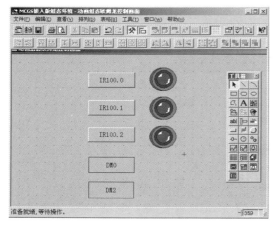

图 19-27　添加标签构件

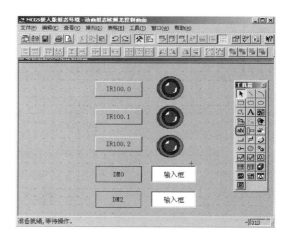

图 19-28　添加输入框构件

采用同样的方法，单击"按下功能"按钮进行设置，勾选"数据对象值操作"，选择"置1"，选择"设备 0_读写 IR0100_00"。采用同样的方法，分别对 IR100.1 和 IR100.2 按钮构件进行设置：IR100.1 按钮，"抬起功能"下"清0"，"按下功能"下"置1"→变量选择→"IR/SR 区"，"通道地址"为"100"，"数据类型"为"通道第 01 位"；IR100.2 按钮，"抬起功能"下"清0"，"按下功能"下"置1"→变量选择→"IR/SR 区"，"通道地址"为"100"，"数据类型"为"通道第 02 位"。

②指示灯构件：双击 IR100.0 按钮构件旁边的指示灯构件，弹出"单元属性设置"窗口，在"数据对象"页，单击 ? 按钮，选择数据对象"设备 0_读写 IR0100_00"，如图 19-32 所示。

采用同样的方法，将 IR100.1 按钮构件和 IR100.2 按钮构件旁边的指示灯构件分别连接变量"设备 0_读写 IR0100_01"和"设备 0_读写 IR0100_02"。

③输入框构件：双击 DM0 标签构件旁边的输入框构件，弹出"输入框构件属性设置"窗口，在"操作属性"页单击 ? 进行变量选择，选择"根据采集信息生成"，"通道类型"选择"DM区""通道地址"为"0"，"数据类型"选择"16 位无符号二进制"，"读写类型"选择"读写"，如图 19-33 所示，单击"确认"按钮保存退出。

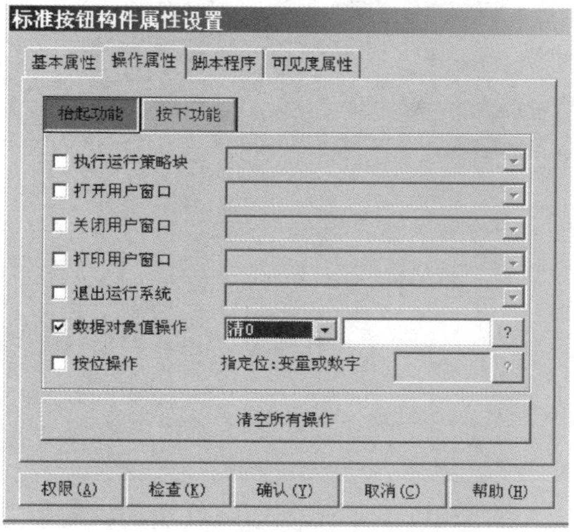

图 19-29　标准按钮构件属性设置(三)

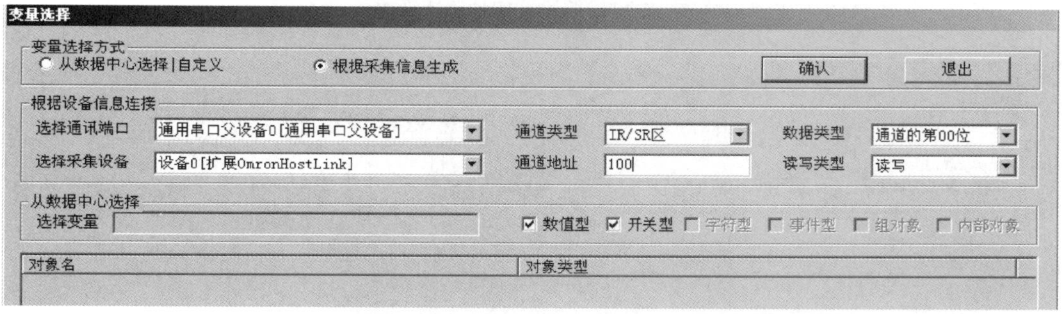

图 19-30　标准按钮构件连接通道

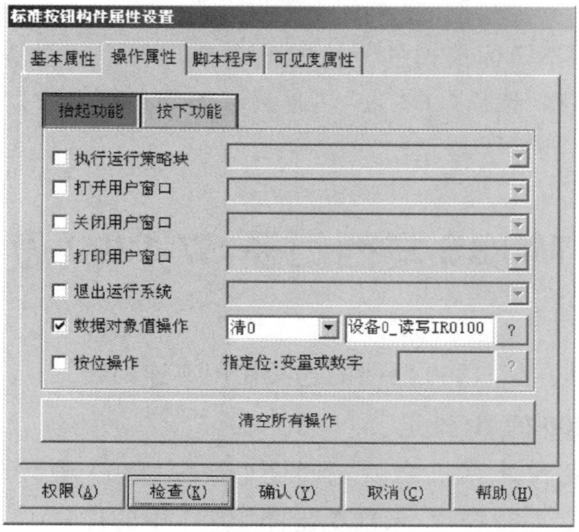

图 19-31　标准按钮构件属性连接

图 19-32　指示灯构件连接变量

图 19-33　输入框构件连接通道

采用同样的方法,对 DM2 标签构件旁边的输入框构件进行设置,在"操作属性"页,选择对应的数据对象,"通道类型"选择"DM 区","通道地址"为"2","数据类型"选择"16 位无符号二进制","读写类型"选择"读写"。

◀ 19.3　MCGS 与西门子 S7-1200 通信设置 ▶

mcgsTpc 触摸屏西门子 S7-1200 之间的连线使用直连网线。

1. 查看西门子 S7-1200 的 IP 地址

西门子 S7-1200 连接到计算机之后,在西门子 S7-1200 编程软件"Totally Integrated Automation Portal V10"起始视图里,依次单击图 19-34 中的位置 1、位置 2,即可弹出"可访问设备"窗口,并自动开始搜索设备。稍等片刻,即可在位置 3 处看到 S7-1200 的 IP 地址。如果计算机上有多个网卡,需要在位置 4 处选择相应的网卡,然后单击右下角的"刷新"按钮,重新搜索设备。

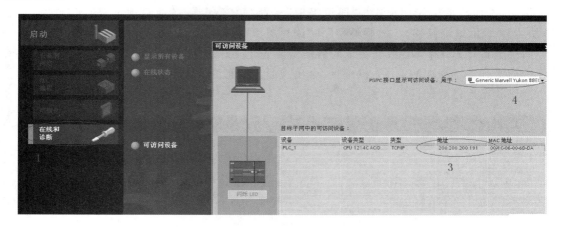

图 19-34　博图软件设置

2. MCGS 嵌入版组态软件中的设置

在 MCGS 嵌入版组态软件中把驱动程序"Siemens_1200"加到设备窗口之后,双击打开"设备编辑窗口",在该窗口图 19-35 所示指定位置处输入 S7-1200 的 IP 地址。本地位置输入触摸屏的 IP 地址。设置完成之后,将程序下载到触摸屏。触摸屏与西门子 S7-1200 用网线连接,即可完成通信。

图 19-35　设置 IP 地址

3. 监控西门子 S7-1200 中 DB 数据块的设置方法

在"变量选择"窗口,"通道类型"选择"V 寄存器","通道地址"的添加方式为"DB 块号.地址偏移","数据类型"和"读写类型"根据需要选择。

例如,添加地址 DB1.DBW2,"通道类型"选择"V 寄存器","通道地址"输入"1.2"(1 是 DB 块号,2 表示地址偏移),"数据类型"和"读写类型"根据需要选择。

西门子 S7-1200 中 DB 数据块里的数据需要先建立好才能采集。如果 MCGS 嵌入版组态软件中连接到了不存在的 DB 数据地址,会出现通讯状态为 8,数值显示为−10 的情况。

通讯状态连接测试设置如图 19-36 所示。

图 19-36　通讯状态连接测试设置

4. 西门子 S7-1200 中 DB 数据块的建立和查看

在西门子 S7-1200 中建立数据块的过程如图 19-37 所示。在项目视图界面单击位置 1 处的"添加新块",弹出"添加新块"窗口,选择位置 2 处"数据块(DB)",表示要新建一个数据块。"编号"就是将要新建的数据块的块号。将位置 3 处的钩去掉,单击"确定"按钮,即可新建 DB 数据块。

图 19-37　在西门子 S7-1200 中建立数据块的过程

已经建立的 DB 数据块可以在图 19-38 中的位置 1 处看到。单击该数据块，可在右侧建立数据和查看数据的偏移量(位置 2)。

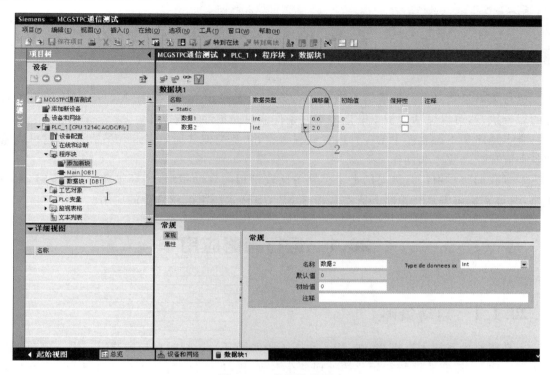

图 19-38　数据块设置

MCGS 组态设计与西门子 S7-200 PLC 类似，只是连接的变量名称不同，可以参照操作。实时数据库如图 19-39 所示，组态界面如图 19-40 所示。

名字	类型	注释	报警
InputETime	字符型	系统内建...	
InputSTime	字符型	系统内建...	
InputUser1	字符型	系统内建...	
InputUser2	字符型	系统内建...	
设备0_读写DB0_WB000	数值型		
设备0_读写DB0_WB002	数值型		
设备0_读写DB1_WB000	数值型		
设备0_读写DB1_WB002	数值型		
设备0_读写M000_0	开关型		
设备0_读写M000_1	开关型		
设备0_读写Q000_0	开关型		
设备0_读写Q000_1	开关型		
设备0_读写Q000_2	开关型		
设备0_读写Q000_3	开关型		
设备0_读写Q000_4	开关型		
设备0_通讯状态	开关型		

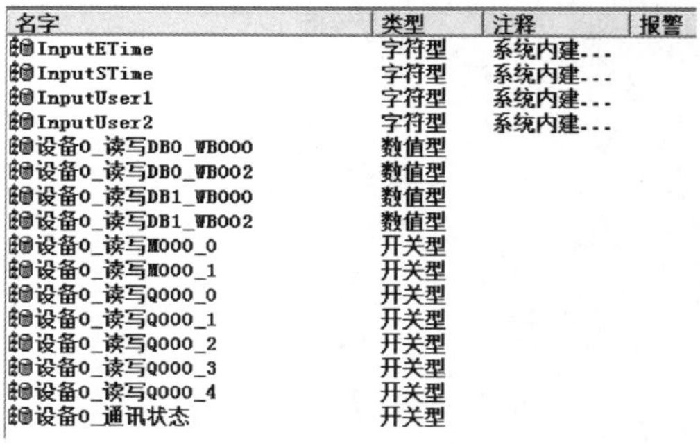

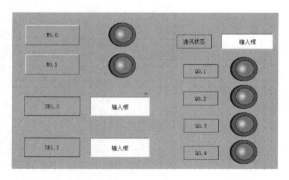

图 19-39　MCGS 与西门子 S7-1200 通信实时数据库

图 19-40　MCGS 与西门子 S7-1200 通信组态界面

第 20 章

MCGS 运行策略和脚本程序应用实例

运行策略是指对监控系统运行流程进行控制的方法和条件。它在 MCGS 嵌入版组态软件的后台执行,可以灵活地根据既定的事件条件或时间条件完成操作。

脚本程序是组态软件中的一种内置编程语言,非常类似普通的 Basic 语言,利用它可以编制各种流程控制程序和操作。

本章我们将学习运行策略的七个类别中比较常用的启动策略、循环策略、事件策略、用户策略,通过实例讲解运行策略和脚本程序在 MCGS 嵌入版组态软件中的应用。

◀ 20.1 运行策略应用 ▶

20.1.1 启动策略

启动策略为系统固有策略,在 MCGS 嵌入版系统开始运行时自动被调用一次。启动策略只运行一次,一般完成系统初始化的处理。在本节,我们学习使用启动策略和脚本程序实现放大键盘的功能。

新建组态工程,新建用户窗口,添加标签构件和输入框构件,如图 20-1 所示。

图 20-1　放大键盘界面组态

在标签构件中输入文本标题"键盘放大",输入框构件关联数值型中间变量"Data1"。

模拟运行组态工程,单击输入框构件,会在屏幕中央自动弹出数值输入键盘,键盘的大小如图 20-2 所示。如果使用的人机界面尺寸比较小,那么键盘触摸输入时会感觉按键比较小,此时就需要使用调整软键盘大小的系统函数来放大键盘。系统函数只需要在开机时执行一次,因而我们将系统函数放在启动策略的脚本程序中执行。

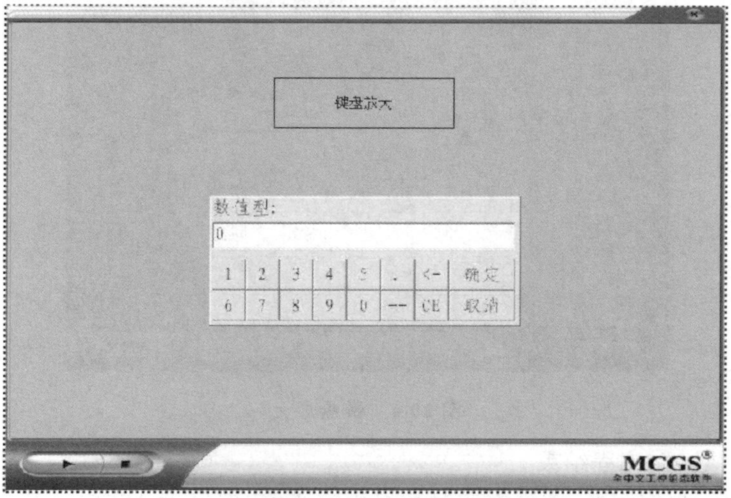

图 20-2　默认键盘

单击 运行策略,进入运行策略窗口,可以看到 MCGS 嵌入版组态软件固有的启动策略,启动策略的名称是不能修改的。双击打开启动策略,单击"新增策略行"按钮 ,给启动策略增加策略行,并添加脚本程序,如图 20-3 所示。

图 20-3　添加启动策略

双击脚本程序图标,打开"脚本程序"窗口,输入以下脚本。

```
!SetNumPanelSize(1,500)
```

此脚本意义为,将数值输入键盘改为 500 像素点大小(键盘放大,长宽比例不变),并显示于屏幕中央。

模拟运行组态工程,单击输入框构件,弹出数值输入键盘,此时的键盘已经被放大到 500 像素点,如图 20-4 所示。

此系统函数还可以被用来放大字符输入键盘、用户登录窗口、配方编辑窗口等,使用方法类似,都是放在启动策略中执行。

20.1.2　循环策略

循环策略为系统固有策略,也可以由用户在组态时创建。它在 MCGS 嵌入版系统运行时按照设定的时间循环运行,通常用来完成流程控制任务。我们通过两个实例来学习循环策略的使用。

1. 实例 1:定时控制

(1)流程概述:启动后开始计时,5 秒后启动定时开关 1,10 秒后启动定时开关 2,并对数

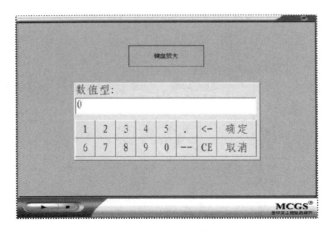

图 20-4　键盘放大

值输出变量赋值"100",流程结束。

（2）变量准备：根据需要，首先在实时数据库定义"定时开关 1""定时开关 2""定时器值""数值输出"四个变量，如图 20-5 所示。

名字	类型	注释
定时开关1	开关型	
定时开关2	开关型	
定时器值	数值型	
数值输出	数值型	

图 20-5　对定时控制在实时数据库定义变量

（3）制作画面：新建用户窗口，名称修改为"主画面"，添加标准按钮构件、标签构件，文本名称和布局如图 20-6 所示。

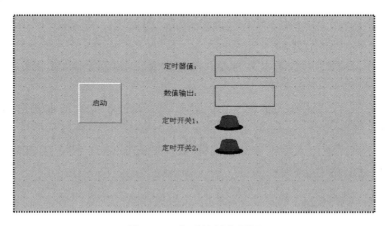

图 20-6　定时控制布局图

定时器值对应的标签构件显示输出"定时器值"，输出值类型为数值型。

数值输出对应的标签构件显示输出"数值输出"，输出值类型为数值型。

在定时开关 1 对应的指示灯构件的属性设置窗口，"填充颜色"选择"定时开关 1"。

在定时开关 2 对应的指示灯构件的属性设置窗口，"填充颜色"选择"定时开关 2"。

双击"启动"按钮,在"脚本程序"页输入以下脚本。

```
!TimerRun(1)    "启动定时器 1"
!TimerReset(1,0)  "将定时器 1 的值复位为 0"
```

(4) 单击 📶 运行策略 ,进入运行策略窗口,可以看到 MCGS 嵌入版组态软件固有的循环策略。在循环策略上单击右键选择"属性"命令,将定时循环的循环时间修改为 1 000 毫秒,如图 20-7 所示。这样在 MCGS 嵌入版系统运行时循环策略就会每 1 秒执行一次。

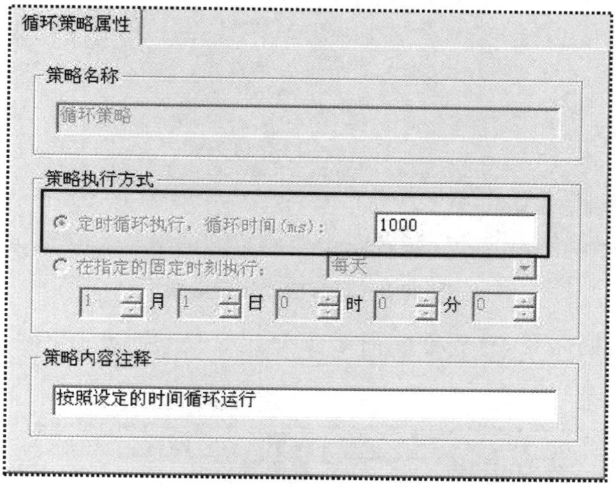

图 20-7　策略循环时间设置

(5) 双击打开循环策略,单击"新增策略行"按钮 📇 ,增加策略行,并添加脚本程序。双击脚本程序图标,打开"脚本程序"窗口,输入以下脚本。

```
定时器值=!TimerValue(1,0)
IF !Abs(定时器值-5)<0.5 THEN
     定时开关 1=1
ELSE
IF! Abs(定时器值-10)<0.5 THEN
定时开关 2=1
数值输出=100
!TimerStop(1)
ENDIF
```

此脚本的意义如下。

①判断定时器 1 的值为"5"时,执行"定时开关 1＝1"。

②判断定时器 1 的值为"10"时,执行"定时开关 2＝1""数值输出＝100",并关闭定时器 1。

(6) 模拟运行组态工程,单击"启动"按钮后可以看到定时器 1 的值每 1 秒会更新一次。定时器 1 的值为"5"时,定时开关 1 对应的指示灯变为绿色,定时器 1 的值为"10"时,定时开关 2 对应的指示灯变为绿色,数值输出对应值变为"100",且定时器 1 关闭,数值输出的变量值不再更新。运行效果如图 20-8 所示。

2.实例 2:定点控制

(1) 功能概述:每天 14 点自动将温度设定为"30",湿度设定为"25"。

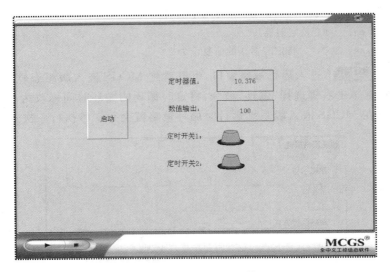

图 20-8　定时控制运行效果

（2）变量准备：根据需要，首先在实时数据库定义"温度设定""湿度设定"两个变量，如图 20-9 所示。

名字	类型	注释
湿度设定	数值型	
温度设定	数值型	

图 20-9　对定点控制在实时数据库定义变量

（3）制作画面：新建用户窗口，名称修改为"主画面"，添加标签构件，文本名称和布局如图 20-10 所示。

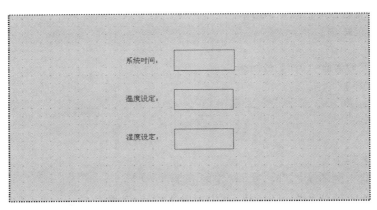

图 20-10　定点控制布局图

温度设定对应的标签构件显示输出"温度设定"，输出值类型为数值型。

湿度设定对应的标签构件显示输出"湿度设定"，输出值类型为数值型。

系统时间对应的标签构件显示输出，选择内部对象（见图 20-11）中的"＄Time"（为系统当前时间）。

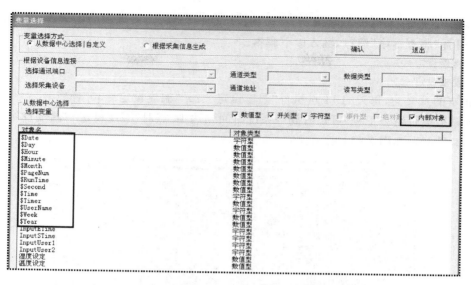

图 20-11 MCGS 嵌入版组态软件内部对象

（4）单击 运行策略 ，进入运行策略窗口，单击 新建策略 ，选择策略类型为"循环策略"，如图 20-12所示。

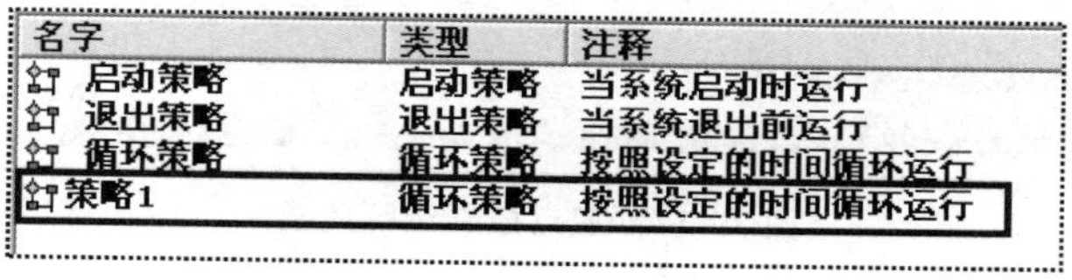

图 20-12 定点控制新建循环策略

在策略 1 上单击右键选择"属性"命令，将循环策略执行方式设为"在指定的固定时刻执行"，时间设置为每天的 14 点 0 分，如图 20-13 所示。

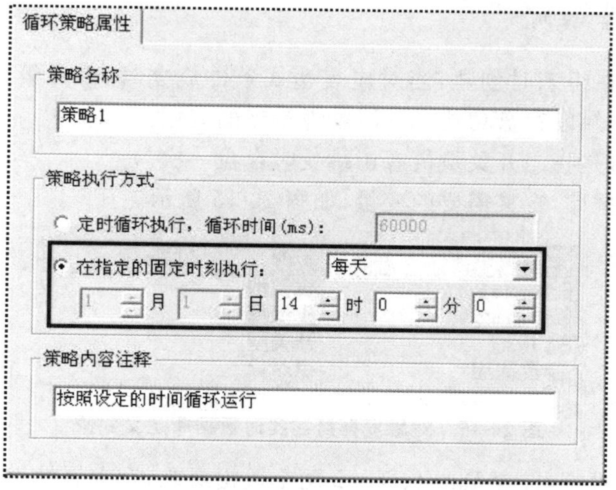

图 20-13 设置定点控制循环策略的执行方式

双击打开策略1,单击"新增策略行"按钮 ,增加策略行,并添加脚本程序。双击脚本程序图标,打开"脚本程序"窗口,输入以下脚本。

> 湿度设定=25
>
> 温度设定=30

此脚本的意义为,每天的14点执行"湿度设定＝25""温度设定＝30"操作。

(5)模拟运行组态工程,可以看到当系统时间到达14点时"湿度设定""温度设定"的值分别变为"25""30",如图20-14所示。

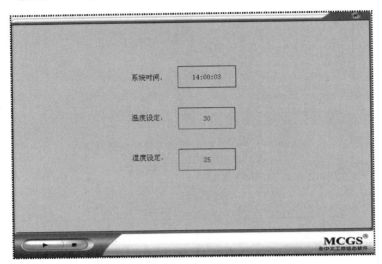

图 20-14　定点控制运行效果

通过两个实例我们学习了循环策略的两种控制方式,第一种是按着给定的时间循环执行,第二种是按着指定的时刻执行。循环策略还可以结合不同功能的系统函数以及运算符实现更加灵活的控制和运算。

20.1.3　事件策略

事件策略由用户在组态时创建,当对应表达式条件成立时,事件策略被系统自动调用一次。在这里,我们结合触发存盘功能来学习事件策略的应用。

所谓触发存盘,就是指当开关量值有正跳变时存盘一次。

首先进入实时数据库,定义需要的变量,如图20-15所示。

名字	类型	注释
Data1	数值型	
Data2	数值型	
开关	开关型	
数据组	组对象	

图 20-15　对触发存盘在实时数据库定义变量

数据组为数据组对象,包含 Data1、Data2 两个数据对象,存盘属性设置为"定时存盘","存盘周期"设置为 0 秒,如图 20-16 所示。触发存盘需要用到系统函数！SaveData(),此系统函数只有当数据组对象的存盘周期为 0 时才有效。

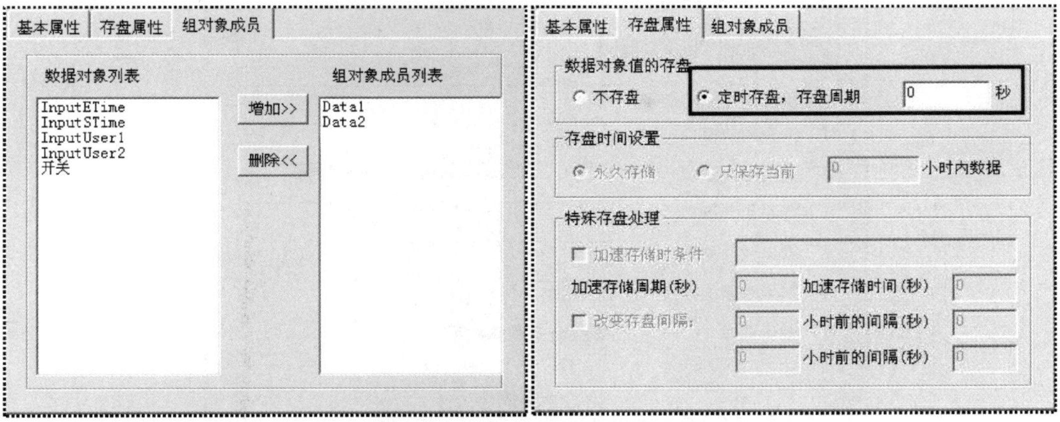

图 20-16　触发存盘数据组设置

新建用户窗口，创建历史表格，显示数据组的存盘数据，如图 20-17 所示。

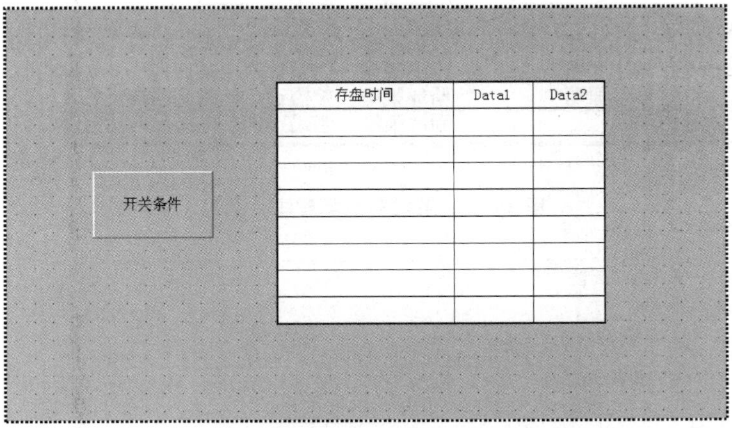

图 20-17　触发存盘界面设置

双击"开关条件"按钮构件，在"操作属性"页选择"数据对象值操作"，操作类型设置为"按1 松 0"，数据对象选择"开关"。"按 1 松 0"表示鼠标在构件上按下不放时，对应数据对象的值为"1"；而鼠标在构件上松开时，对应数据对象的值为"0"。触发存盘"开关条件"按钮构件属性设置如图 20-18 所示。

单击 运行策略，进入运行策略窗口，单击 新建策略，选择策略类型为"事件策略"，如图 20-19所示。

在策略 1 上单击右键选择"属性"命令，"关联数据对象"选择"开关"，"事件的内容"选择"数据对象的值正跳变时，执行一次"，如图 20-20 所示。

双击打开策略 1，单击"新增策略行"按钮 ，增加策略行，并添加脚本程序。双击脚本程序图标，打开"脚本程序"窗口，输入以下脚本。

　　!SaveData(数据组)

此脚本的意义为，对数据组执行一次存盘。

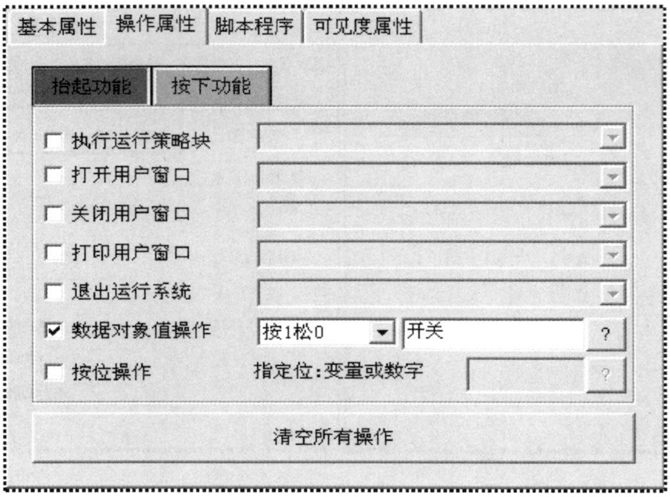

图 20-18　触发存盘"开关条件"按钮构件属性设置

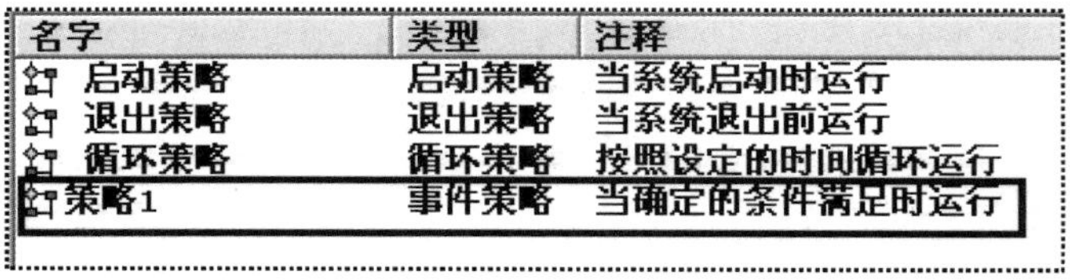

图 20-19　触发存盘新建事件策略

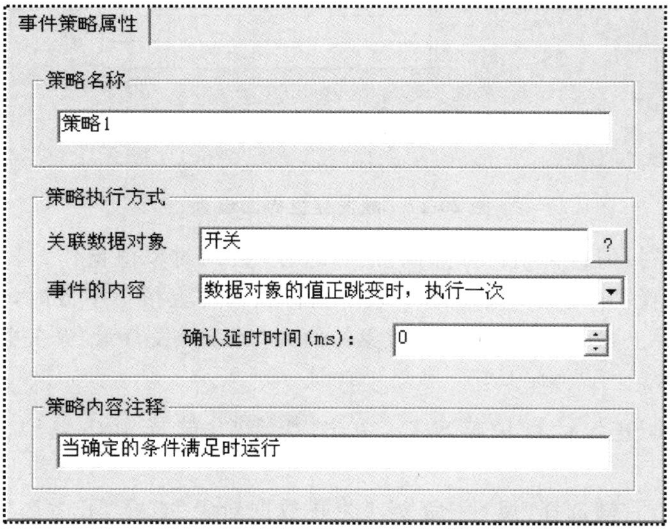

图 20-20　触发存盘策略 1 属性设置

　　将事件策略的策略属性条件和脚本程序相结合,实现了当开关型变量"开关"正跳变一次,就将数据组存盘一次,也就是触发存盘的功能。模拟运行组态工程,单击"开关条件"按钮,则"开关"正跳变一次,事件策略被调用一次,执行一次存盘函数,如图 20-21 所示。

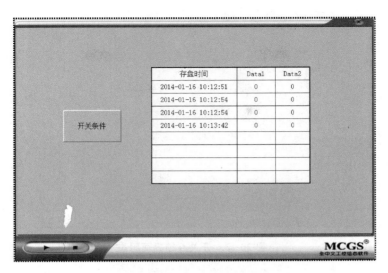

图 20-21 触发存盘运行效果

20.1.4 用户策略

用户策略由用户在组态时创建,作为特定的功能模块,被 MCGS 嵌入版系统其他部件调用时执行一次。用户策略一般由按钮、菜单、其他策略来调用执行。我们通过开关互锁功能来学习用户策略的应用。

开关互锁是指两个开关型变量可以同时为 0,但不能同时为 1,同时只可能有一个为 1。这个功能可以通过用户策略来实现。

进入实时数据库,定义需要的变量,如图 20-22 所示。

名字	类型	注释
k1	开关型	
k2	开关型	

图 20-22 对开关互锁在实时数据库定义变量

新建用户窗口,添加标准按钮构件和指示灯构件,如图 20-23 所示。

在开关 1 对应的指示灯构件属性设置窗口,填充颜色选择"k1"。

在开关 2 对应的指示灯构件属性设置窗口,填充颜色选择"k2"。

单击 运行策略 ,进入运行策略窗口,单击 新建策略 ,新建两个运行策略,选择策略类型为用户策略,如图 20-24 所示。

双击打开策略 1,单击"新增策略行"按钮 ,增加策略行,并添加脚本程序。双击脚本程序图标,打开"脚本程序"窗口,输入以下脚本。

```
IF k1=0 AND k2=0 THEN k1=1
ELSE k1=0
ENDIF
```

此脚本的意义为,当 k1 和 k2 同时为"0"时,将 k1 置 1,否则 k1 清 0。

图 20-23　开关互锁界面组态

名字	类型	注释
启动策略	启动策略	当系统启动时运行
退出策略	退出策略	当系统退出前运行
循环策略	循环策略	按照设定的时间循环运行
策略1	用户策略	供其他策略、按钮和菜单等使用
策略2	用户策略	供其他策略、按钮和菜单等使用

图 20-24　开关互锁新建用户策略

双击用户窗口中的"开关 1"按钮构件，打开属性设置窗口，在"操作属性"页选择"执行运行策略块"，策略选择"策略 1"，如图 20-25 所示。单击"开关 1"按钮构件时，策略 1 被调用一次。

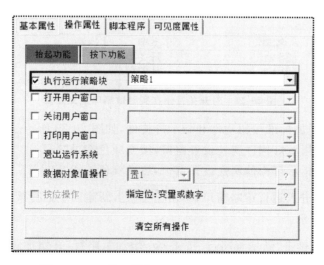

图 20-25　开关互锁"开关 1"按钮构件属性设置

采用同样的方法，在策略 2 中添加策略行和脚本程序，输入以下脚本。

```
IF k1＝0 AND k2＝0THEN k2＝1
ELSE k2＝0
ENDIF
```

此脚本的意义为,当 k1 和 k2 同时为"0"时,将 k2 置 1,否则 k2 清 0。

同样,对用户窗口中的"开关 2"按钮构件选择"执行运行策略块",策略选择"策略 2"。单击"开关 2"按钮构件时,策略 2 被调用一次。

模拟运行组态工程,单击"开关 1"按钮构件后指示灯构件变为绿色,此时单击"开关 2"按钮构件,指示灯构件无变化,如图 20-26 所示。只有当"开关 1"按钮构件执行清 0、指示灯构件为红色后,单击"开关 2"按钮构件,才能将指示灯构件变为红色,如此实现开关互锁。

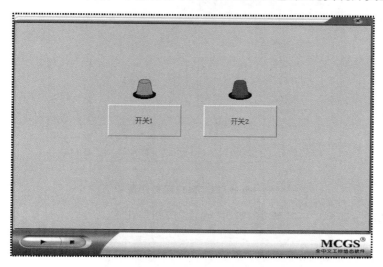

图 20-26 开关互锁运行效果

这个实例演示的是用标准按钮构件调用用户策略的用法。用户策略通常还可使用其他策略通过! SetStgy()函数调用。MCGS 嵌入版系统允许开发者最多创建 512 个用户策略。

◀ 20.2 脚本程序应用实例 ▶

脚本程序在 MCGS 嵌入版组态软件中有五种应用场合:在运行策略中的脚本程序构件中使用;在用户窗口中"标准按钮构件属性设置"窗口的"脚本程序"页中使用;在用户窗口设置事件的脚本函数中使用;在"菜单"属性设置窗口的"脚本程序"页中使用;在"用户窗口属性设置"窗口中的"启动脚本"页、"循环脚本"页、"退出脚本"页中使用。

这里通过对组合框构件、定时器函数、字符串函数、弹出子对话框的操作,达到灵活应用 MCGS 嵌入版组态软件脚本程序的目的,简化组态过程,提高工作效率。

20.2.1 脚本程序在窗口中的应用

进入用户窗口,单击"新建窗口"按钮,生成"窗口 0",选中"窗口 0",单击"窗口属性"按钮,弹出"用户窗口属性设置"窗口,按图 20-27 所示进行设置,然后单击"确认"按钮退出。

双击脚本程序图标,进入动画组态环境,从"绘图工具箱"中单击组合框构件按钮,将组合框构件拖放到界面适当位置,双击组合框构件,弹出"组合框属性编辑"窗口,选中"构件类型"

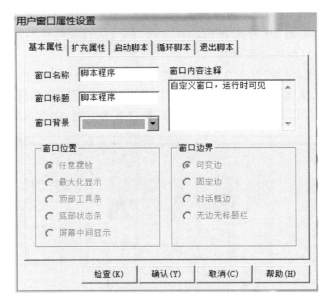

图 20-27　窗口属性设置

中的"下拉组合框",如图 20-28 所示,单击"确认"按钮退出。

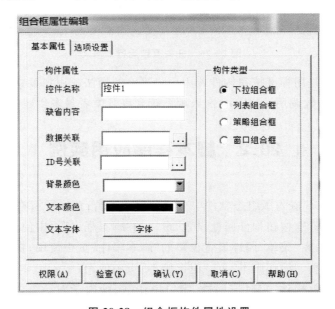

图 20-28　组合框构件属性设置

使用"绘图工具箱"创建 3 个标签构件,分别为组合框演示程序、姓名、组合框选择输出。其中姓名是在实时数据库中定义的字符型数据变量,如图 20-29 所示。

在 MCGS 嵌入版组态软件开发平台上,单击"用户窗口"标签,选中"脚本程序"图标,单击"窗口属性"按钮,弹出"用户窗口属性设置"窗口,在该窗口进行相应设置,如图 20-30 和图 20-31所示。

在"绘图工具箱"中单击常用符号按钮 🐦,弹出"常用图符工具箱",选中凹槽平面按钮 ▢。

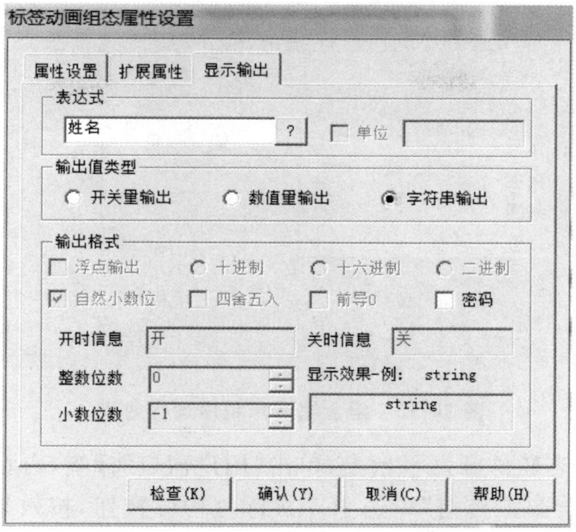

图 20-29 "姓名"标签构件属性设置

图 20-30 组合框演示启动脚本

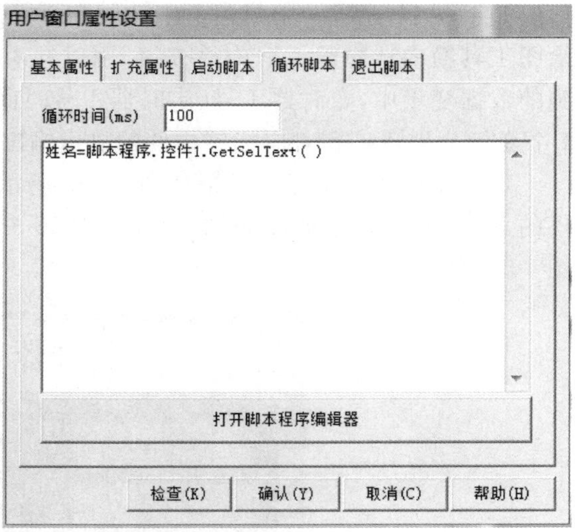

图 20-31 组合框演示循环脚本

与凹平面按钮 □ ，将它们放在界面适当位置，通过"置于最前面"按钮 ⧉ 、"置于最后面"按钮
⧉ 、"向前一层"按钮 ⧉ 、"向后一层"按钮 ⧉ ，做成立体效果，如图 20-32 所示。

20.2.2　脚本程序在标准按钮构件中的应用

1. 定时器操作演示

系统定时器的序号为 1～255，MCGS 嵌入版系统内嵌 255 个系统定时器。我们以 1 号定
时器为例，要求用按钮启动、停止 1 号定时器，使 1 号定时器复位，给 1 号定时器限制最大值。
函数的具体应用可以查看"在线帮助"。

具体操作如下。

图 20-32　组合框演示程序运行效果

在 MCGS 嵌入版组态软件开发平台上,单击"用户窗口"标签,再新建"定时器程序"窗口,进入动画组态窗口,从"绘图工具箱"中选中 5 次标签构件按钮,按效果图放置标签构件,这 5个标签构件分别为"定时器操作演示""定时器显示""时间显示""定时器工作状态""定时器最大值"。从"绘图工具箱"中再选中 3 次标签构件按钮,按效果图放置标签构件,这 3 个标签构件的显示文字分别为"定时器显示""时间显示""定时器工作状态",在运行时对应显示用。从绘图工具箱中选中输入框构件按钮,用以针对"1 号定时器最大值"运行时进行输入。在所用到的数据变量中,定时器 1 号、定时器 1 号时间显示、定时器 1 号工作状态、定时器 1 号最大值4 个变量分别连接到对应标签构件的显示输出和输入框构件对应数据对象的名称属性。

定时器操作演示运行效果如图 20-33 所示,实时数据库变量如图 20-34 所示。3 个标签构件的显示输出属性连接如图 20-35、图 20-36 和图 20-37 所示,输入框构件的变量连接如图 20-38所示。

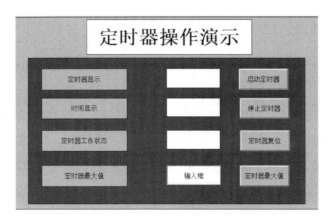

图 20-33　定时器操作演示运行效果

按照上述设计后,在运行中并不能如我们想象的那样显示 1 号定时器的当前值、状态、时间。因为我们还没有给以上数据变量赋值(即跟 1 号定时器的运行状态连接起来)。为了达到组态效果,在"用户窗口属性设置"窗口的"循环脚本"页中加入以下语句。

定时器 1 号=!TimerValue(1,0)

定时器 1 号时间显示=$Time

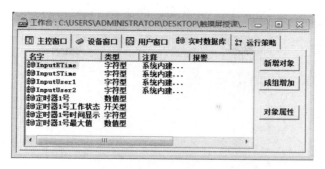

图 20-34 定时器操作演示实时数据库变量

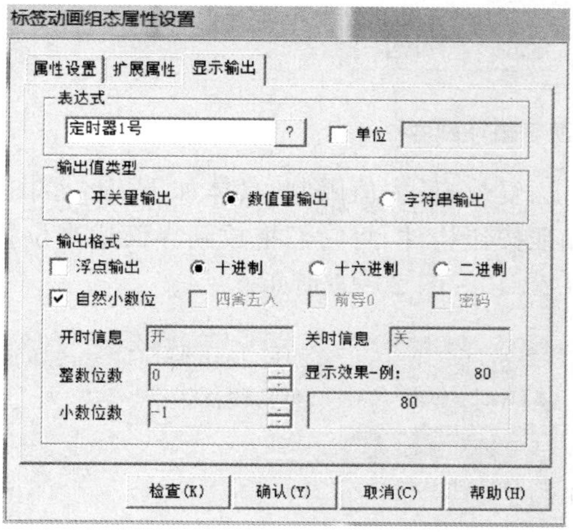

图 20-35 标签构件显示输出属性连接(一)

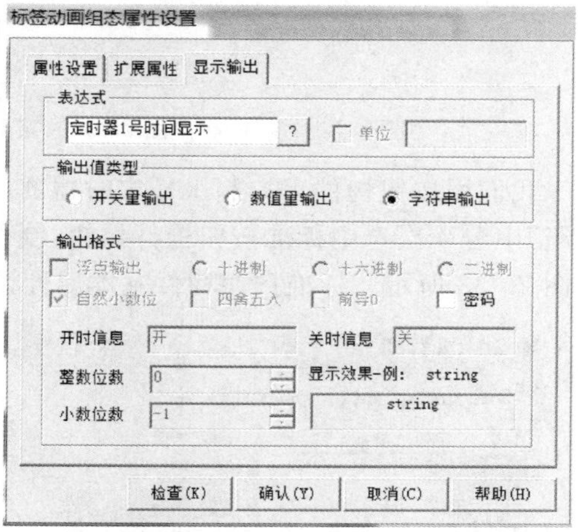

图 20-36 标签构件显示输出属性连接(二)

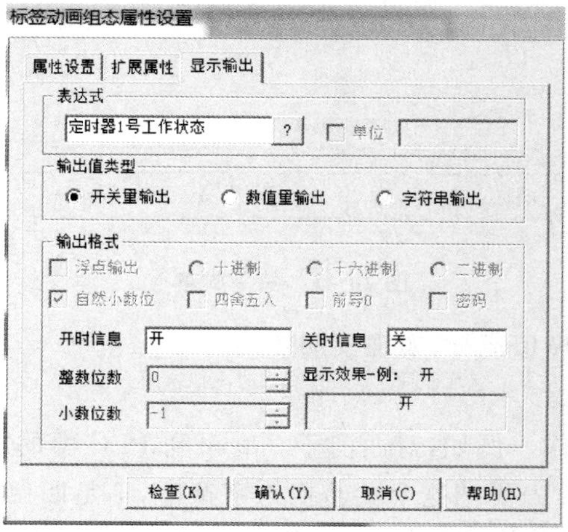

图 20-37 标签构件显示输出属性连接(三)

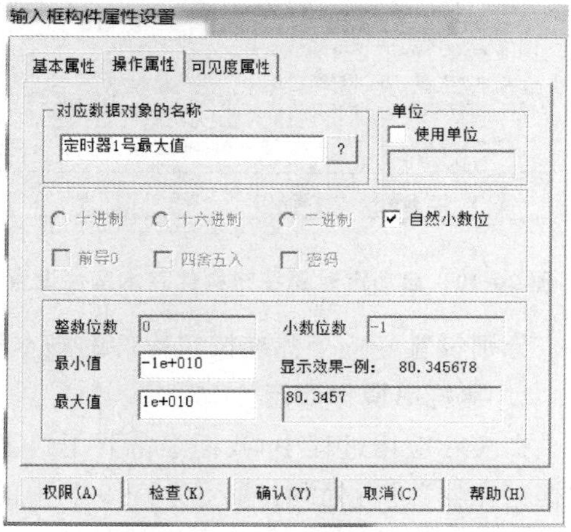

图 20-38 输入框构件的变量连接

定时器 1 号工作状态=!TimerState(1)

　　"循环脚本"页的其他设置不变,如图 20-39 示。这样当进入运行环境时,就能实时显示 1 号定时器的当前值、状态、时间了。

图 20-39　定时器操作演示循环脚本

　　我们用按钮构件来控制 1 号定时器的启动、停止、复位、最大值限制,具体如下:从"绘图工具箱"中分 4 次选中标准按钮构件按钮,制作 4 个标准按钮构件,将它们拖放到界面适当位置,如图 20-33 所示。标准按钮构件基本属性设置如图 20-40~图 20-44 所示。

图 20-40　启动定时器按钮构件基本属性设置　　　　　**图 20-41　按下脚本**

　　分别设置好 4 个标准按钮构件的脚本程序后,模拟运行,实现预期效果。

2. 字符串操作演示

　　在实际应用过程中,我们经常要用到字符串操作。例如,对西门子 200 系列 PLC 中的"V 数据存储器"进行处理,输入 0~9 999 中的某个数,先要把这个数转换为字符串,不足四位字符时,前面补"0",再对字符串进行分解,分解后先转换为相应的 ASCII 码,再用 16 进制表示。具体操作如下。

　　在 MCGS 嵌入版组态软件上,单击"用户窗口"标签,新建"字符串操作演示"窗口,进入动画组态窗口,从"绘图工具箱"中分 3 次选中标签构件按钮,按效果图放置标签构件,这 3 个标签构件的显示文字分别为"字符串操作演示""数值输入""字符串显示"。再从"绘图工具箱"中

图 20-42　停止定时器脚本

图 20-43　定时器复位脚本

图 20-44　定时器最大值脚本

选中输入框构件按钮,将输入框构件放在"数值输入"标签构件的右边,从"绘图工具箱"中选中标签构件按钮,将标签构件放在"字符串显示"标签构件的右边,如图 20-45 所示,用以显示字符串。

　　将输入框构件与"数值输入"变量连接,如图 20-46 所示,将"字符串显示"标签构件与"字符串"变量连接,如图 20-47 所示。

　　从"绘图工具箱"中分 3 次选中标准按钮构件按钮,将 3 个标准按钮构件分别拖放到界面适当位置,如图 20-45 所示,这 3 个标准按钮构件的显示文字分别为"数值转变为字符串""字符串分解为单个字符""字符转为 ASCII 码用 16 进制显示",属性设置分别如图 20-48～图 20-50 所示。

　　从"绘图工具箱"中选中标签构件按钮,将标签构件拖放到界面适当位置,再用工具条中的

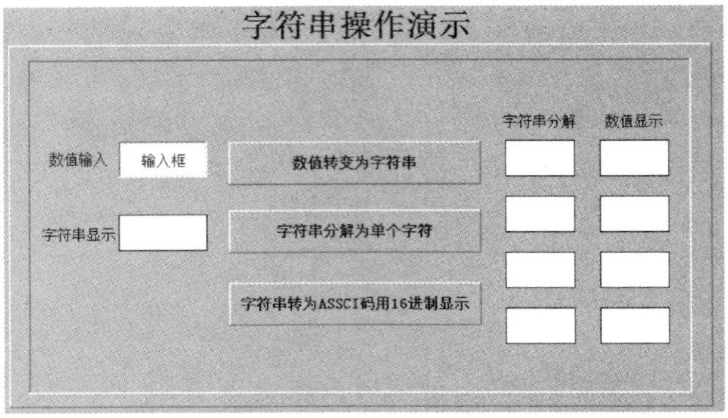

图 20-45　字符串操作演示界面

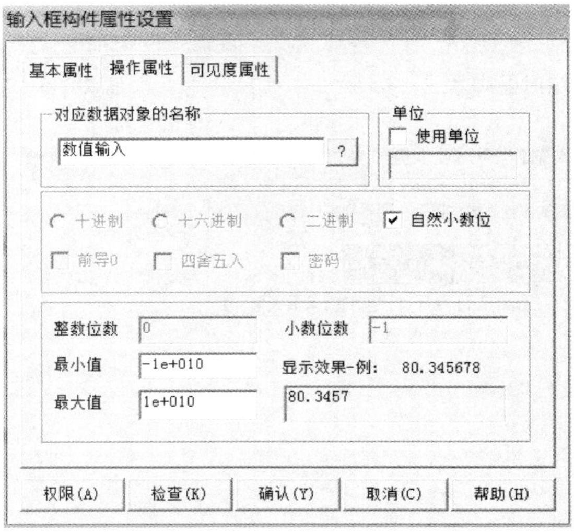

图 20-46　"字符串操作演示"输入框构件变量连接

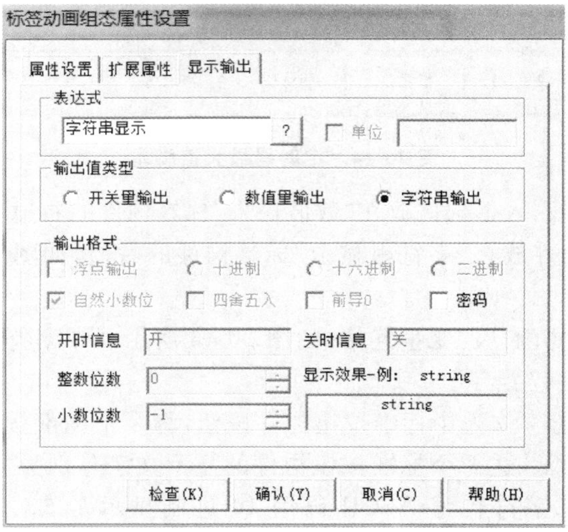

图 20-47　"字符串显示"标签构件变量连接

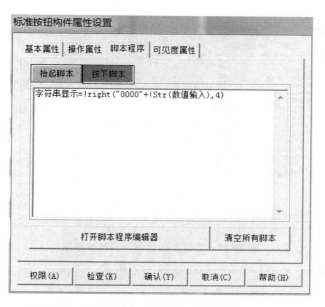

图 20-48 "数值转变为字符串"按钮构件属性设置

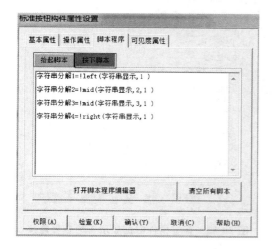

图 20-49 "字符串分解为单个字符"按钮
构件属性设置

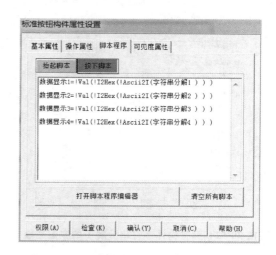

图 20-50 "字符转为 ASCII 码用 16 进制显示"
按钮构件属性设置

"拷贝"按钮,复制 7 个标签构件,这 8 个标签构件分别用于显示分解的字符及用 ASCII 码转换后的 16 进制数值。可以用编辑条中的 按钮进行放置处理。标签构件的属性设置为:字符串分解 2、字符串分解 3、字符串分解 4 属性设置只需要把"显示输出"页"表达式"中的"字符串分解 1"相应地改为"字符串分解 2""字符串分解 3""字符串分解 4"即可,数据显示 2、数据显示 3、数据显示 4 属性设置只需要把"显示输出"页"表达式"中的"数据显示 1"相应地改为"数据显示 2""数据显示 3""数据显示 4"即可。以上所用到的数据对象见实时数据库(见图 20-51)。

字符串分解显示的 4 个标签构件依次连接到变量"字符串分解 1""字符串分解 2""字符串分解 3""字符串分解 4"。同样的,数据显示的 4 个标签构件依次连接到变量"数据显示 1""数

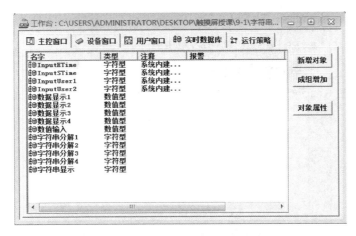

图 20-51　字符串操作演示实时数据库

据显示 2""数据显示 3""数据显示 4",标签构件字符串分解 1 的变量连接如图 20-52 所示,标签构件数据显示 1 的变量连接如图 20-53 所示。

 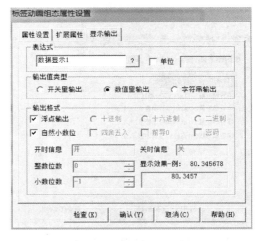

图 20-52　标签构件字符串分解 1 的变量连接　　　图 20-53　标签构件数据显示 1 的变量连接

组态完毕后模拟运行程序,运行效果如图 20-54 所示。

20.2.3　脚本程序在事件中的应用

在 MCGS 嵌入版组态软件中,选择"用户窗口"标签,单击"新建窗口"按钮,把新建的窗口名称定义为"子窗口",在子窗口中放置四个标签构件。其中两个标签构件分别输入"定时器 1 号当前值＝""定时器 1 号最大值＝";另外两个标签构件设置为对应的"按钮输入",如图 20-55 所示,对应的表达式分别为"定时器 1 号""定时器 1 号最大值"。组态结果即属性设置如图 20-56 所示,这两个标签构件的输出属性设置是一样的,只是表达式不同。

打开"定时器操作演示"窗口,单击右键,弹出右键菜单,选择"事件"命令,弹出"事件组态"窗口,选择 Click 事件,双击"Click",打开"事件参数组态"窗口,单击"事件连接脚本"按钮,打开"脚本程序"窗口,在"脚本程序"窗口中输入如下语句。

用户窗口.定时器操作演示.OpenSubWnd(子窗口,50,50,500,300,0)

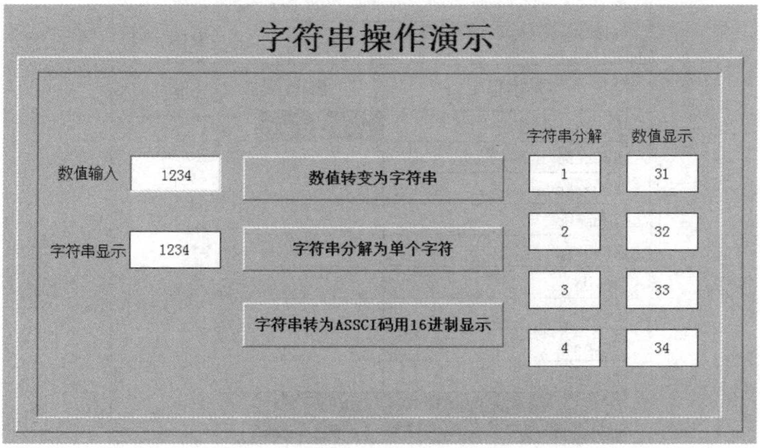

图 20-54 字符串操作演示模拟运行

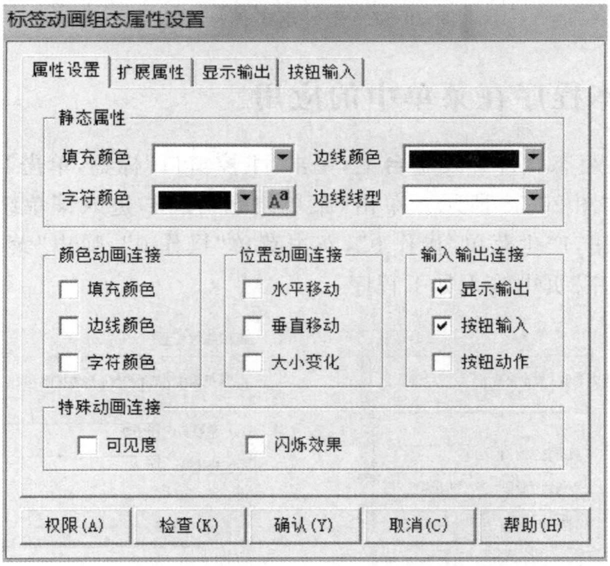

图 20-55 子窗口标签构件属性选择

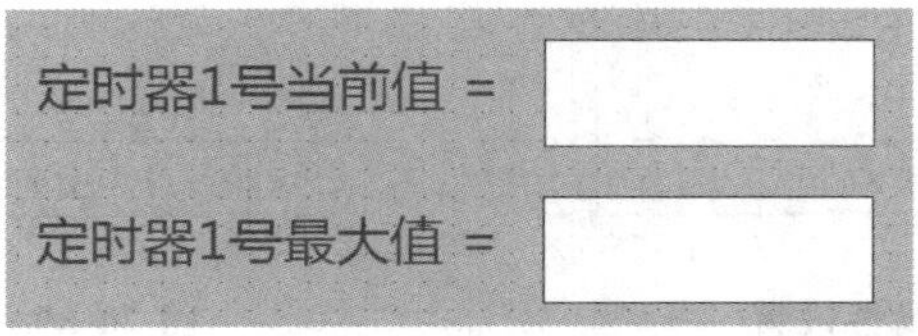

图 20-56 子窗口组态

事件组态连接脚本如图 20-57 所示。

这样在运行环境下，打开"定时器操作演示"窗口，在窗口中单击鼠标左键，就会弹出我们定义的子窗口。

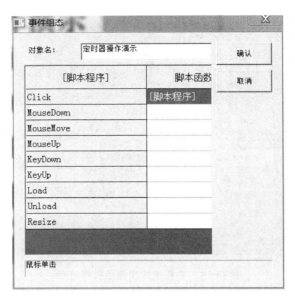

图 20-57   事件组态连接脚本

20.2.4   脚本程序在菜单中的应用

在 MCGS 嵌入版组态软件开发平台上，单击"主控窗口"标签，单击"系统属性"按钮，进行主控窗口属性设置，如图 20-58 所示。单击"菜单组态"按钮，进入菜单组态窗口，在工具条中单击"新增菜单项"按钮，产生菜单"操作 0"，双击菜单"操作 0"，弹出"菜单属性设置"窗口（见图 20-59），在"脚本程序"页中输入如下程序。

图 20-58   主控窗口属性设置   图 20-59   "菜单属性设置"窗口

定时器 1 号=123	赋初值
定时器 1 号最大值=60	赋初值
!TimerStop(1)	使 1 号定时器停止工作
!TimerReset(1,0)	使 1 号定时器复位

!TimerSetLimit(1,定时器1号最大值,0)　　　　设置1号定时器的上限为60,
　　　　　　　　　　　　　　　　　　　　　　运行到60后重新循环运行

菜单属性设置和脚本程序分别如图20-60和图20-61所示。

图 20-60　菜单属性设置　　　　　　　　　图 20-61　菜单脚本程序

　　下载程序到模拟器,按"F5"键进入运行环境,在定时器操作演示界面单击"启动定时器"按钮,让1号定时器启动运行;单击菜单"操作0",定时器执行脚本程序,赋初值、停止、复位、设置最大值。脚本程序在菜单中的应用工程运行效果如图20-62所示。

图 20-62　脚本程序在菜单中的应用工程运行效果

第 21 章

ModBus 协议应用

ModBus 协议作为电子控制器上的一种通用语,现在越来越广泛地应用于工控行业。MCGS 嵌入版系统支持 ModBusRTU、ModBusASCII、ModBusTCP 标准协议。凡使用标准 ModBus 协议的设备,包括 PLC、变频器、发电机等,MCGS 嵌入版系统均可与之建立通信,进行数据传输。

本章我们对 ModBus 协议做简单概述,学习 MCGS 嵌入版系统支持的驱动类型,并以 ModBus 数据转发方案为例介绍 ModBus 协议在 MCGS 嵌入版系统中的应用。

◀ 21.1 ModBus 协议概述 ▶

ModBus 协议是由 Modicon 公司开发出来的一种通信协议。现在 ModBus 协议已经是工业领域最流行、应用最广泛的真正开放、标准的网络通信协议之一。此协议支持传统的 RS-232、RS-422、RS-485 和以太网设备。许多工业设备,包括 PLC、DCS、智能仪表等都使用 ModBus 协议作为它们之间的通信标准。有了它,不同厂商生产的控制设备可以连成工业网络。它将设备集成在一起进行集中监控。

通信时,ModBus 协议决定了每个控制器需要知道它们的设备地址,控制器识别按地址发来的消息,并决定要产生何种行为。如果需要回应,控制器将生成应答并使用 ModBus 协议发送给询问方。ModBus 数据查询方式如图 21-1 所示。

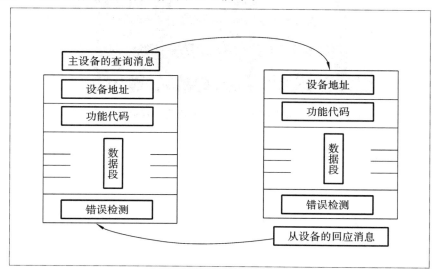

图 21-1 ModBus 数据查询方式

◀ 21.2 ModBus 驱动介绍 ▶

ModBus 协议有 ASCII、RTU、TCP 等通信模式。在 MCGS 嵌入版中，提供了 ModBusRTU、ModBusASCII、ModBusTCP 三种类型的驱动。

进入设备窗口，单击"设备工具箱"中的"设备管理"按钮，打开"设备管理"窗口。在"可选设备"中，我们可以看到 MCGS 嵌入版中支持的 ModBus 协议的驱动。ModBus 驱动路径分为两个部分：一部分在 PLC 分支下的莫迪康下，如图 21-2 所示；另一部分是在通用设备分支下，如图 21-3 所示。

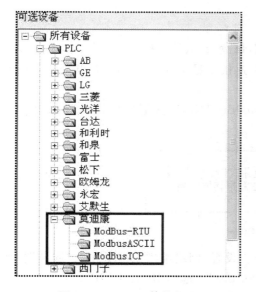

图 21-2 ModBus 协议（一）

图 21-3 ModBus 协议（二）

（1）ModBusRTU：用于 MCGS 嵌入版组态软件读写支持 ModBusRTU 标准协议的各类 PLC、仪表、控制器等设备，支持标准的 RS-485 或 RS-232 通信。

（2）ModBusASCII：用于 MCGS 嵌入版组态软件读写支持 ModBusASCII 标准协议的各类 PLC、仪表、控制器等设备，支持标准的 RS-485 或 RS-232 通信。

（3）ModBusTCP：用于 MCGS 嵌入版组态软件读写支持 ModBusTCP 标准协议的各类 PLC、仪表、控制器等设备，支持 RJ45 以太网通信。

（4）ModBus 串口转发设备：用于 MCGS 嵌入版组态软件作为 ModBusRTU Slave（从站），将各寄存器的数据通过 ModBusRTU 协议转发给 ModBusRTU Master（主站）。

（5）ModBusTCPIP 数据转发设备：用于 MCGS 嵌入版组态软件作为 ModBusTCP Slave（从站），将各寄存器的数据通过 ModBusTCP 协议转发给 ModBusTCP Master（主站）。

其中，ModBusRTU、ModBusASCII、ModBusTCP 三个为主站驱动，ModBus 串口转发设备和 ModBusTCPIP 数据转发设备是从站驱动。

◀ 21.3 ModBus 数据转发 ▶

在本节,我们要实现 MCGS 嵌入版组态软件(应用于 HMI 中)和 MCGS 通用版组态软件(应用于个人计算机中)通过 ModBus 协议进行通信,实现数据交互的目的。

1. 准备工作

(1) 在个人计算机上安装 MCGS 通用版组态软件,个人计算机 IP 地址修改为 200.200.200.191。

(2) 准备一台带以太网口的 HMI,HMI 出厂默认 IP 为 200.200.200.190。

(3) 准备若干 RJ45 接口的以太网通信线。

2. 制作从站工程

打开 MCGS 嵌入版组态环境,新建工程,工程名修改为"从站工程"。

进入设备窗口,添加模拟设备,通道 0 和通道 1 连接变量 Data1、Data2,并根据提示添加数据对象 Data1 和 Data2,对象类型均为数值型。

在设备窗口添加"通用 TCPIP 父设备"和"ModBusTCPIP 数据转发设备",如图 21-4 所示。

图 21-4　添加设备(一)

双击"通用 TCPIP 父设备",打开属性编辑窗口。设置"网络类型"为"TCP"、"服务器/客户设置"为"服务器"、"本地 IP 地址"为"200.200.200.190"、"远程 IP 地址"为"200.200.200.191",如图 21-5 所示。

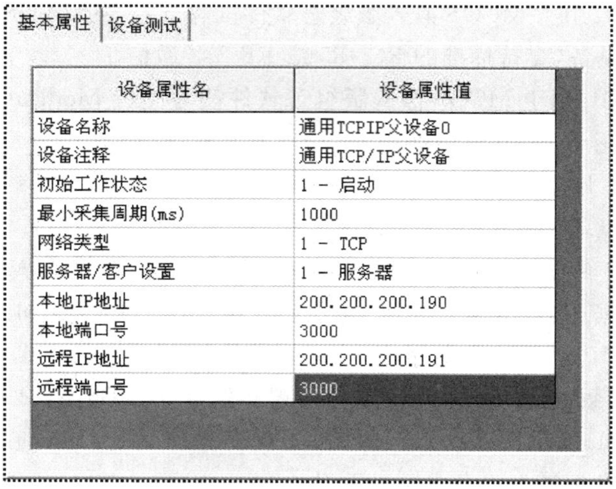

设备属性名	设备属性值
设备名称	通用TCPIP父设备0
设备注释	通用TCP/IP父设备
初始工作状态	1 - 启动
最小采集周期(ms)	1000
网络类型	1 - TCP
服务器/客户设置	1 - 服务器
本地IP地址	200.200.200.190
本地端口号	3000
远程IP地址	200.200.200.191
远程端口号	3000

基本属性　设备测试

图 21-5　IP 设置(一)

双击"ModBusTCPIP 数据转发设备",打开"设备编辑窗口"。单击 删除全部通道 按钮,删除默认的通道。单击 增加设备通道 按钮,"通道类型"选择 4 区输出寄存器,"通道地址"修改为"1","数据类型"选择"16 位无符号二进制","通道个数"修改为"2",如图 21-6 所示。

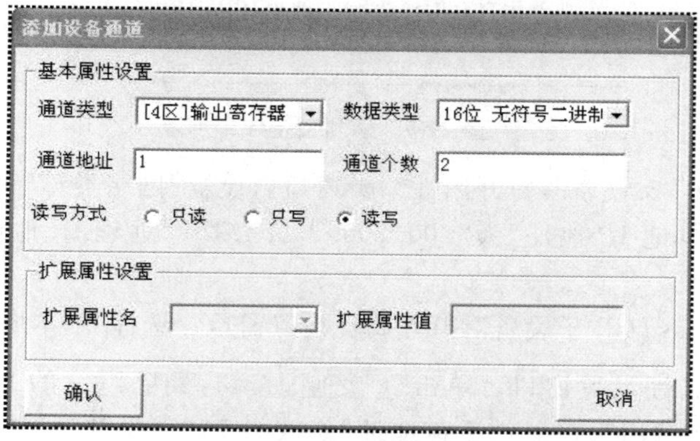

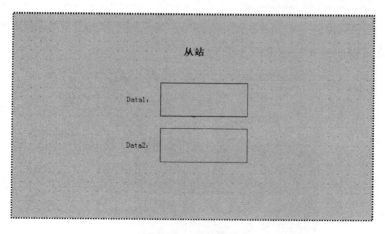

图 21-6 添加设备通道(一)

在读写 4WUB0001 对应的连接变量单元格单击鼠标右键,在"变量选择"选择数据对象 Data1。同样,对读写 4WUB0002 连接变量 Data2,如图 21-7 所示。

索引	连接变量	通道名称	通道处理
0000		通讯状态	
0001	Data1	读写4WUB0001	
0002	Data2	读写4WUB0002	

图 21-7 连接变量

新建用户窗口,添加标签构件,用以显示 Data1、Data2 的当前值,如图 21-8 所示。

从站

Data1:

Data2:

图 21-8 从站组态

至此完成了 ModBus 转发方案中从站工程的组态。运行时,ModBusTCPIP 数据转发设备可以将模拟设备采集过来的 Data1、Data2 两个数据对象转发给 ModBusTCP 主站。

3. 制作主站工程

打开 MCGS 通用版组态环境,新建工程,工程名修改为"主站工程"。进入设备窗口,添加
"通用 TCPIP 父设备"和"标准 ModBusTCP 子设备",如图 21-9 所示。

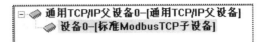

图 21-9　添加设备(二)

双击"通用 TCPIP 父设备",打开属性编辑窗口。设置"网络类型"为"TCP"、"服务器/客
户设置"为"客户"、"本地 IP 地址"为"200.200.200.191"、"远程 IP 地址"为"200.200.200.
190",如图 21-10 所示。

双击"标准 ModBusTCP 子设备",打开属性设置窗口。选择"基本属性"页中的内部属性,
单击扩展按钮,打开属性设置窗口。单击 全部删除 按钮,删除默认的通道。单击 增加通道 按
钮,通道类型选择 4 区输出寄存器、"通道地址"修改为 1、"数据类型"选择"16 位无符号二进
制"、"通道个数"修改为"2",如图 21-11 所示。

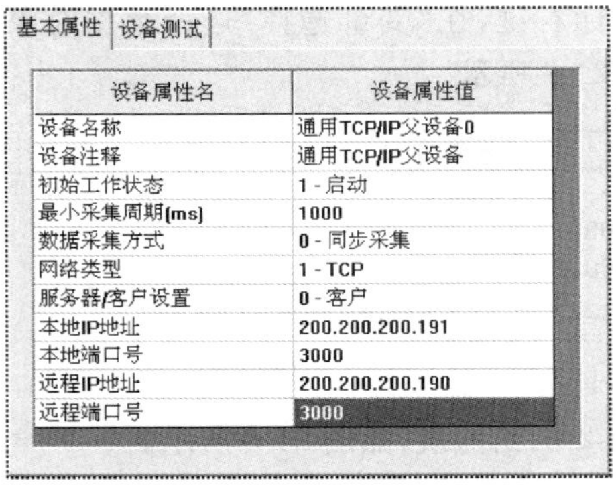

图 21-10　IP 设置(二)

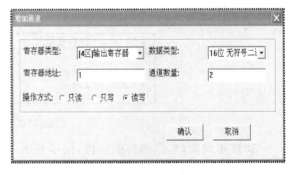

图 21-11　添加设备通道(二)

添加完通信通道的效果如图 21-12 所示。

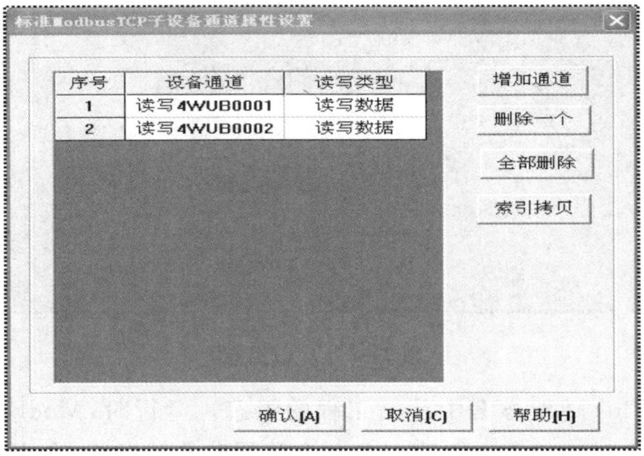

图 21-12　添加完通信通道的效果

在"标准 ModBusTCP 子设备"的属性设置窗口,进入"通道连接"页,将"通讯状态""读写 4WUB0001""读写 4WUB0002"分别连接数据对象 Data00(开关型)、Data01(数值型)、Data02(数值型),并根据提示添加数据对象,如图 21-13 所示。

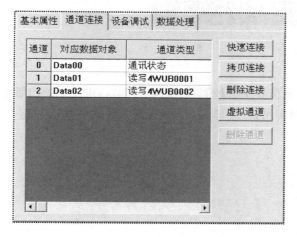

图 21-13 通道连接

新建用户窗口,添加标签构件,用以显示 Data00、Data01、Data02 的当前值,如图 21-14 所示。

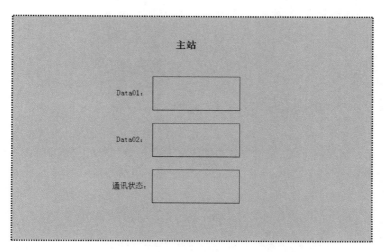

图 21-14 主站组态

4. 实际运行演示

将设置好 IP 地址的 HMI 和个人计算机用以太网通信线连接,将从站工程下载到 HMI 运行,再运行通用版工程,演示 ModBus 数据转发方案的演示效果。

参考文献 CANKAOWENXIAN

[1]　李庆海,王成安.触摸屏组态控制技术[M].北京:电子工业出版社,2015.

[2]　陈志文.组态控制实用技术[M].北京:机械工业出版社,2009.